Hochschultext

J. Tits

Liesche Gruppen und Algebren

Unter Mitarbeit von
M. Krämer und H. Scheerer

Springer-Verlag
Berlin Heidelberg New York Tokyo 1983

Jacques Tits
Collège de France
11, Place Marcelin-Berthelot, 75231 Paris Cedex 05, France

Manfred Krämer
Mathematisches Institut, Universität Bayreuth
Postfach 3008, 8580 Bayreuth, Bundesrepublik Deutschland

Hans Scheerer
Mathematisches Institut, Freie Universität Berlin
Arnimallee 2–6, 1000 Berlin 33, Bundesrepublik Deutschland

AMS-MOS (1980) Classification Numbers: 22, 17B, 57, 55, 53

ISBN 3-540-12547-7 Springer-Verlag Berlin Heidelberg New York Tokyo
ISBN 0-387-12547-7 Springer-Verlag New York Heidelberg Berlin Tokyo

CIP-Kurztitelaufnahme der Deutschen Bibliothek.
Tits, Jacques:
Liesche Gruppen und Algebren / J. Tits. Unter Mitarb. von M. Krämer u. H. Scherer. – 2. Ausg. — Berlin; Heidelberg; New York; Tokyo: Springer, 1983. (Hochschultext)
1. Ausg. verl. vom Math. Inst. d. Univ. Bonn, Bonn
ISBN 3-540-12547-7 (Berlin, Heidelberg, New York, Tokyo)
ISBN 0-387-12547-7 (New York, Heidelberg, Berlin, Tokyo)

Druck und Bindearbeiten: Weihert-Druck GmbH, Darmstadt
2144/3140–543210

Vorwort

Der vorliegende Band beruht auf einer Vorlesung über Liegruppen und Liealgebren, die ich im Winter 1963-1964 gehalten habe. In dieser Vorlesung, mit der eine zehn Jahre lange erfreuliche Tätigkeit an der Universität Bonn ihren Anfang nahm, hatte ich das besondere Glück, unter meinen Hörern mit Manfred Krämer und Hans Scheerer zwei sehr talentierte junge Mathematiker vorzufinden, welche die Ausarbeitung der Vorlesungsmitschrift besorgten. Wie schon im unten nachgedruckten Vorwort zur ersten Ausgabe erläutert, hat sich ihre Rolle keineswegs darauf beschränkt, zu Papier zu bringen, was mündlich vorgetragen worden war. Dank ihrer Mitarbeit ist aus diesem Text, der sonst eher eine Zusammenstellung ausgewählter Themen aus der elementaren Theorie der Lieschen Gruppen und Algebren geblieben wäre, eine echte Einführung in diese Theorie geworden, die nicht mehr allzu lückenhaft ist und die insbesondere für Anfänger nützlich sein kann.

Die Ausarbeitung ist zum erstenmal 1965 in Form eines vervielfältigten Manuskripts am Mathematischen Institut der Universität Bonn erschienen. Bei der gegenwärtigen Neuausgabe, die auf eine Initiative des Springer-Verlages hin zustande kam, ist keine wesentliche Revision vorgenommen worden. Es ist klar, daß nach fast zwanzig Jahren keiner der Autoren - vor allem auch die beiden Redakteure nicht, die ja damals noch Studenten waren - den Stoff heutzutage in genau derselben Form präsentieren würde, wie er hier vorliegt, sei es was den Inhalt, den Stil oder auch einfache typographische Fragen angeht (etwa wenn Sätze entgegen einem inzwischen eingebürgerten Brauch mit mathematischen Zeichen beginnen), sei es daß wir heute wohl mehr Wert auf explizite Übungsaufgaben legen würden. Den Text maßgeblich zu verjüngen, wäre jedoch nur mit einem zeitlichen Aufwand möglich gewesen, der zu dem angestrebten Ziel in keinem rechten Verhältnis gestanden hätte. Wir meinen, daß das Manuskript auch in der vorliegenden Form nicht allzu sehr veraltet ist und trotz seiner Unvollkommenheit immer noch gute Dienste leisten kann.

Das oben Gesagte und das Vorwort zur ersten Ausgabe machen klar, was alles dieser Text der Initiative, den Bemühungen, der exakten Arbeit und der Kompetenz von Manfred Krämer und Hans Scheerer verdankt. Die vorliegende zweite Ausgabe wäre nicht zustande gekommen, wenn der Erstgenannte nicht außerdem die undankbare Aufgabe übernommen hätte, den ursprünglichen Text neu durchzusehen, einige kleine Änderungen und Ergänzungen anzubringen und dafür zu sorgen, daß das Manuskript neu getippt wurde. Es soll auch daran erinnert werden, daß die erste Version des Textes von Klaus Lamotke mit großer Sorgfalt durchgelesen worden war und von seinen Bemerkungen und Hinweisen viel profitiert hatte.

Diesen drei Kollegen und Freunden wie auch Fräulein Karin Müller, welche die neue Ausgabe so schön getippt hat, danke ich hiermit ganz herzlich.

J. Tits

Paris, Dezember 1982

Vorwort zur ersten Ausgabe

Diesem Manuskript liegt eine Vorlesung zugrunde, die ich im Wintersemester 1963/64 gehalten habe. Die Auswahl des Stoffes wurde durch das Hauptziel der Vorlesung bestimmt: so weit wie möglich einen Überblick über die Struktur aller Lieschen Gruppen zu geben. Das erforderte zunächst, dieses Problem auf entsprechende Probleme für Liesche Algebren zurückzuführen, die Übergänge "vom Differentialen zum Lokalen" (Liesche Theorie, Kap. III) und "vom Lokalen zum Globalen" (Überlagerungstheorie, Kap. II) zu beschreiben, und zweitens, die wichtigsten Struktursätze für Liesche Algebren (Kap. IV) zu bringen. Es war offensichtlich unmöglich, dieses Programm in einer einsemestrigen Vorlesung in allen Einzelheiten durchzuführen. Während einige Gebiete, etwa die Überlagerungstheorie, sehr ausführlich dargestellt wurden, konnten andere, z.B. die Liesche Theorie, nur skizziert werden. Es schien zweckmäßig, in der Ausarbeitung das Gleichgewicht etwas wiederherzustellen. Die Ausarbeiter mußten deswegen große Teile der Vorlesung anhand der Literatur und zum Teil durch eigene Überlegungen präzisieren und ergänzen. Das erklärt gewisse Unterschiede in der Begriffsbildung und in den Standpunkten, die man zwischen den verschiedenen Teilen der Ausarbeitung bemerken wird. Es ist aber zu betonen, daß die Ausarbeiter den unvermeidlich entstandenen Mangel an Einheitlichkeit möglichst klein gehalten haben.

Der Stoff, der hier gebracht wird, ist meistens ganz klassisch. Doch wird man hier und dort Beispiele oder Darstellungseigenheiten sehen, die nicht überall zu finden sind. Am ungewöhnlichsten ist vielleicht die Darstellung der Überlagerungstheorie, die sich von den üblichen Darstellungen insbesondere darin unterscheidet, daß die Theorie der Gruppenüberlagerungen parallel zu und fast unabhängig von der Theorie der Raumüberlagerungen entwickelt wird (und dann wesentlich einfacher als diese aussieht).

Zu bemerken ist auch, daß die oft vorausgesetzte Bedingung des lokalen Zusammenhangs sich hier meist als überflüssig erweist. Als möglicherweise neu sind u.a. die Ergebnisse der Nummer II, 4.5 zu erwähnen.

Wichtige Kapitel der Theorie der Lieschen Gruppen, die normalerweise in eine solche Vorlesung gehören und die man trotzdem hier nicht finden wird, sind u.a. die analytische Entwicklung der Lieschen Theorie und ihre Beziehung zu den Differentialgleichungen, ferner die Strukturtheorie der halbeinfachen Lieschen Algebren (die Klassifikation wird jedoch in Kap. IV kurz skizziert). Zu diesen Punkten können wir auf die existierende Literatur verweisen. Die analytische Theorie findet man in mehreren klassischen Büchern: sehr genau ist sie z.B. in dem wohlbekannten Buch von C. Chevalley dargestellt oder - sogar für Banachsche Gruppen - in den "Leçons de Calcul différentiel et intégral" von M. Lazard, die demnächst erscheinen(1). Zu der Theorie der halbeinfachen Algebren kann man das "Séminaire Sophus Lie" oder das Buch von N. Jacobson besonders empfehlen.

Meine Hörer Herr M. Krämer und Herr H. Scheerer haben die mühevolle Aufgabe der Ausarbeitung und Ergänzung dieser Vorlesung übernommen und dabei sehr kritisch und selbständig gearbeitet. Herr Dr. K. Lamotke hat das Manuskript durchgesehen und viele wertvolle Vorschläge gemacht. Ihnen allen, sowie Fräulein H. Birck, die das Manuskript sehr sorgfältig geschrieben hat, möchte ich herzlich danken.

Bonn, September 1965

J. Tits

(1) (Nachtrag bei der zweiten Ausgabe) Leider sind diese "Leçons" nie erschienen.

Inhaltsverzeichnis

I. Kapitel : Grundbegriffe

§ 1. TOPOLOGISCHE MANNIGFALTIGKEITEN 1

§ 2. DIFFERENZIERBARE UND ANALYTISCHE MANNIGFALTIGKEITEN 2

2.1. Lokale Funktionensysteme 2
2.2. Morphismen der Räume mit lokalem Funktionensystem 3
2.3. Induzierte lokale Funktionensysteme 3
2.4. Definition der differenzierbaren und analytischen Mannigfaltigkeiten 4
2.5. Immersionen, Einbettungen, Untermannigfaltigkeiten 7

§ 3. TOPOLOGISCHE UND ANALYTISCHE GRUPPEN 9

3.1. Gruppen in Kategorien 9
3.1.1. Kategorien 9
3.1.2. Gruppen in Kategorien 12
3.2. Die topologische bzw. analytische Struktur einer Gruppe ist durch die Struktur im neutralen Element bestimmt 13
3.3. Semidirektes Produkt von Gruppen 17
3.4. Lokale Gruppe, Gruppenkeim 19
3.5. Beispiele topologischer und analytischer Gruppen 20
GL(n,IK) 21
SL(n,IK) 21
O(n,IK) 22
Sp(n,IK) 23
p - adisches Solenoid 24
3.6. Liesche Gruppen, Struktursätze für Liesche Gruppen 27

§ 4. UNTERGRUPPEN 28

4.1. Quotientenräume 28
4.2. Analytische Untergruppen 28
4.3. Einige spezielle Normalteiler 34

II. Kapitel : Überlagerungstheorie

§ 1. ÜBERLAGERUNGEN 36

1.1. Quasi zusammenhängende Gruppen 36
1.2. Überlagerungen 37
1.3. Hochheben (Liften) von Abbildungen 39
1.4. Induzierte Überlagerung 40

§ 2. EINFACHER ZUSAMMENHANG 42

2.1. Triviale Überlagerung 42
2.2. Einfach zusammenhängende Räume. Quasi einfach zusammenhängende Gruppen 44
2.3. Existenz von Hochhebungen 45
2.4. Produkte von einfach zusammenhängenden Räumen und quasi einfach zusammenhängenden Gruppen 45
2.4.1. Beispiel eines einfach zusammenhängenden, nicht lokal zusammenhängenden Raumes 50
2.5. Einfacher Zusammenhang und Homotopie von Wegen 52

§ 3. UNIVERSELLE ÜBERLAGERUNG UND FUNDAMENTALGRUPPE 55

3.1. Universelle Überlagerung 55
3.2. Normale Überlagerungen und Fundamentalgruppe 57
3.3. Existenz von universellen Überlagerungen 59

§ 4. LOKAL ISOMORPHE GRUPPEN 61

4.1. Die Gruppen G_U 61
4.2. Lokal isomorphe Gruppen 64
4.3. Erweiterung von lokalen Homomorphismen 65
4.4. Beispiel einer quasi einfach zusammenhängenden, nicht lokal zusammenhängenden Gruppe 66
4.5. Eine Verallgemeinerung der universellen Überlagerung 67
4.6. Die zu einer zusammenhängenden Lieschen Gruppe lokal isomorphen zusammenhängenden Lieschen Gruppen 74
$SO(3,\mathbb{R})$ 77
$SO(4,\mathbb{R})$ 78
$SO(n,\mathbb{R})$ 79
$SL(n,\mathbb{C})$ 80
$SL(n,\mathbb{R})$ 81

III. KAPITEL : DIFFERENTIALTHEORIE UND LIESCHE ALGEBREN

§ 1. ALLGEMEINES 84

1.1. Tangentenvektoren, Tangentialraum, Differential 84
1.2. Hauptteil einer analytischen Abbildung 89
1.3. Vektorfelder 91
1.4. Das Kommutatorvektorfeld 92
1.5. Integration analytischer Vektorfelder 93

§ 2. DIFFERENTIALELEMENTE EINER LIESCHEN GRUPPE 96

2.1. Linksinvariante Vektorfelder auf einer analytischen Gruppe 96
2.2. Die Exponentialabbildung 98
Vergleich der komplexen und der reellen Exponentialabbildung 101
2.3. Erste Anwendung von exp 102
(Ein stetiger Homomorphismus reell analytischer Gruppen ist reell analytisch.)
2.4. Zweite Anwendung von exp 103
(Eine abgeschlossene Untergruppe einer reell analytischen Gruppe ist mit der induzierten Topologie eine analytische Untergruppe.)
2.5. Dritte Anwendung von exp 106
(Die analytische Struktur auf dem Quotienten einer reell analytischen Gruppe nach einer abgeschlossenen Untergruppe.)
2.6. Die Exponentialabbildung der Automorphismengruppe eines Vektorraumes 108
2.7. Die Differentialabbildung der Gruppen (O,n,IK) , Sp(2n,IK) und SL(n,IK) 110

§ 3. DER KOMMUTATOR 111

3.1. Erste Definition des Kommutators 111
3.2. Zweite Definition des Kommutators 113
3.3. Dritte Definition des Kommutators 115
3.4. Die Campbell-Hausdorff - Formel 116
3.4.1. Liesche Elemente 116
3.4.2. Die Formel von Campbell-Hausdorff 119
3.5. Der Zusammenhang zwischen der Campbell-Hausdorff - Formel und dem Produkt in einer analytischen Gruppe 125

§ 4. LIESCHE ALGEBREN, SÄTZE VON LIE 132

4.1. Definition der Lieschen Algebren 132
4.2. Formulierung der Lieschen Sätze 134
4.3. Beweise der Lieschen Sätze 136
4.4. Über die Bedeutung der Lieschen Sätze für die Klassifikation der analytischen Gruppen 143
Klassifikation der zusammenhängenden zweidimensionalen reell analytischen Gruppen und der zusammenhängenden kommutativen analytischen Gruppen ....

§ 5. DAS ZUSAMMENSPIEL VON LIEALGEBRA UND LIEGRUPPE 145

5.1. Unteralgebren. Homomorphismen 145
5.2. Automorphismen und Derivationen 147
5.2.1. Derivationen. Die analytische Gruppe der Automorphismen einer endlich dimensionalen Algebra 147
5.2.2. Innere Derivationen. Darstellungen 149
5.2.3. Innere Automorphismen. Adjungierte Darstellung 150
5.3. Ideale. Quotienten 152
5.4. Charakteristische Gruppen und Ideale 155
5.5. Erweiterungen und semidirekte Erweiterungen von Liealgebren 156
5.6. Zusammenhang zwischen semidirekten Produkten von Liealgebren und semidirekten Produkten von analytischen Gruppen 157

IV. Kapitel : EINIGE STRUKTURSÄTZE

§ 1. AUFLÖSBARE GRUPPEN 160

1.1. Die abgeleitete Reihe 160
1.2. Definition der Auflösbarkeit 161
1.3. Charakterisierung der auflösbaren abstrakten Gruppen 162
1.4. Charakterisierung der auflösbaren Lieschen Algebren 164
1.5. Charakterisierung der auflösbaren Objekte der Kategorien (3) - (6) 165
1.6. Satz von Lie 169
1.6.1. Eigenwerte und Eigenvektoren 169
1.6.2. Satz von Lie 171
1.7. Konstruktion von auflösbaren Lieschen Algebren und Gruppen mit Hilfe von semidirekten Produkten 175

§ 2. NILPOTENTE GRUPPEN UND ALGEBREN 175

2.1. Nilpotente Gruppen 175
2.2. Nilpotente Liesche Algebren 178
2.3. Nilpotente Liesche Algebren und Gruppen von Endomorphismen eines Vektorraumes über einem algebraisch abgeschlossenen Körper 183
2.4. Folgerungen aus der Formel von Campbell-Hausdorff bei nilpotenten Lieschen Gruppen 188

§ 3. HALBEINFACHE ALGEBREN UND GRUPPEN 193

3.1. Darstellungen, zu Darstellungen assoziierte Bilinearformen und Moduln, invariante Bilinearformen 193
3.2. Das Radikal einer Lieschen Algebra bzw. einer Lieschen Gruppe 196
3.2.1. Das Radikal einer Lieschen Algebra 196
3.2.2. Das Radikal einer zusammenhängenden Lieschen Gruppe 197
3.3. Cartans Kriterium für Auflösbarkeit 197
3.4. Halbeinfache Algebren 201
3.5. Darstellungen halbeinfacher Algebren 203
3.6. Satz von Levi 206
3.7. Existenz einer Lieschen Gruppe zu gegebener Liealgebra 208

§ 4. ERWÄHNUNG EINIGER WEITERER SÄTZE ÜBER LIESCHE ALGEBREN 210

4.1. Das Radikal einer Lieschen Algebra ist ein charakteristisches Ideal 210
4.2. Größtes nilpotentes Ideal und nilpotentes Radikal 210
4.3. Satz von Malcev 211
4.4. Satz von Ado 212

§ 5. KLASSIFIKATION DER KOMPLEXEN EINFACHEN LIEALGEBREN UND LIEGRUPPEN 212

§ 6. REELLE EINFACHE LIEALGEBREN UND LIEGRUPPEN 214

6.1. Beziehungen zwischen reellen und komplexen Liealgebren und zwischen reellen und komplexen Liegruppen 215
6.1.1. Der Fall der Algebren 215
6.1.2. Der Fall der Gruppen. Eine kurze Skizze 219
6.2. Reelle Formen der Ausnahmealgebren 220

6.3. Reelle Formen der klassischen Algebren 220
6.4. Kompaktheit (Erwähnung einiger Sätze) 230

Literatur 233
Index 237
Zeichentabelle 242

I. Kapitel: Grundbegriffe

§ 1. TOPOLOGISCHE MANNIGFALTIGKEITEN

Bezeichnungen

Topologische Räume bezeichnen wir mit Symbolen wie z.B. (E,τ). Dabei ist E die dem Raum zugrundeliegende Menge und τ seine Topologie. Wir fassen τ auf als die Menge der offenen Mengen von E. "$U \in \tau$" bedeutet also "U ist offen". Oft schreiben wir statt (E,τ) nur E, z.B. wenn klar ist, welche Topologie gemeint ist, oder wenn diese weiter nicht benötigt wird.

Ist (E,τ) ein topologischer Raum, $E' \subset E$, dann bedeute $\tau | E'$ die auf E' induzierte Topologie. $(E',\tau | E')$ heißt dann ein Teilraum von (E,τ). Ist $p \in E$, dann definieren wir $\tau_p := \{U \mid U \in \tau,\ p \in U\}$.
Ist $f\colon X \to Y$ eine Abbildung, dann wird der Definitionsbereich von f mit $\mathrm{Def}(f)$ und das Bild von f mit $f(X)$ oder mit $\mathrm{Bild}(f)$ bezeichnet. Ist $A \subset X$, so schreiben wir $f|A$ für die Einschränkung von f auf A.
Weitere Bezeichnungen sind in einer Liste am Ende des Buches angegeben.

Definition

(E,τ) sei ein topologischer Raum. E heißt topologische Mannigfaltigkeit, wenn folgendes der Fall ist:

(1) E ist ein Hausdorffraum, und

(2) E ist lokal euklidisch, d.h. für alle $p \in E$ gibt es ein $U \in \tau_p$ und einen Homöomorphismus h von U auf eine offene Menge eines $\mathbb{R}^n$.

Ein solcher Homöomorphismus h heißt (lokale) Karte oder (lokales) Koordinatensystem von E in p. Eine Menge M von Karten heißt Atlas der Mannigfaltigkeit E, wenn $\bigcup_{h \in M} \mathrm{Def}(h) = E$.

Die Eigenschaft (1) folgt nicht aus der Eigenschaft (2), wie das folgende Beispiel zeigt: E sei als Menge $\mathbb{R} \cup \{p\}$ mit $p \notin \mathbb{R}$. Ein $A \subset E$ heiße offen, wenn $p \notin A$ und A offen ist in der gewöhnlichen Topologie von $\mathbb{R}$ oder wenn $p \in A$, $A - \{p\}$ offen ist in $\mathbb{R}$ und eine Menge der Form $U - \{0\}$ enthält, wobei U eine Umgebung von

O in $\mathbb{R}$ ist. Dann ist E lokal euklidisch, aber O und p haben keine disjunkten Umgebungen.

Satz von der Invarianz des Gebietes

Sei A_1 eine offene Teilmenge von $\mathbb{R}^n$, A_2 ein Teilraum von $\mathbb{R}^n$ homöomorph zu A_1. Dann ist A_2 offen in $\mathbb{R}^n$.
(Siehe [Hu-Wa], Theorem VI 9)

Korollar

Die Mengen $E_n := \{ p \in E \mid \text{es gibt } U \in \tau_p,\ U \text{ homöomorph zu einer offenen Menge des } \mathbb{R}^n \}$, $n \in \mathbb{N}$, bilden eine disjunkte Zerlegung von E in offene Teilmengen.
Gibt es in dieser Zerlegung nur eine Menge E_n, die nicht leer ist, so heißt E homogen n-dimensional.

§ 2. DIFFERENZIERBARE UND ANALYTISCHE MANNIGFALTIGKEITEN

2.1. Lokale Funktionensysteme

Sei A eine Menge (bei uns wird A immer $\mathbb{R}$ oder $\mathbb{C}$ sein). Sei (E,τ) ein topologischer Raum. Ist $U \in \tau$, so heißt eine Funktion $f\colon U \to A$ eine lokale Funktion auf E (mit Werten in A). Es ist $U = \mathrm{Def}(f)$. Ist $\mathfrak{F}$ eine Menge von lokalen Funktionen auf E, $U \in \tau$, dann sei $\mathfrak{F}_U := \{ f \in \mathfrak{F} \mid \mathrm{Def}(f) = U \}$. Ist $p \in E$, dann sei $\mathfrak{F}_p := \{ f \mid p \in \mathrm{Def}(f) \}$.

Definition

Eine Menge $\mathfrak{F}$ von lokalen Funktionen auf E heißt lokales Funktionensystem auf E, wenn folgendes gilt:

(1) $U \in \tau,\ U \neq \emptyset \implies \mathfrak{F}_U \neq \emptyset$

(2) Sind $U, V \in \tau,\ V \subset U,\ f \in \mathfrak{F}_U \implies f|V \in \mathfrak{F}_V$

(3) $U_i \in \tau,\ U = \cup U_i,\ f\colon U \to A$ mit $f|U_i \in \mathfrak{F}_{U_i} \implies f \in \mathfrak{F}_U$.

Wir sagen: $(E, \mathfrak{F})$ ist ein Raum mit lokalem Funktionensystem. Wie bei den topologischen Räumen schreiben wir meistens nur E, vor allem dann, wenn feststeht, was für ein lokales Funktionensystem gemeint ist.

Beispiele

$$E := \mathbb{R}^n \ , \quad A := \mathbb{R}$$

(1) $\mathfrak{F}$ = Menge der stetigen lokalen Funktionen auf $\mathbb{R}^n$ ($\mathfrak{F} =: C^0$)

(2) $\mathfrak{F}$ = Menge der r-mal oder ∞-oft stetig differenzierbaren lokalen Funktionen auf $\mathbb{R}^n$ ($\mathfrak{F} =: C^r$ oder $\mathfrak{F} =: C^\infty$)

(3) $\mathfrak{F}$ = Menge der analytischen lokalen Funktionen auf $\mathbb{R}^n$ ($\mathfrak{F} =: C^\omega$)

$$E := \mathbb{C}^n \ , \quad A := \mathbb{C}$$

(4) $\mathfrak{F}$ = Menge der analytischen lokalen Funktionen auf $\mathbb{C}^n$.

2.2. Morphismen der Räume mit lokalem Funktionensystem

Definition

$(F, \mathfrak{F})$, $(G, \mathfrak{G})$ seien Räume mit lokalem Funktionensystem. Eine Abbildung $f: F \to G$ heißt ein Morphismus oder zulässig (für die Funktionensysteme $\mathfrak{F}$ und $\mathfrak{G}$), wenn folgendes der Fall ist:

(1) $f: F \to G$ ist stetig, und

(2) für alle $g \in \mathfrak{G}$ ist $g \circ (f|f^{-1}(\mathrm{Def}(g))) \in \mathfrak{F}_{f^{-1}(\mathrm{Def}(g))}$.

Wir sagen auch: $f: (F, \mathfrak{F}) \to (G, \mathfrak{G})$ ist zulässig.

Die Identität und die Zusammensetzung zulässiger Abbildungen sind zulässig. Ist f bijektiv und auch f^{-1} zulässig, so heißt f ein Isomorphismus.

2.3. Induzierte lokale Funktionensysteme

Lemma 1

Sei $(E, \mathfrak{F})$ ein Raum mit lokalem Funktionensystem, E' ein topologischer Raum und $f: E' \to E$ eine stetige Abbildung. Dann gibt es auf E' genau ein lokales Funktionensystem $\mathfrak{F}'$ mit den folgenden Eigenschaften:

(1) f ist zulässig für $\mathfrak{F}'$ und $\mathfrak{F}$.

(2) Ist $\mathfrak{G}$ ein lokales Funktionensystem auf E' , so daß f zulässig für $\mathfrak{G}$ und $\mathfrak{F}$ ist, dann ist $\mathfrak{F}' \subset \mathfrak{G}$ (d.h. $f \in \mathfrak{F}' \Longrightarrow f \in \mathfrak{G}$) .

Bew.: Für U offen in E' sei $\mathfrak{F}'_U := \{ \varphi\colon U \to A \mid$ für alle $p \in U$ gibt es eine offene Umgebung V von p in U und ein $\psi \in \mathfrak{F}$ mit $f(V) \subset \mathrm{Def}(\psi)$, so daß $\varphi|V = (\psi \circ f)|V \}$. Es sei $\mathfrak{F}' := \cup\, \mathfrak{F}'_U$, die Vereinigung genommen über alle in E' offenen U. Dann ist $\mathfrak{F}'$ das gesuchte lokale Funktionensystem.

Definition

Das Funktionensystem $\mathfrak{F}'$ von Lemma 1 nennen wir von f induziertes lokales Funktionensystem und bezeichnen es mit $f^*(\mathfrak{F})$. Ist E' ein Teilraum von E und f die Inklusion, dann bezeichnen wir $f^*(\mathfrak{F})$ mit $\mathfrak{F}|E'$ und sagen, $\mathfrak{F}|E'$ ist das von $\mathfrak{F}$ auf E' induzierte lokale Funktionensystem. (Besonders oft kommt der Fall vor, daß E' ein offener Teilraum von E ist.)

Bemerkung

Ist $g\colon F \to E'$ eine weitere stetige Abbildung, dann ist $(f \circ g)^*(\mathfrak{F}) = g^*(f^*(\mathfrak{F}))$.

Beispiele für induzierte lokale Funktionensysteme

Sei $m < n$, dann sind die lokalen Funktionensysteme auf $\mathbb{R}^m$ der Beispiele (1), (2), (3) von 2.1. die von den entsprechenden Systemen auf dem $\mathbb{R}^n$ im $\mathbb{R}^m$ induzierten Systeme.

Lemma 2

Seien $(E, \mathfrak{F})$, $(F, \mathfrak{G})$ Räume mit lokalem Funktionensystem, F' ein Raum. Es sei

$$\begin{array}{ccc} E & \xrightarrow{\;f\;} & F \\ & {}_{f'}\searrow \quad \nearrow_{i} & \\ & F' & \end{array}$$

ein kommutatives Diagramm stetiger Abbildungen. Ist f zulässig für $\mathfrak{F}$ und $\mathfrak{G}$, dann ist f' zulässig für $\mathfrak{F}$ und $i^*(\mathfrak{G})$.

2.4. Definition der differenzierbaren und analytischen Mannigfaltigkeiten

Definition 1

Es sei E eine topologische Mannigfaltigkeit mit lokalem Funktionen-

system $\mathfrak{F}$. Sei der $\mathbb{R}^n$ mit einem der lokalen Funktionensysteme C^r $(r > 0)$, C^∞, C^ω versehen. Dieses System werde mit $\mathfrak{A}$ bezeichnet. Es sei folgende Bedingung erfüllt: Es gebe für E einen Atlas $M = \{h_i \mid i \in I\}$ von Karten, so daß, mit $E_i := \mathrm{Def}(h_i)$ und $X_i := \mathrm{Bild}(h_i)$, für alle $i \in I$ gilt:
$h_i: (E_i, \mathfrak{F}|E_i) \longrightarrow (X_i, \mathfrak{A}|X_i)$ ist ein Isomorphismus (von Räumen mit lokalen Funktionensystemen).
Dann heißt $(E, \mathfrak{F})$

(1) r-mal differenzierbare oder <u>C^r-Mannigfaltigkeit</u> im Falle $\mathfrak{A} = C^r$. Zulässige Abbildungen von C^r-Mannigfaltigkeiten heißen r-mal differenzierbare oder <u>C^r-Abbildungen</u>.

(2) ∞-oft differenzierbare oder <u>C^∞-Mannigfaltigkeit</u> im Falle $\mathfrak{A} = C^\infty$. Entsprechend zu (1) werden die Morphismen bezeichnet.

(3) <u>(reell) analytische Mannigfaltigkeit</u> im Falle $\mathfrak{A} = C^\omega$. Zulässige Abbildungen heißen dann (reell) analytisch.

Sei $n = 2m$ und der $\mathbb{R}^n$ sei mit dem $\mathbb{C}^m$ identifiziert. D.h. die Karten des Atlasses M werden aufgefaßt als Homöomorphismen von offenen Teilräumen E_i in E auf offene Teilräume X_i im $\mathbb{C}^m$. Es sei nun $\mathfrak{A}$ das Funktionensystem der komplex analytischen Funktionen auf dem $\mathbb{C}^m$ und für alle $i \in I$ sei $h_i: (E_i, \mathfrak{F}|E_i) \longrightarrow (X_i, \mathfrak{A}|X_i)$ ein Isomorphismus.

(4) Dann heißt $(E, \mathfrak{F})$ eine <u>komplex analytische Mannigfaltigkeit</u>. Zulässige Abbildungen solcher Mannigfaltigkeiten heißen komplex analytisch.

Die Objekte und zulässigen Abbildungen in (1), (2), (3) und (4) bilden Kategorien. (Eine Definition der Kategorie wird in 3.1.1 gebracht.) Alle Betrachtungen im folgenden Teil des § 2 und zu Beginn des § 3 sind für Objekte und Morphismen einer dieser vier Kategorien möglich. Um leichter sprechen zu können, formulieren wir aber alles nur für die durch (3) definierte Kategorie.

<u>Definition 2</u>

Sei E eine analytische Mannigfaltigkeit. Eine Karte h, die ein Isomorphismus ist, heißt <u>zulässig</u>. Ein <u>zulässiger Atlas</u> ist ein Atlas aus lauter zulässigen Karten.

Lemma

Sei E ein topologischer Raum, $(E_i)_{i\in I}$ eine offene Überdeckung von E. Für jedes $i \in I$ sei ein Raum mit lokalem Funktionensystem $(X_i, \mathcal{F}_i)$ gegeben und ein Homöomorphismus $f_i: E_i \to X_i$, so daß für alle Paare $(i,j) \in I \times I$ die Abbildung $f_{ij}: f_i(E_i \cap E_j) \to f_j(E_i \cap E_j)$, $x \longmapsto f_j \circ f_i^{-1}(x)$, zulässig ist für die Funktionensysteme $\mathcal{F}_i | f_i(E_i \cap E_j)$ und $\mathcal{F}_j | f_j(E_i \cap E_j)$.

Beh.: Dann gibt es auf E genau ein lokales Funktionensystem $\mathcal{F}$, so daß f_i für alle $i \in I$ ein Isomorphismus von $(E_i, \mathcal{F}|E_i)$ auf $(X_i, \mathcal{F}_i)$ ist. Ist $(E', \mathcal{F}')$ ein weiterer Raum mit lokalem Funktionensystem, dann ist eine stetige Abbildung $f: E' \to E$ (bzw. $f: E \to E'$) genau dann zulässig, wenn für alle $i \in I$ die Abbildung $f_i \circ (f|f^{-1}(E_i))$ (bzw. $(f|E_i) \circ f_i^{-1}$) zulässig ist für die Funktionensysteme $\mathcal{F}'|f^{-1}(E_i)$ und $\mathcal{F}_i$ (bzw. $\mathcal{F}_i$ und $\mathcal{F}'$).

Bew.: Es sei verwiesen auf [SeCh], 1-05, Proposition 5.

Definition 3

Es sei E eine topologische Mannigfaltigkeit, $M = \{ f_i \mid i \in I \}$ ein Atlas von E, $E_i = \mathrm{Def}(f_i)$, $X_i = \mathrm{Bild}(f_i)$. Gelten für E, E_i, X_i, $\mathcal{F}_i := C^\omega | X_i$ die Voraussetzungen des Lemmas, dann heißt M ein analytisch verbundener Atlas.

Ist M ein analytisch verbundener Atlas von E, so gibt es nach dem Lemma auf E also genau ein lokales Funktionensystem, so daß E eine analytische Mannigfaltigkeit und M ein zulässiger Atlas ist.

Seien $f: X \to X'$, $g: Y \to Y'$ Abbildungen, dann sei $f \times g$ die Abbildung $X \times Y \to X' \times Y'$, $(x,y) \longmapsto (f(x),g(y))$.

Definition 4

E_1, E_2 seien analytische Mannigfaltigkeiten, $M_1 = \{ h_i \mid i \in I \}$, $M_2 = \{ k_j \mid j \in J \}$ seien zulässige Atlanten. Dann ist $M := \{ h_i \times k_j \mid (i,j) \in I \times J \}$ ein analytisch verbundener Atlas für $E_1 \times E_2$. $E_1 \times E_2$ zusammen mit dem lokalen Funktionensystem, für welches M ein zulässiger Atlas ist, heißt Produktmannigfaltigkeit von E_1 und E_2.

2.5. Immersionen, Einbettungen, Untermannigfaltigkeiten

Definitionen

(1) Seien E, E' analytische Mannigfaltigkeiten und sei $f: E \to E'$ eine analytische Abbildung. f heißt Immersion, wenn folgendes wahr ist: Für jeden Punkt $q \in E$ gibt es ein Koordinatensystem h von E in q und ein Koordinatensystem k von E' in $f(q)$, so daß für alle $(x_1,\dots,x_m) \in \text{Bild}(h)$ gilt:
$k\circ(f|f^{-1}\text{Def}(h))\circ h^{-1}\ (x_1,\dots,x_m) = (x_1,\dots,x_m,0,\dots,0)$.

(2) Eine injektive Immersion heißt Einbettung.

(3) E heißt Untermannigfaltigkeit von E', wenn $E \subset E'$ und die Inklusion $E \subset E'$ eine Einbettung ist. Man beachte, daß E nicht die induzierte Topologie zu haben braucht. (Vgl. die folgenden Beispiele (2) und (4). In der Literatur sind auch andere Definitionen der Untermannigfaltigkeit gebräuchlich.)

Bemerkung

Ist $f: E \to E'$ eine Immersion, $\mathfrak{A}$ das lokale Funktionensystem auf E, $\mathfrak{A}'$ das auf E', dann ist $\mathfrak{A} = f^*(\mathfrak{A}')$.

Beispiele

Als Raum ist $\mathbb{C} = \mathbb{R}^2$. $\mathfrak{A}$ sei das lokale Funktionensystem C^ω auf $\mathbb{R}^2$.

(1) $\mathbb{R} \to \mathbb{C}$, $x \longmapsto e^{2\pi i x}$, ist eine Immersion, keine Einbettung.

(2) Sei R die Menge $\mathbb{R}$ versehen mit der diskreten Topologie, $i: \mathbb{R} \times R \to \mathbb{R}^2$ die identische Abbildung und $\mathfrak{F} := i^*(\mathfrak{A})$. Dann ist $i: (\mathbb{R} \times R, \mathfrak{F}) \longrightarrow (\mathbb{R}^2, \mathfrak{A})$ eine Einbettung. $\mathbb{R} \times R$ ist eine 1-dimensionale Untermannigfaltigkeit von $\mathbb{R}^2$.

(3) Sei $S^1 := \{z \in \mathbb{C} \mid |z| = 1\}$. Dann ist S^1 mit dem lokalen Funktionensystem $\mathfrak{A}|S^1$ eine 1-dimensionale Untermannigfaltigkeit von $\mathbb{R}^2$.

(4) Sei $T = S^1 \times S^1$, $\alpha \in \mathbb{R}$ irrational und $\varphi: \mathbb{R} \to T$, $x \longmapsto (e^{2\pi i x}, e^{2\pi i \alpha x})$. Dann ist φ eine Einbettung. Versieht man $\varphi(\mathbb{R})$ mit der Topologie und dem lokalen Funktionensystem, so daß $\varphi': \mathbb{R} \to \varphi(\mathbb{R})$, $x \longmapsto \varphi(x)$, ein Isomorphismus analytischer Mannigfaltigkeiten ist, dann ist $\varphi(\mathbb{R})$ eine Untermannigfaltigkeit von T. Diese Topologie auf $\varphi(\mathbb{R})$ ist verschieden von der von T induzierten pologie, denn $\varphi(\mathbb{R})$ ist dicht in T.

Der folgende Satz beschreibt eine gewisse Einschränkung der Möglichkeiten für Mannigfaltigkeitstopologien:

Satz

Sei N eine Menge mit drei Topologien τ, τ_1, τ_2. Dabei sei τ hausdorffsch, τ_1, τ_2 seien homogen dimensionale Mannigfaltigkeitstopologien mit abzählbarer Basis und es gelte $\tau_1 \supset \tau$, $\tau_2 \supset \tau$. Dann gibt es eine Teilmenge N' von N, so daß gilt: $N' \in \tau_1$, $N' \in \tau_2$ und $\tau_1|N' = \tau_2|N'$ und N' ist in τ_1 und τ_2 überall dicht.

Bew.: Erst sei an ein paar Sätze erinnert, die wir benutzen wollen:
(1) Ein lokal kompakter Raum mit abzählbarer Basis ist Vereinigung von abzählbar vielen kompakten Mengen. (Beachte: Lokal euklidische Räume sind lokal kompakt.)

(2) Sei E eine Menge mit zwei Topologien τ_1, τ_2. Es sei $\tau_1 \supset \tau_2$, τ_2 hausdorffsch, τ_1 kompakt. Dann ist $\tau_1 = \tau_2$.

(3) Der kompakte Raum E sei abzählbare Vereinigung $\bigcup_{i=1}^{\infty} E_i$ von abgeschlossenen Teilmengen E_i. Dann enthält mindestens ein E_i eine offene Menge.
Literatur zu (1), (2): [Ke], zu (3): [Hel], Ch. II, Lemma 3.1.
Nun zum Beweis:

(a) Zu jedem $U \in \tau_1$ mit $\bar{U}$ kompakt ($\bar{U}$ ist die abgeschlossene Hülle von U in τ_1) gibt es $V_U \in \tau_1$, $V_U \subset U$ und $V_U \neq \emptyset$, mit $\tau_1|V_U = \tau_2|V_U$.
Bew.: Sei die Dimension von $(N,\tau_1) = n_1$, von $(N,\tau_2) = n_2$ und $n_1 \geq n_2$. Sei $U \in \tau_1$ und $\bar{U}$ kompakt in τ_1. K_i, $i = 1,2,\ldots$, seien kompakt in τ_2 und $N = \bigcup_{i=1}^{\infty} K_i$ (gemäß (1)). Dann gilt $\tau_1|\bar{U} = \tau|\bar{U}$, $\tau_2|K_i = \tau|K_i$ (nach (2)). K_i und $\bar{U}$ sind abgeschlossen in τ, denn in einem Hausdorffraum sind kompakte Mengen abgeschlossen. $\bar{U} \cap K_i$ ist abgeschlossen in $\tau|\bar{U}$, also in $\tau_1|\bar{U}$. Da $\bar{U}$ abgeschlossen ist in τ_1, ist also $\bar{U} \cap K_i$ abgeschlossen in τ_1. Es ist $\bar{U} = \bigcup_{i=1}^{\infty}(K_i \cap U)$. Nach (3) gibt es also ein i, so daß $K_i \cap \bar{U}$ eine in $\bar{U}$ offene Menge V' enthält. $V_U := V' \cap U$ ist dann nicht leer und offen in τ_1 und $\tau_1|V_U = \tau_2|V_U$.
(b) Es ist $V_U \in \tau_2$.

Bew.: Sei $q \in V_U$, $U_1 \in \tau_1$ eine Umgebung von q in V_U homöomorph zu einer offenen Menge des $\mathbb{R}^{n_1}$, $U_2 \in \tau_2$ eine Umgebung von q homöomorph zu einer offenen Menge des $\mathbb{R}^{n_2}$. Weil $\tau_1|V_U = \tau_2|V_U$ ist, ist $U_1 \cap U_2$ offen in τ_1. Nach dem Satz über die Invarianz des Gebietes ist dann $n_1 = n_2$ und $U_1 \cap U_2$ offen in U_2. Damit ist auch V_U offen aus τ_2.

(c) Sei $N_1 := \cup V_U$, die Vereinigung genommen über alle $U \in \tau_1$ mit $\bar{U}$ kompakt in τ_1. Dann ist $N_1 \in \tau_1$, $N_1 \in \tau_2$, $\tau_1 | N_1 = \tau_2 | N_1$ und N_1 ist dicht in (N, τ_1) (Beweis!). Entsprechend gibt es eine Menge N_2, $N_2 \in \tau_2$, $N_2 \in \tau_1$, $\tau_1 | N_2 = \tau_2 | N_2$ und N_2 ist dicht in (N, τ_2). $N' := N_1 \cup N_2$ ist dann die gesuchte offene Menge.

Beispiel

Die Lemmniskate (als N) mit den beiden angedeuteten Topologien (τ_1, τ_2) und der induzierten Topologie τ:

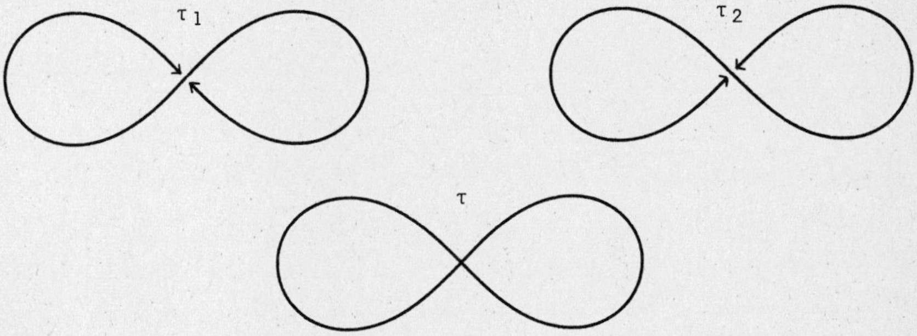

§ 3. TOPOLOGISCHE UND ANALYTISCHE GRUPPEN

3.1. Gruppen in Kategorien

3.1.1. Kategorien

Definition 1

Eine Kategorie ist eine Klasse von Objekten $A, B, \ldots$ zusammen mit einer Klasse von Mengen $\mathrm{Hom}(A,B)$, die den geordneten Paaren (A,B) eindeutig zugeordnet sind. Ein $f \in \mathrm{Hom}(A,B)$ (dafür wird meistens $f: A \to B$ geschrieben) heißt ein Morphismus der Kategorie. Die Mengen $\mathrm{Hom}(A,B)$ sind für verschiedene Paare (A,B) disjunkt. Gewissen Paaren von Morphismen kann als ihr Produkt - $f \circ g$ geschrieben - ein anderer Morphismus zugeordnet werden. Diese Zuordnung ist eindeutig und es gilt:

(1) Seien $f: A \to B$, $g: B' \to C$ Morphismen. Dann ist $g \circ f$ erklärt und $g \circ f: A \to C$, genau dann, wenn $B = B'$.

(2) $f_1: A \to B$, $f_2: B \to C$, $f_3: C \to D$ seien Morphismen. Dann ist $(f_3 \circ f_2) \circ f_1 = f_3 \circ (f_2 \circ f_1)$.

(3) Für alle Objekte A gibt es einen Morphismus $1_A: A \to A$, so daß für alle Morphismen $f: B \to A$, $f': A \to B$ gilt: $1_A \circ f = f$ und $f' \circ 1_A = f'$. (Dieser Morphismus ist dann eindeutig bestimmt.)

Sind $f: A \to B$, $g: B \to A$ Morphismen mit $g \circ f = 1_A$ und $f \circ g = 1_B$, dann heißen f und g Isomorphismen.

Definition 2 : Direktes Produkt

Ein Objekt C zusammen mit Morphismen $p_1: C \to A$, $p_2: C \to B$ heißt direktes Produkt von A und B , wenn folgendes wahr ist:
Für alle Objekte D gilt: Sind $f_1: D \to A$, $f_2: D \to B$ Morphismen, dann gibt es genau einen Morphismus $f: D \to C$, so daß $p_1 \circ f = f_1$ und $p_2 \circ f = f_2$.

Bemerkung 1

Das direkte Produkt ist bis auf Isomorphie eindeutig.

Bew.: (C,p_1,p_2) , (C',p_1',p_2') seien zwei direkte Produkte von A und B . Dann haben wir in dem Diagramm

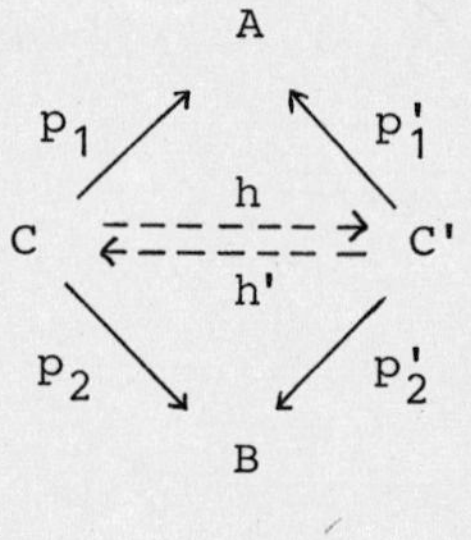

eindeutig Morphismen h , h' mit $p_i \circ h' = p_i'$ und $p_i' \circ h = p_i$ für $i = 1,2$. Es ist $p_i \circ h' \circ h = p_i' \circ h = p_i$, $p_i' \circ h \circ h' = p_i \circ h' = p_i'$. Wegen der Eindeutigkeit eines Morphismus $f: C \to C$ mit $p_i \circ f = p_i$ für $i = 1,2$ folgt dann, daß $h' \circ h = 1_C$ und analog, daß $h \circ h' = 1_{C'}$ ist.

Bemerkung 2

(C,p_1,p_2) sei ein direktes Produkt von A und B , (C',p_1',p_2') ein solches von A' und B' . Seien $f_1: A \to A'$ und $f_2: B \to B'$ Morphismen. Dann gibt es genau einen Morphismus h , der das folgende Diagramm kommutativ ergänzt:

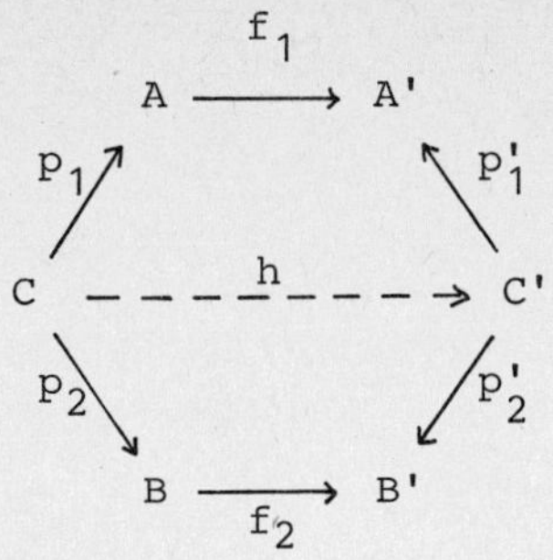

Für die Zukunft machen wir folgende Voraussetzungen über die Kategorien:

(1) Die Objekte sind Mengen mit Strukturen (z.B. Topologie auf einer Menge), und die Morphismen sind Mengenabbildungen.

(2) Für je zwei Objekte existiert ein direktes Produkt.

(3) Es gibt ein Objekt D, das als Menge genau ein Element d besitzt: $D = \{d\}$. Jede Mengenabbildung $A \to D$ und $D \to A$, A ein Objekt, ist ein Morphismus.

Die Kategorie der topologischen Räume und stetigen Abbildungen und die Kategorie der analytischen Mannigfaltigkeiten und analytischen Abbildungen sind solche Kategorien.

Bemerkung 3

In einer solchen Kategorie ist das direkte Produkt von A und B als Menge gleich dem mengentheoretischen Produkt $A \times B$ von A und B.

Bew.: Sei $a \in A$, $b \in B$. Dann sind $f_1: D \to A$, $d \longmapsto a$, $f_2: D \to B$, $d \longmapsto b$, Morphismen.

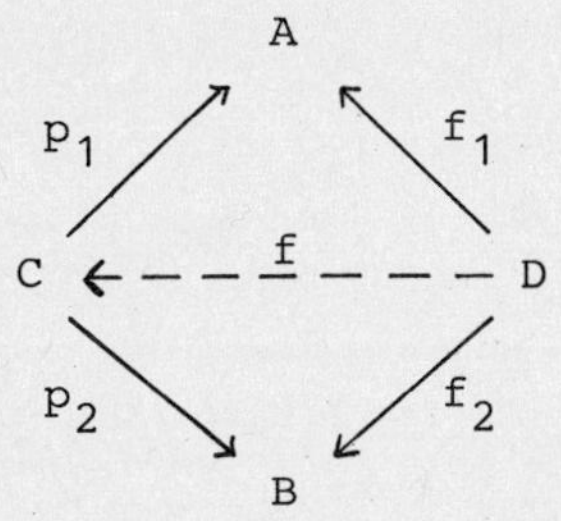

Wegen der Eindeutigkeit von f gibt es genau ein $c \in C$ mit $p_1(c) = a$, $p_2(c) = b$. Also ist die Mengenabbildung $p_1 \times p_2: C \to A \times B$ bijektiv.

Im folgenden identifizieren wir C mit $A \times B$, p_1, p_2 mit den Projektionen $A \times B \to A$, $A \times B \to B$.

Bemerkung 4

Die Morphismen 1_A sind als Mengenabbildungen die identischen Abbildungen.

3.1.2. Gruppen in Kategorien

Definition 1

$\mathcal{L}$ sei eine Kategorie, G ein Objekt in $\mathcal{L}$ und G sei eine abstrakte Gruppe. G heißt Gruppe in der Kategorie $\mathcal{L}$, wenn $\mu\colon G \times G \to G$, $(x,y) \longmapsto xy^{-1}$, ein Morphismus in $\mathcal{L}$ ist.

Definition 2

Die Gruppen in der Kategorie der topologischen Räume und stetigen Abbildungen heißen topologische Gruppen, die Gruppen in der Kategorie der analytischen Mannigfaltigkeiten und analytischen Abbildungen heißen analytische Gruppen.

Lemma

Sei G eine Gruppe in einer Kategorie. Dann sind die Abbildungen $i\colon G \to G$, $x \longmapsto x^{-1}$, und $m\colon G \times G \to G$, $(x,y) \longmapsto xy$, Morphismen, ebenso für alle $g \in G$ die inneren Automorphismen $G \to G$, $x \longmapsto gxg^{-1}$, die Rechtstranslationen $G \to G$, $x \longmapsto xg$, und die Linkstranslationen $G \to G$, $x \longmapsto gx$.

Bew.: (1) i ist ein Morphismus.
Sei $D = \{d\}$ wieder das einelementige Objekt, e die Gruppeneins. Betrachten wir das Diagramm

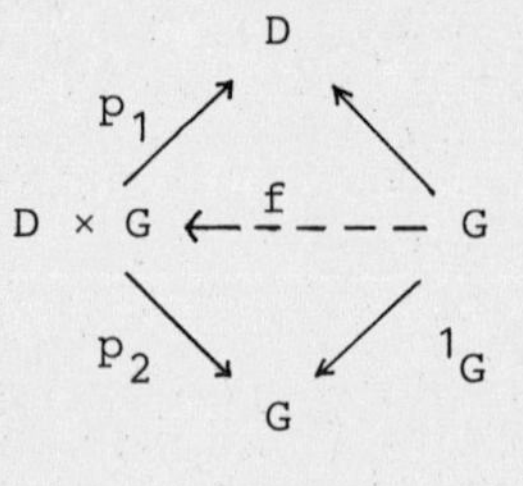

.

Sei f der nach 3.1.1, Def. 2, eindeutige Morphismus, der das Diagramm kommutativ ergänzt. Es ist $f(x) = (d,x)$. Sei h der durch das folgende Diagramm gemäß der Bemerkung 2 in 3.1.1 eindeutig bestimmte Morphismus:

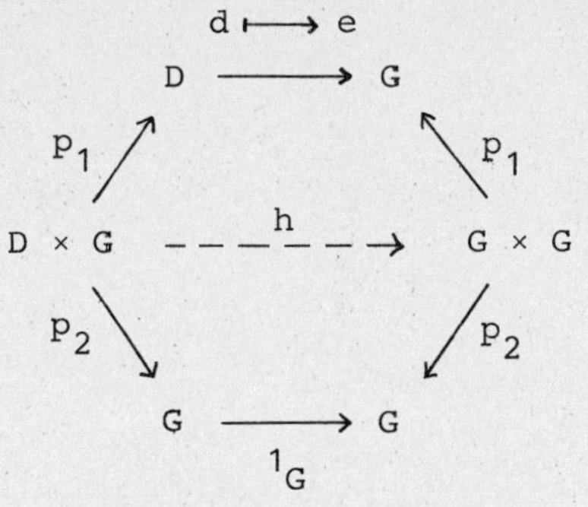

, $h(d,x) = (e,x)$.

Dann ist $\mu\circ h\circ f(x) = \mu\circ h(d,x) = \mu(e,x) = x^{-1}$, d.h. $i = \mu\circ h\circ f$ und somit ein Morphismus.

(2) m ist ein Morphismus.

Sei h gemäß Bemerkung 2 durch das folgende Diagramm definiert:

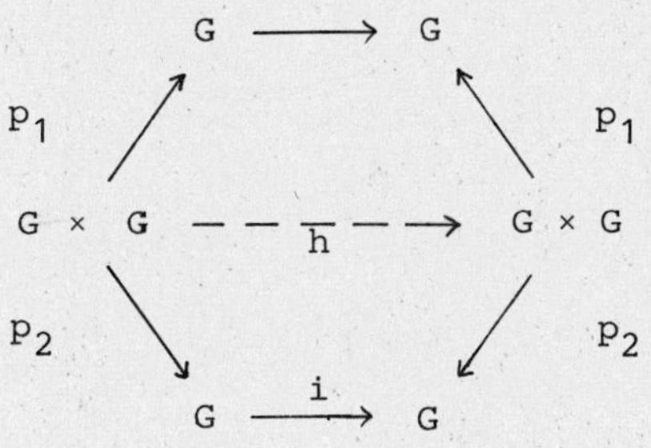

$h(x,y) = (x,y^{-1})$

Dann ist $\mu\circ h = m$.

(3) Ganz ähnlich wie in (1) zeigt man, daß die Rechtstranslationen und die Linkstranslationen Morphismen sind. Durch Zusammensetzung der Morphismen $G \to G$, $x \longmapsto gx$, und $G \to G$, $x \longmapsto xg^{-1}$, erhält man die inneren Automorphismen $x \longmapsto gxg^{-1}$ als Morphismen.

3.2. Die topologische bzw. analytische Struktur einer Gruppe ist durch die Struktur im neutralen Element bestimmt

Im folgenden betrachten wir eine der Kategorien der Bemerkung von 2.4 bzw. die Kategorie der topologischen Räume und stetigen Abbildungen.

Dann gilt: Ist A ein Objekt, A' eine offene Teilmenge von A, dann ist auch A' ein Objekt und die Inklusion $A' \subset A$ ist ein Morphismus.

Bezeichnung

Seien A, B Objekte, $f: A \to B$ eine Abbildung, $p \in A$. Gibt es eine offene Umgebung U von p, so daß $f|U$ ein Morphismus ist, so heiße f zulässig in p.

Ist $f: A \to B$ in p zulässig und $g: B \to C$ in $f(p)$, dann ist $g \circ f$ in p zulässig.

Satz

Vor.: G sei eine abstrakte Gruppe, e das Einselement, U eine Teilmenge von G mit $e \in U$. U sei gleichzeitig ein Objekt in einer der betrachteten Kategorien. Es sei $\mu: G \times G \to G$ die Abbildung $(x,y) \longmapsto xy^{-1}$, $\mu^{-1}(U) \cap U \times U$ sei offen in $U \times U$, und die Abbildung $\mu_1: \mu^{-1}(U) \cap U \times U \longrightarrow U$, $(x,y) \longmapsto xy^{-1}$, sei zulässig. Ferner sei eine der beiden folgenden Bedingungen erfüllt:

(i) $U \cap U^{-1}$ erzeugt G.

(ii) Für alle $g \in G$ ist $x \longmapsto gxg^{-1}$ in e zulässig.

Beh.: Dann gibt es auf G genau eine Struktur $\mathfrak{A}$, so daß G eine Gruppe in der Kategorie ist und so daß $\mathfrak{A}$ mit der auf U gegebenen Struktur übereinstimmt auf einer Menge, die sowohl Umgebung von e in $\mathfrak{A}$ als auch Umgebung von e in der auf U gegebenen Struktur ist.

Bew.: (1) (i) $\Longrightarrow$ (ii)

Man stellt fest, daß es zu jedem $g \in U$ eine offene Umgebung V von e in U gibt, so daß die Abbildung $V \to U$, $x \longmapsto gxg^{-1}$, zulässig ist.

Da $U \cap U^{-1}$ die Gruppe G erzeugt, gilt für $g \in G$: $g = \prod_{i=1}^{n} g_i$ mit $g_i \in U$. Dann ist $x \longmapsto gxg^{-1}$ als Zusammensetzung der in e zulässigen Abbildungen $x \longmapsto g_i x g_i^{-1}$ zulässig in e.

(2) Definition einer Topologie auf G

(a) Es gibt eine offene Umgebung U_1 von e in U mit $U_1 = U_1^{-1}$ und $U_1 \cdot U_1 \subset U$. Wir wählen dazu eine offene Umgebung U_2 von e in U_1 mit $U_2 = U_2^{-1}$ und $U_2 \cdot U_2 \subset U_1$.

(b) Behauptung: $\mathfrak{B} := \{ Wa \mid W$ offene Teilmenge von U_2, $a \in G \}$ ist Basis für eine Topologie. Seien nämlich Wa, $\tilde{W}b \in \mathfrak{B}$. Dann ist $Wa \cap \tilde{W}b = (Wab^{-1} \cap \tilde{W})b = \emptyset$ oder $ab^{-1} \in W^{-1} \cdot \tilde{W} \subset U_1$. Die Abbildung

$f: U_2 \to U$, $x \longmapsto xba^{-1}$ ist zulässig. $f^{-1}(W) = Wab^{-1} \cap U_2$ ist offen in U_2, folglich ist $Wab^{-1} \cap \tilde{W}$ offen in U_2. Damit ist die Behauptung über $\mathfrak{B}$ gezeigt. Nun werde G mit der von $\mathfrak{B}$ erzeugten Topologie versehen. Diese stimmt auf U_2 mit der auf U_2 gegebenen überein. U_2 ist offen in der auf U gegebenen Topologie und in der soeben auf G definierten Topologie.

(3) Definition einer analytischen Struktur auf G (analog für diff. Strukt.): Sei h eine Karte der analytischen Struktur von U_2 in e und sei $V = \mathrm{Def}(h)$. Für $g \in G$ werde $h_g: Vg \to h(V)$ definiert durch $x \longmapsto h(xg^{-1})$.

Behauptung: $\{h_g \mid g \in G\}$ ist ein analytisch verbundener Atlas.

Beweis: Seien $a, b \in G$, Φ sei die durch das folgende Diagramm definierte Koordinatentransformation:

$$\begin{array}{ccc} & Va \cap Vb & \\ {}^{h_a}\swarrow & & \searrow^{h_b} \\ h_a(Va \cap Vb) & \xrightarrow{\ \Phi\ } & h_b(Va \cap Vb) \end{array}$$

Entweder ist $(Va \cap Vb) = (V \cap Vba^{-1})a = \emptyset$ oder $ba^{-1} \in U_1$. Mit $c = ab^{-1}$ wird Φ auch durch das folgende Diagramm definiert:

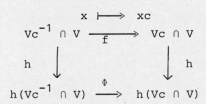

$$\begin{array}{ccc} & x \longmapsto xc & \\ Vc^{-1} \cap V & \xrightarrow[f]{} & Vc \cap V \\ h\downarrow & & \downarrow h \\ h(Vc^{-1} \cap V) & \xrightarrow{\ \Phi\ } & h(Vc \cap V) \end{array}$$

Wie schon in (2)(b) benutzt, ist für $c \in U_1$ die Abbildung $U_2 \to U$, $x \longmapsto xc$, ein Morphismus. Daraus folgt: Die Abbildungen $U_2c^{-1} \cap U_2 \longrightarrow U_2c \cap U_2$, $x \longmapsto xc$, und $U_2c \cap U_2 \longrightarrow U_2c^{-1} \cap U_2$, $x \longmapsto xc^{-1}$, sind zueinander inverse Morphismen. Daher ist auch f ein Isomorphismus und also auch Φ.

Nach dem Lemma von 2.4 nun gibt es auf G genau eine analytische Struktur, so daß alle h_g Isomorphismen sind. Mit dieser Struktur werde G versehen. Sie stimmt auf U_2 mit der auf U_2 gegebenen überein.

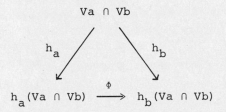

(4) Für alle $g \in G$ ist die Rechtstranslation $G \to G$, $x \longmapsto xg$ ein Isomorphismus der analytischen Struktur auf G.
Das folgt sofort aus den Definitionen.

(5) Für alle $g \in G$ ist die Linkstranslation $G \to G$, $x \longmapsto gx$ ein Isomorphismus der analytischen Struktur.

Beweis: $x \longmapsto gxg^{-1}$ ist in e, $x \longmapsto xg$ ist überall zulässig. Also ist die Zusammensetzung $x \longmapsto gx$ in e zulässig. $x \longmapsto xa^{-1}$ ist in a, $x \longmapsto gx$ in e, $x \longmapsto xa$ überall zulässig. Also ist die Zusammensetzung $x \longmapsto gx$ in a zulässig. Da a beliebig ist, ist also $G \to G$, $x \longmapsto gx$, zulässig.

(6) $\mu: G \times G \to G$, $(x,y) \longmapsto xy^{-1}$ ist zulässig.

Beweis: $(x,y) \longmapsto (a^{-1}x, b^{-1}y)$ ist in (a,b) zulässig, μ ist in (e,e) zulässig, weil U_2 offen in der Topologie von G ist und die neue analytische Struktur auf U_2 mit der alten auf U_2 übereinstimmt. Die Linkstranslation mit a und die Rechtstranslation mit b^{-1} sind überall zulässig. Die Zusammensetzung dieser Abbildungen ist μ und ist in (a,b) zulässig. Also ist μ zulässig.

(7) Die Eindeutigkeit der analytischen Struktur folgt sofort aus der Tatsache, daß bei einer analytischen Gruppe die Translationen Isomorphismen der analytischen Struktur sind.

Es sei nochmals vermerkt, daß der Satz auch für U aus der Kategorie der topologischen Räume und stetigen Abbildungen gilt. Die Struktur $\mathfrak{A}$ auf G ist dann eine Topologie, G eine topologische Gruppe. (Den Teil (3) des Beweises braucht man dann nicht zu betrachten.)

<u>Korollar 1</u>

Sei G eine abstrakte Gruppe, $\mathfrak{A}_1$, $\mathfrak{A}_2$ zwei Strukturen auf G, die G zu einer analytischen (topologischen) Gruppe machen. Gibt es eine Menge V, die sowohl in $\mathfrak{A}_1$ wie in $\mathfrak{A}_2$ Umgebung von e ist, mit $\mathfrak{A}_1 | V = \mathfrak{A}_2 | V$, dann ist $\mathfrak{A}_1 = \mathfrak{A}_2$.

<u>Korollar 2</u>

<u>Vor.:</u> Sei G eine zusammenhängende topologische Gruppe, die eine Mannigfaltigkeit ist, μ sei die Abbildung $G \times G \to G$, $(x,y) \longmapsto xy^{-1}$. In einer Umgebung U von e sei eine analytische Struktur gegeben, deren Topologie die auf U gegebene ist. Die Abbildung $\mu^{-1}(U) \cap (U \times U) \longrightarrow U$, $(x,y) \longmapsto xy^{-1}$ sei zulässig.

Beh.: Dann hat G genau eine Struktur einer analytischen Gruppe, deren Topologie die der gegebenen topologischen Gruppe ist und deren analytische Struktur auf einer Umgebung V von e $(V \subset U)$ mit der auf U gegebenen analytischen Struktur übereinstimmt.

Bew.: Angenommen, es sei schon eine der Bedingungen (i), (ii) in der Voraussetzung des Satzes nachgewiesen. Dann gibt es eine analytische Struktur $\mathfrak{A}$ auf G, so daß G eine analytische Gruppe ist und so daß die Topologie von $\mathfrak{A}$ und die Topologie der gegebenen Gruppe auf einer gemeinsamen Umgebung von e übereinstimmen. Nach Korollar 1 folgt, daß die Topologien dann überhaupt übereinstimmen. Bedingung (i) folgt aus dem folgenden Lemma 2.

Lemma 1

In einer topologischen Gruppe G ist jede offene Untergruppe H auch abgeschlossen.

Bew.: $G - H = \bigcup_{g \notin H} Hg$. Die Rechtstranslationen sind Homöomorphismen, also ist $G - H$ offen und H abgeschlossen.

Lemma 2

Eine zusammenhängende Gruppe G wird von jeder Umgebung des Einselementes e erzeugt.

Bew.: Sei U Umgebung von e, H die von U erzeugte Untergruppe. H ist offen, denn für jedes $h \in H$ ist Uh Umgebung von h in H. H ist also auch abgeschlossen und es ist $H \neq \emptyset$. Weil G zusammenhängend ist, folgt $G = H$.

Anmerkung

Die Voraussetzung "zusammenhängend" in Korollar 2 ist im Falle komplex analytischer Struktur notwendig (das geht aus dem Beispiel in 3.3 hervor), im Falle reell analytischer Strukturen dagegen nicht. Hier gilt vielmehr noch der Satz 2 von 3.6.

3.3. Semidirektes Produkt von Gruppen

Zunächst seien abstrakte Gruppen betrachtet.

Definition 1

Seien G , N , H Gruppen. Dann heißt G Erweiterung von H durch N , wenn es eine exakte Sequenz $\{e\} \longrightarrow N \xrightarrow{j} G \xrightarrow{p} H \longrightarrow \{e\}$ gibt. Dabei ist $\{e\}$ die triviale Gruppe, die nur aus dem Einselement besteht. (Eine Sequenz $\ldots \xrightarrow{fi} G_i \xrightarrow{fi+1} \ldots$ heißt exakt, wenn $\mathrm{Kern}(f_{i+1}) = \mathrm{Bild}(f_i)$ für alle i .)

Wir wollen den Sonderfall einer Erweiterung betrachten, bei der es zu der Sequenz $\{e\} \longrightarrow N \xrightarrow{j} G \xrightarrow{p} H \longrightarrow \{e\}$ einen Homomorphismus $f: H \to G$ gibt mit $p \circ f = 1_H$. Solch ein f ist dann injektiv. Identifiziert man $j(N)$ mit N , $f(H)$ mit H , so gilt: N ist Normalteiler, H Untergruppe in G mit $N \cdot H = G$ und $N \cap H = \{e\}$. Für $h \in H$ sei $\hat{h}: N \to N$ definiert durch $x \longmapsto hxh^{-1}$, dann ist $h \longmapsto \hat{h}$ ein Homomorphismus von H in die Automorphismengruppe von N . Seien n , $n' \in N$, h , $h' \in H$, dann ist $(nh)\cdot(n'h') = (n\cdot\hat{h}(n'))\cdot(hh')$.
Ist auch H ein Normalteiler in G , dann ist G das direkte Produkt von N und H .

Umgekehrt:

Satz 1

Seien N , H Gruppen, e' , e'' ihre neutralen Elemente. Sei Γ die Automorphismengruppe von N , $\sigma: H \to \Gamma$ ein Homomorphismus, $\hat{h} := \sigma(h)$. Dann definiert die Verknüpfung $(n,h)\cdot(n',h') := (n\cdot\hat{h}(n'), hh')$ eine Gruppenstruktur auf $N \times H$. $N \times \{e''\}$ ist ein Normalteiler, $\{e'\} \times H$ eine Untergruppe von $N \times H$. Identifiziert man N mit $N \times \{e''\}$, H mit $\{e'\} \times H$, dann ist für $n \in N$, $h \in H$: $hnh^{-1} = \hat{h}(n)$.

Bew.: Nachrechnen! (e',e'') ist das neutrale Element, $(n,h)^{-1} = (\widehat{h^{-1}}(n^{-1}),h^{-1})$.

Definition 2

$N \times H$ mit dieser Gruppenstruktur heißt (durch σ definiertes) semidirektes Produkt von N und H .

Satz 2

Seien N , H analytische Gruppen und sei $\sigma: H \to \mathrm{Aut}(N)$ ein Homomorphismus. Dann ist das durch σ definierte semidirekte Produkt $N \times H$

von N und H genau dann eine analytische Gruppe, wenn die durch σ definierte Abbildung $H \times N \to N$, $(h,n) \longmapsto \hat{h}(n) = \sigma(h)(n)$, analytisch ist.

Bew.: klar

Beispiel

Sei $N := \mathbb{C}$ die additive Gruppe der komplexen Zahlen. Sei $i: \mathbb{C} \to \mathbb{C}$ die Identität, $q: \mathbb{C} \to \mathbb{C}$ sei die Abbildung $z \longmapsto \bar{z}$, wobei $\bar{z}$ das Konjugiertkomplexe von z ist, und sei H die Gruppe $\{i,q\}$. Dann ist das semidirekte Produkt $N \times H$ eine reell analytische Gruppe mit zwei Zusammenhangskomponenten. Die Zusammenhangskomponente der Eins ist isomorph zu $\mathbb{C}$, ist also eine komplex analytische Gruppe. Ganz $N \times H$ ist aber nach dem Satz 2 keine komplex analytische Gruppe, weil q kein komplex analytischer Automorphismus von $\mathbb{C}$ ist. Dieses Beispiel zeigt, daß i.a. eine der Voraussetzungen (1) , (2) des Satzes von 3.2 notwendig ist und daß das Korollar 2 in 3.2 falsch wird, wenn man die Voraussetzung für den Zusammenhang fallen läßt.

3.4. Lokale Gruppe, Gruppenkeim

Definition 1

Sei T ein (hausdorffscher) Raum, $e \in T$, und U sei eine Umgebung von e in T . Ferner seien stetige Abbildungen $m: U \times U \to T$, $(x,y) \longmapsto x\cdot y$, das Produkt, und $i: U \to T$, $x \longmapsto x^{-1}$, das Inverse, gegeben, und folgende Bedingung sei erfüllt:

> Es gibt eine offene Umgebung V von e in U , so daß gilt: Für alle $x,y \in V$ ist $x\cdot y \in U$. Für alle $x,y,z \in V$ ist $(x\cdot y)\cdot z = x\cdot(y\cdot z)$. Für jedes $x \in V$ ist $x^{-1} \in V$, $x\cdot x^{-1} = x^{-1}\cdot x = e$ und $e\cdot x = x\cdot e = x$.

Dann heißt (T, e, U, m, i) eine lokale Gruppe oder ein Gruppenkern mit neutralem Element e . Manchmal sagen wir auch einfach, T ist eine lokale Gruppe.
Ist U eine analytische Mannigfaltigkeit und sind die Abbildungen $V \times V \to U$, $(x,y) \longmapsto x\cdot y$, und $V \to U$, $x \longmapsto x^{-1}$ analytisch, so heißt T analytische lokale Gruppe.

Offenbar gilt: Ist T eine lokale Gruppe, so ist jede Umgebung von e eine lokale Gruppe.

Satz

Sei T eine lokale Gruppe, n eine ganze Zahl größer 0. Dann gibt es eine Umgebung U von e, so daß für jedes $x \in U$ gilt: $x^{-1} \in U$ und $xx^{-1} = x^{-1}x = e$, $ex = xe = x$, und so daß für alle $x_1,\ldots,x_n \in U$ das Produkt $(\ldots((x_1x_2)x_3)\ldots)$ für jede Stellung der Klammern definiert ist und denselben Wert hat.

Bew.: In [Po], Ch. III, § 23

Definition 2

Zwei Gruppenkerne T, T' heißen lokal isomorph, wenn es eine Umgebung U von e in T, eine Umgebung U' von e' in T' und einen Homöomorphismus $f\colon U \to U'$ gibt, so daß für alle $x,y,z \in U$ gilt:

$$x \cdot y = z \iff f(x) \cdot f(y) = f(z) .$$

"Lokal isomorph sein" ist eine Äquivalenzrelation. Eine Äquivalenzklasse heißt Gruppenkeim.

Ist G eine topologische Gruppe, dann ist jede Umgebung des neutralen Elementes ein Gruppenkern. Zwei solche sind lokal isomorph. Die Äquivalenzklasse ist der "Keim der Gruppe".

Bemerkungen

(1) Nicht jeder Gruppenkeim ist Keim einer Gruppe. Beispiel: [Mal1], S. 606

(2) Ist der Gruppenkeim Äquivalenzklasse eines Gruppenkerns, der eine topologische Mannigfaltigkeit ist, dann ist er Keim einer Gruppe. (Malcev)

(3) Später, im IV. Kapitel, werden wir beweisen: Die Äquivalenzklasse eines analytischen Gruppenkerns ist Keim einer analytischen Gruppe.

3.5. Beispiele topologischer und analytischer Gruppen

Bezeichnung

Seien G_1, G_2 topologische (beziehungsweise analytische) Gruppen, sei $f\colon G_1 \to G_2$ ein Homomorphismus der abstrakten Gruppen und sei f stetig (bzw. analytisch). Dann heißt f Homomorphismus von topologischen (bzw. analytischen) Gruppen. Ein Isomorphismus von topologischen (bzw.

analytischen) Gruppen ist ein Isomorphismus der abstrakten Gruppen und ein Homöomorphismus (bzw. Isomorphismus von analytischen Mannigfaltigkeiten).

(1)
Ist G eine topologische Gruppe, H eine abstrakte Untergruppe, dann ist H mit der induzierten Topologie eine topologische Gruppe.

Ist K ein Körper, dann sei $(K,+)$ die additive Gruppe des Körpers, $K^* := K - \{0\}$, und $(K^*,\cdot)$ sei die multiplikative Gruppe des Körpers.

$(\mathbb{Q},+)$, $(\mathbb{Q}^*,\cdot)$ sind topologische Gruppen, die keine Mannigfaltigkeiten sind.

(2) Beispiele für kommutative analytische Gruppen
Die Gruppen $(\mathbb{R},+)$, $(\mathbb{R}^*,\cdot)$ sind reell analytische, die Gruppen $(\mathbb{C},+)$, $(\mathbb{C}^*,\cdot)$ komplex analytische kommutative Gruppen.

Die multiplikative Gruppe S^1 der komplexen Zahlen vom Betrage 1 ist eine reell analytische Gruppe. Die Abbildung $(\mathbb{C}^*,\cdot) \to \mathbb{R} \times S^1$, $z \longmapsto (\log|z|, \frac{z}{|z|})$, ist ein Isomorphismus von topologischen Gruppen. Später werden wir sehen, daß die Gruppen $\mathbb{R}^n \times (S^1)^m$ die einzigen zusammenhängenden analytischen kommutativen Gruppen sind.

(3) Beispiele für nicht kommutative analytische Gruppen
Sei $\mathbb{K} = \mathbb{R}$ oder $\mathbb{K} = \mathbb{C}$. $M(n,\mathbb{K})$ sei die Menge der $(n \times n)$-Matrizen:

$$M(n,\mathbb{K}) = \left\{ \begin{pmatrix} a_{11} & \cdots & a_{1n} \\ \vdots & & \vdots \\ a_{n1} & \cdots & a_{nn} \end{pmatrix} \;\middle|\; a_{ij} \in \mathbb{K} \right\}.$$ $M(n,\mathbb{K})$ werde durch

$$\begin{pmatrix} a_{11} & \cdots & a_{1n} \\ \vdots & & \vdots \\ a_{n1} & \cdots & a_{nn} \end{pmatrix} \longmapsto (a_{11},\ldots,a_{1n},\ldots,a_{n1},\ldots,a_{nn}) \quad \text{mit } \mathbb{K}^{n^2}$$

identifiziert. Die Determinantenfunktion Det ist stetig auf $\mathbb{K}^{n^2}$.

$GL(n,\mathbb{K}) := \{ A \in M(n,\mathbb{K}) \mid \mathrm{Det}(A) \neq 0 \}$ ist eine offene Teilmenge von $\mathbb{K}^{n^2}$. $GL(n,\mathbb{K})$ ist die "allgemeine lineare Gruppe".
Die Multiplikation ist die Multiplikation von Matrizen. Versieht man $GL(n,\mathbb{K})$ mit der von $\mathbb{K}^{n^2}$ induzierten Topologie und analytischen Struktur, dann ist $GL(n,\mathbb{K})$ eine analytische Gruppe.

(4)
Die spezielle lineare Gruppe $SL(n,\mathbb{K}) := \{ A \in GL(n,\mathbb{K}) \mid \mathrm{Det}(A) = 1 \}$ ist eine analytische Gruppe.

Beweis: Wir wollen den Satz von 3.2 anwenden. Sei E die Einheitsmatrix. Sei U eine offene Umgebung von E in $GL(n,\mathbb{K})$, $U \subset \mathbb{K}^{n^2}$, so daß für alle $(a_{11},\ldots,a_{nn}) \in U$ gilt: $\operatorname{Det}\begin{pmatrix} a_{11} & \cdots & a_{1,n-1} \\ \vdots & & \vdots \\ a_{n-1,1} & \cdots & a_{n-1,n-1}\end{pmatrix} \neq 0$.

Sei p die Projektion von U in die ersten $n^2 - 1$ Koordinaten des $\mathbb{K}^{n^2}$, $p(x_{11},\ldots,x_{nn}) = (x_{11},\ldots,x_{n,n-1})$. Dann ist $V := p(U)$ offen in $\mathbb{K}^{n^2-1}$ und für $(x_{11},\ldots,x_{n,n-1}) \in V$ ist die Gleichung für y

$$\operatorname{Det}\begin{pmatrix} x_{11} & \cdots & & x_{1n} \\ \vdots & & & \vdots \\ x_{n1} & \cdots & x_{n,n-1} & y \end{pmatrix} = 1$$

eindeutig lösbar und y ist eine analytische Funktion auf V. Die Abbildung $f\colon V \to GL(n,\mathbb{K})$, $(x_{11},\ldots,x_{n,n-1}) \longmapsto (x_{11},\ldots,x_{n,n-1},y)$, ist analytisch. $f^{-1}(U) = f^{-1}(U \cap SL(n,\mathbb{K})) =: W$ ist offen in $\mathbb{K}^{n^2-1}$. Seien $U \cap SL(n,\mathbb{K})$ bzw. W mit den von den analytischen Strukturen auf $GL(n,\mathbb{K})$ bzw. $\mathbb{K}^{n^2-1}$ induzierten analytischen Strukturen versehen. Dann sind $U \cap SL(n,\mathbb{K}) \longrightarrow W$, $x \longmapsto p(x)$, und $W \longrightarrow U \cap SL(n,\mathbb{K})$, $x \longmapsto f(x)$, analytische Abbildungen (s. 2.3). Sie sind invers zueinander. Also ist $U \cap SL(n,\mathbb{K})$ eine analytische Mannigfaltigkeit. Die Abbildungen $SL(n,\mathbb{K}) \times SL(n,\mathbb{K}) \longrightarrow SL(n,\mathbb{K})$, $(X,Y) \longmapsto XY^{-1}$, und, für $A \in SL(n,\mathbb{K})$, $SL(n,\mathbb{K}) \longrightarrow SL(n,\mathbb{K})$, $X \longmapsto AXA^{-1}$, sind zulässig in E für die Struktur auf $U \cap SL(n,\mathbb{K})$. Damit ist der Satz von 3.2 anwendbar, $SL(n,\mathbb{K})$ also eine analytische Gruppe.

(5)
Ist A eine Matrix, so bezeichne A^t die transponierte Matrix.
Behauptung: Die Gruppe der orthogonalen Matrizen $O(n,\mathbb{K}) := \{A \mid A^tA = E\}$ ist eine analytische Gruppe.

Beweis: Wir wollen wieder den Satz von 3.2 anwenden und benutzen dazu die sogenannte Cayleytransformation. Sei A eine Matrix mit $\operatorname{Det}(E + A) \neq 0$, sei S definiert durch $E + S = 2(E + A)^{-1}$.
Dann gilt: $S = (E - A)(E + A)^{-1} = (E + A)^{-1}(E - A)$ und
$A = (E - S)(E + S)^{-1} = (E + S)^{-1}(E - S)$. Wir schreiben $S = \frac{E - A}{E + A}$

und $A = \frac{E-S}{E+S}$. Die Menge $U := \{S \mid \mathrm{Det}(E+S) \neq 0\}$ ist eine offene Umgebung der Null in $\mathbb{K}^{n^2}$. Die Abbildung $f: U \to U$, $S \longmapsto \frac{E-S}{E+S}$, ist ein analytischer Isomorphismus von U auf U, denn f ist analytisch und $f^2 = 1_U$. Sind A, G Matrizen, $\mathrm{Det}(E+A) \neq 0$ und $S = \frac{E-A}{E+A}$, dann gilt:

$$A^tGA = G \Longleftrightarrow GS + S^tG = 0 .$$

Für $G = E$ heißt das: A ist genau dann orthogonal, wenn S schiefsymmetrisch ist. Sei V eine Umgebung von 0 in U. Dann ist $f(V)$ eine Umgebung von E in $\mathbb{K}^{n^2}$. Die Menge $W := V \cap \{S \mid S$ schiefsymmetrische Matrix$\}$ kann man als offene Teilmenge des $\mathbb{K}^{\frac{n(n-1)}{2}}$ auffassen. Die Einschränkung von f definiert dann einen analytischen Isomorphismus von W auf $f(V) \cap O(n,\mathbb{K})$. Also ist $f(V) \cap O(n,\mathbb{K})$ eine analytische Mannigfaltigkeit. Wie in (4) schließt man dann, daß $O(n,\mathbb{K})$ eine analytische Gruppe ist.

Bemerkung

$O(n,\mathbb{R})$ ist eine beschränkte, abgeschlossene Teilmenge des $\mathbb{R}^{n^2}$.
$O(n,\mathbb{R})$ ist also kompakt ($O(n,\mathbb{C})$ dagegen nicht).

(6)
Sei E_n die Einheitsmatrix der Ordnung n, $J = \begin{pmatrix} 0 & E_n \\ -E_n & 0 \end{pmatrix}$.

Behauptung: Die symplektische Gruppe $Sp(2n,\mathbb{K}) := \{A \mid A^tJA = J\}$ ist eine analytische Gruppe.
Beweis: Sei eine Umgebung V von 0 wie in (5) gewählt. Sei $W := V \cap \{S \mid JS + S^tJ = 0\}$. Mit $S = \begin{pmatrix} X_1 & X_2 \\ X_3 & X_4 \end{pmatrix}$ (X_i quadratische Matrix der Ordnung n) gilt für $S \in W$:

$$\begin{pmatrix} X_3 & X_4 \\ -X_1 & -X_2 \end{pmatrix} + \begin{pmatrix} -X_3^t & X_1^t \\ -X_4^t & X_2^t \end{pmatrix} = 0 \text{, d.h. } X_3 = X_3^t,\ X_4 = -X_1^t,\ X_2 = X_2^t .$$

W kann als offene Menge in $\mathbb{K}^{2n^2+n}$ aufgefaßt werden. Wie in (5) schließen wir, daß $f(V) \cap Sp(2n,\mathbb{K})$ eine analytische Mannigfaltigkeit ist. $Sp(2n,\mathbb{K})$ ist also eine analytische Gruppe.

(7) Affine Gruppen

$GL(n,\mathbb{K})$ ist eine Automorphismengruppe von $\mathbb{K}^n$. Die Abbildung

$$GL(n,\mathbb{K}) \times \mathbb{K}^n \longrightarrow \mathbb{K}^n, \quad (A,x) \longmapsto Ax := \begin{pmatrix} a_{11} & \cdots & a_{1n} \\ \vdots & & \vdots \\ a_{n1} & \cdots & a_{nn} \end{pmatrix} \cdot \begin{pmatrix} x_1 \\ \vdots \\ x_n \end{pmatrix},$$

ist analytisch. Daher ist das semidirekte Produkt $\mathbb{K}^n \times GL(n,\mathbb{K})$ bezüglich dieser Abbildung eine analytische Gruppe. Die Gruppenmultiplikation lautet: $(x,A)\cdot(y,B) = (x + Ay, AB)$.

Spezialfall: Gruppe G der Affinitäten der Geraden mit positiver Determinante, $G = \{(a,b) \mid b > 0\}$, $(a,b)\cdot(a',b') = (a + ba', bb')$. Topologisch ist G eine Ebene.

(8) Das Solenoid als Beispiel einer kompakten, zusammenhängenden, nicht lokal zusammenhängenden topologischen Gruppe

(a) Projektiver Limes topologischer Gruppen

Eine Menge Δ mit einer Relation $\alpha < \beta$ heißt quasi geordnet, wenn die Relation reflexiv und transitiv ist. Eine gerichtete Menge Δ ist eine quasi geordnete Menge, für die gilt: Für jedes Paar von Elementen $\alpha, \beta \in \Delta$ gibt es ein $\gamma \in \Delta$ mit $\alpha < \gamma$ und $\beta < \gamma$.

Definition 1

Ein projektives System (G,π) von topologischen Räumen (bzw. topologischen Gruppen) über einer gerichteten Menge Δ ist ein System $\{G_\alpha\}_{\alpha\in\Delta}$ von Räumen (bzw. topologischen Gruppen) zusammen mit einem System $\{\pi_\alpha^\beta: G_\beta \to G_\alpha\}_{\alpha,\beta\in\Delta,\ \alpha<\beta}$ von stetigen Abbildungen (bzw. stetigen Homomorphismen), so daß gilt:

(1) Für alle $\alpha \in \Delta$ ist $\pi_\alpha^\alpha = 1_{G_\alpha}$.

(2) Für alle $\alpha, \beta, \gamma \in \Delta$ mit $\alpha < \beta < \gamma$ ist $\pi_\alpha^\beta \circ \pi_\beta^\gamma = \pi_\alpha^\gamma$.

Definition 2

Sei (G,π) ein projektives System von Räumen über Δ. Die Teilmenge des Produkts $\prod_{\alpha\in\Delta} G_\alpha$, die aus allen Familien $\{x_\alpha\}_{\alpha\in\Delta}$ mit $\pi_\alpha^\beta(x_\beta) = x_\alpha$ für $\alpha < \beta$ besteht, versehen mit der Teilraumtopologie von $\prod_{\alpha\in\Delta} G_\alpha$, heißt projektiver Limes, geschrieben $\varprojlim G_\alpha$, des Systems (G,π). Die Abbildungen $\pi_\beta: \varprojlim G_\alpha \longrightarrow G_\beta$, $\{x_\alpha\} \longmapsto x_\beta$, heißen kanonische Projektionen.

Satz 1

$\{ \pi_\alpha^{-1}(U_\alpha) \mid U_\alpha$ offen in G_α , $\alpha \in \Delta \}$ ist eine Basis der Topologie von $\varprojlim G_\alpha$.

Bew.: [E-S] , VIII, Lemma 3.12.

Bemerkungen

(1) Die Topologie von $\varprojlim G_\alpha$ ist die gröbste Topologie, so daß alle kanonischen Projektionen π_α stetig sind.

(2) Ist X ein topologischer Raum, dann ist die Abbildung $f: X \to \varprojlim G_\alpha$ stetig, genau dann, wenn $\pi_\alpha \circ f$ stetig ist für jedes $\alpha \in \Delta$.

(3) Ist (G,π) ein projektives System topologischer Gruppen, dann ist $\varprojlim G_\alpha$ mit der Multiplikation $\{x_\alpha\}\{x'_\alpha\} := \{x_\alpha x'_\alpha\}$ eine topologische Gruppe, und die kanonischen Projektionen sind stetige Homomorphismen.

(4) Sei (G,π) ein projektives System topologischer Gruppen über Δ . $\varprojlim G_\alpha$ ist bis auf Isomorphie topologischer Gruppen charakterisiert durch die folgende Eigenschaft: Ist H eine topologische Gruppe und $\{ f_\alpha : H \to G_\alpha \}_{\alpha\in\Delta}$ eine Familie von stetigen Homomorphismen mit $\pi_\alpha^\beta \circ f_\beta = f_\alpha$ für $\alpha < \beta$, dann gibt es genau einen stetigen Homomorphismus $f: H \to \varprojlim G_\alpha$ mit $\pi_\alpha \circ f = f_\alpha$ für jedes $\alpha \in \Delta$.

Satz 2

(G,π) sei ein projektives System von Hausdorffräumen über der gerichteten Menge Δ . Dann gilt:

(1) $\varprojlim G_\alpha$ ist abgeschlossen in $\prod_{\alpha\in\Delta} G_\alpha$.

(2) Sind alle G_α kompakt und $\neq \emptyset$, dann ist auch $\varprojlim G_\alpha \neq \emptyset$ und kompakt.

(3) Sind alle G_α kompakt und zusammenhängend, dann ist $\varprojlim G_\alpha$ zusammenhängend.

Literatur zum projektiven Limes: (a) [E-S] , Ch. VIII , (b) [Kow] , § 40 , (c) [Weil] , § 5 .

(b) Das p - adische Solenoid

Der Kreis S^1 ist eine zusammenhängende kompakte hausdorffsche topologische Gruppe. Sei $f: \mathbb{R} \to S^1$ die Abbildung $x \longmapsto e^{2\pi i x}$. Ist (a,b) ein offenes Intervall in $\mathbb{R}$, dann ist $f(a,b)$ offen in S^1 (das wird in 4.1 bewiesen werden). Wir bezeichnen $f(a,b)$ als

"Intervall in S^1". Ist $0 \in (a,b)$, dann ist $f(a,b)$ eine offene Umgebung des neutralen Elementes e von S^1. Die Elemente von S^1 können wir mittels der Definition $n \cdot f(t) := f(n \cdot t)$ für $n \in \mathbb{Z}$, $t \in \mathbb{R}$, mit ganzen Zahlen multiplizieren.

Sei p eine Primzahl, Δ die Menge der ganzen Zahlen n größer 0 mit der gewöhnlichen Ordnungsrelation "$\leq$". Sei $G_n := S^1$, $\pi_n^k: G_k \to G_n$, $x \longmapsto p^{k-n} \cdot x$, für $k \geq n$. $S := \varprojlim G_n$ ist dann eine kompakte zusammenhängende hausdorffsche Gruppe, "<u>das p-adische Solenoid</u>".

Behauptung 1: Es gibt einen injektiven stetigen Homomorphismus $\psi: \mathbb{R} \to S$, so daß Bild(ψ) dicht in S ist.

Beweis: (1) Für $n \in \Delta$ definieren wir $\psi_n: \mathbb{R} \to G_n$, $x \longmapsto f(p^{-n}x)$. Für $k \in \Delta$, $k \leq n$ ist $\pi_k^n \circ \psi_n(x) = \psi_k(x)$. Daher definieren die ψ_n einen stetigen Homomorphismus $\psi: \mathbb{R} \to S$ mit $\pi_n \circ \psi = \psi_n$.

(2) Es ist klar, daß ψ injektiv ist.

(3) Sei $x \in S$ und U eine Umgebung von x. Dann gibt es $i \in \Delta$ und eine Umgebung V von $\pi_i(x)$ in S^1, so daß $\pi_i^{-1}(V) \subset U$. Sei $t \in \mathbb{R}$ so gewählt, daß $\pi_i(x) = f(t)$. Ist $p^i \cdot t = t'$, dann ist $\psi_i(t') = f(t)$, also ist $\psi(t') \in U$. Damit ist gezeigt, Bild(ψ) ist dicht in S.

Behauptung 2: S ist nicht lokal zusammenhängend.

Beweis: In einem lokal zusammenhängenden Raum sind die Zusammenhangskomponenten offener Teilmengen offen. Betrachten wir die offene Umgebung $U := \pi_1^{-1}(f(-\frac{1}{2p}, \frac{1}{2p}))$ des neutralen Elementes e von S, dann besteht $\pi_k(U)$ aus p^{k-1} disjunkten Intervallen in S^1 (anschaulich gesagt: U besteht aus unendlich vielen Geradenstücken, $\psi(\mathbb{R})$ ist eine unendlich oft herumgewickelte Gerade. Dies wird z.B. in [E-S], Ch. VIII, Exercises, präzisiert). Die Zusammenhangskomponente von U, die e enthält, ist enthalten in $(\prod_k f(-\frac{1}{2p^k}, \frac{1}{2p^k})) \cap S$. Dies enthält nach (a) Satz 1 aber keine offene Menge von S.

3.6. Liesche Gruppen, Struktursätze für Liesche Gruppen

Die folgenden Sätze sind Marksteine in der Theorie der topologischen Gruppen. Ihre Beweise sind sehr tiefliegend. Darauf sei besonders hingewiesen, weil wir diese Ergebnisse hier nur knapp erwähnen. Die Gruppen seien alle hausdorffsch vorausgesetzt.

Definition

Eine Liesche Gruppe ist eine topologische Gruppe, die man so mit einer analytischen Struktur versehen kann, daß sie eine analytische Gruppe wird.

Es sei bemerkt, daß "im täglichen Sprachgebrauch" der Begriff Liesche Gruppe aber auch oft im Sinne unserer analytischen Gruppe gebraucht wird.

Satz 1 (Montgomery-Zippin-Gleason)

Eine lokal kompakte, lokal zusammenhängende, im Sinne der Dimensionstheorie endlich dimensionale topologische Gruppe ist eine Liesche Gruppe.

Als Korollar zu diesem Satz hat man den folgenden Satz, der eine Antwort auf einen Teil des 5. Hilbertschen Problems darstellt.

Satz 2

Eine topologische Gruppe, die eine Mannigfaltigkeit ist, ist eine Liesche Gruppe.

Satz 3

Eine lokal kompakte topologische Gruppe besitzt eine offene Untergruppe, die ein projektiver Limes von Lieschen Gruppen ist (Yamabe). Eine kompakte Gruppe ist selbst projektiver Limes von Lieschen Gruppen (von Neumann), ebenso eine kommutative Gruppe, die von einer kompakten Umgebung von e erzeugt wird (Pontrjagin).

Bemerkung

Eine lokal kompakte topologische Gruppe G ist projektiver Limes von Lieschen Gruppen, wenn in jeder Umgebung des neutralen Elementes eine abgeschlossene invariante Untergruppe existiert, so daß der Quotient von G durch diese Untergruppe eine Liesche Gruppe ist.
(Die Topologie in der Quotientengruppe wird in 4.1 definiert.)

Literatur: [M-Z] , [Weil] .

§ 4. UNTERGRUPPEN

4.1. Quotientenräume

Sei G eine topologische Gruppe, H eine abstrakte Untergruppe von G. Unter der Linksrestklasse eines Elementes $g \in G$ verstehen wir die Menge gH. G/H sei die Menge der Linksrestklassen, $p: G \to G/H$ sei die Projektion $g \longmapsto gH$.

Lemma

Hat G/H die Identifizierungstopologie unter p, dann ist p offen.

Bew.: Sei A offen in G, $p^{-1}(p(A)) = \bigcup_{g \in A} gH = \bigcup_{h \in H} Ah$ ist offen in G.

G/H mit der Identifizierungstopologie unter p heißt Restklassenraum von G (bezüglich H).

Definition

Sei E ein Raum, G eine topologische Gruppe.

G operiert auf E :$\Longleftrightarrow$ Es gibt einen Homomorphismus $g \longmapsto \hat{g}$ von G in die Gruppe der Homöomorphismen von E in sich. Statt $\hat{g}(p)$ $(g \in G, p \in E)$ schreiben wir gp.

G operiert transitiv auf E :$\Longleftrightarrow$ Für alle $p_1, p_2 \in E$ gibt es ein $g \in G$ mit $gp_1 = p_2$.

G operiert stetig auf E :$\Longleftrightarrow$ $G \times E \to E$, $(g,p) \longmapsto gp$, ist stetig.

Für $p \in E$ heißt $G_p := \{ g \in G \mid gp = p \}$ Standuntergruppe von p.

Satz 1

Sei E ein Raum, G eine topologische Gruppe, und G operiere stetig und transitiv auf E. Sei $q \in E$, G_q die Standuntergruppe von q, p die Projektion $G \to G/G_q$. Dann induziert $f: G \to E$, $g \longmapsto gq$, eine bijektive stetige Abbildung $\bar{f}: G/G_q \to E$ mit $\bar{f} \circ p = f$.

<u>Bew.:</u>

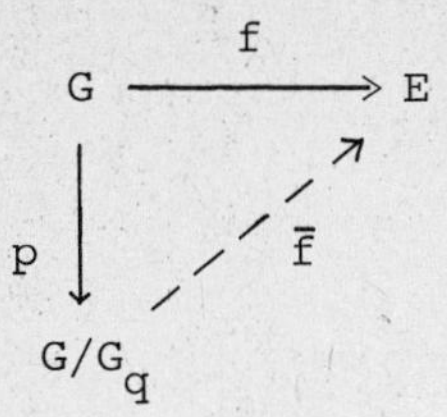

Sei $g \in G$. Für $g' \in G_q$ ist $f(gg') = f(g)$. $gG_q \longmapsto f(g)$ definiert daher eine Abbildung $\bar{f}: G/G_q \longrightarrow E$ mit $\bar{f} \circ p = f$. Da p eine Identifizierung ist, ist $\bar{f}$ stetig. Außerdem ist $\bar{f}$ bijektiv.

<u>Definition</u>

Ein Raum E , der homöomorph einem Restklassenraum einer Gruppe ist, heißt <u>homogener Raum</u>.

<u>Satz 2</u>

Ist die Abbildung f von Satz 2 offen oder ist G/G_q kompakt und E hausdorffsch, dann ist $\bar{f}$ ein Homöomorphismus, E also ein homogener Raum.

<u>Bew.:</u> klar bzw. Folgerung aus einem einschlägigen Satz der Topologie.

<u>Beispiel 1</u>

E sei die Sphäre S^{n-1} , G die Gruppe $O(n,\mathbb{R})$, q der Punkt $(0,\dots,0,1) \in \mathbb{R}^n$. $O(n)$ operiert stetig und transitiv auf S^{n-1} via $O(n) \times S^{n-1} \longrightarrow S^{n-1}$, $(A,s) \longmapsto As$. Es gilt:

$$Aq = q \iff A = \begin{pmatrix} & & 0 \\ & B & \vdots \\ & & 0 \\ 0 & \dots\ 0 & 1 \end{pmatrix} \quad \text{mit } B \in O(n-1) \text{ . Mit } G_q \equiv O(n-1)$$

gilt dann $O(n)/O(n-1) \cong S^{n-1}$ (" $\cong$ " heißt homöomorph), denn $O(n)$ und somit $O(n)/O(n-1)$ ist kompakt, S^{n-1} ist hausdorffsch.

<u>Satz 3</u>

Sei G eine topologische Gruppe, H eine Untergruppe, seien g , $g' \in G$. Dann wird durch $g'(gH) := g'g\,H$ eine stetige transitive Operation von G auf G/H definiert. Ist H ein Normalteiler in G , dann ist G/H eine topologische Gruppe.

<u>Bew.:</u> Für $g' \in G$ ist $\hat{g}': G/H \to G/H$, $gH \longmapsto g'gH$, eine bijektive Abbildung und $g' \longmapsto \hat{g}'$ ist ein Homomorphismus von G in die Gruppe der bijektiven Abbildungen von G/H in sich. Seien $m: G \times G \to G$, $(x,y) \longmapsto xy$, $p: G \to G/H$, $g \longmapsto gH$, und betrachten wir das kommutative Diagramm:

$$\begin{array}{ccc} G \times G & \xrightarrow{m} & G \\ {\scriptstyle 1_G \times p}\downarrow & & \downarrow{\scriptstyle p} \\ G \times G/H & \longrightarrow & G/H \\ (g', gH) & \longmapsto & g'gH \end{array}$$

$1_G \times p$ ist offen und stetig und ist daher eine Identifizierung. Daraus folgt, $G \times G/H \to G/H$ ist stetig, d.h. G operiert stetig auf G/H. Es ist klar, daß G transitiv operiert.
Sei nun H ein Normalteiler in G, $\mu: G \times G \to G$, $(x,y) \longmapsto xy^{-1}$. Wir wollen zeigen, $\bar{\mu}: G/H \times G/H \longrightarrow G/H$, $(xH,yH) \longmapsto xy^{-1}H$ ist stetig. Das Diagramm

$$\begin{array}{ccc} G \times G & \xrightarrow{\mu} & G \\ {\scriptstyle p \times p}\downarrow & & \downarrow{\scriptstyle p} \\ G/H \times G/H & \xrightarrow[\bar{\mu}]{} & G/H \end{array}$$

ist kommutativ. Die Abbildung $p \times p$ ist offen und stetig, also eine Identifizierung. Daher ist $\bar{\mu}$ stetig, und somit ist G/H eine topologische Gruppe.

Beispiel 2

$\mathbb{R}/\mathbb{Z}$ ist eine topologische Gruppe. Die Abbildung $\mathbb{R} \to S^1$, $x \longmapsto e^{2\pi i x}$, induziert einen Isomorphismus topologischer Gruppen $\mathbb{R}/\mathbb{Z} \to S^1$.

Satz 4

Sei G eine topologische Gruppe, H eine Untergruppe, e das neutrale Element von G. Dann gilt:

(a) eH ist abgeschlossen in G/H $\Longleftrightarrow$ H ist abgeschlossen in G.

(b) G/H ist hausdorffsch $\Longleftrightarrow$ H ist abgeschlossen in G.

Bew.: (a) "$\Longrightarrow$" klar, "$\Longleftarrow$" aus (b) "$\Longleftarrow$".
(b) "$\Longrightarrow$" nach (a) "$\Longrightarrow$"
"$\Longleftarrow$" Sei $\mu: G \times G \to G$, $(x,y) \longmapsto xy^{-1}$. Seien aH, $bH \in G/H$ und $aH \neq bH$, d.h. $ab^{-1} \notin H$ und somit $(a,b) \notin \mu^{-1}(H)$. Da $\mu^{-1}(H)$

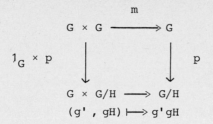

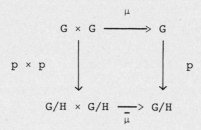

abgeschlossen ist, gibt es Umgebungen U von a, V von b, so daß $(U \times V) \cap \mu^{-1}(H) = \emptyset$. Ist $(u,v) \in U \times V$, so ist $uv^{-1} \notin H$ und $uH \neq vH$. Es folgt, daß $U \cdot H \cap V \cdot H = \emptyset$, aber $U \cdot H$ ist eine Umgebung von aH, $V \cdot H$ eine Umgebung von bH in G/H.

Korollar

Ist $\{e\}$ abgeschlossen in G, dann ist G hausdorffsch.

4.2. Analytische Untergruppen

Definition

Sei G eine analytische Gruppe. Eine analytische Gruppe H, die als analytische Mannigfaltigkeit Untermannigfaltigkeit von G und als abstrakte Gruppe Untergruppe von G ist, heißt analytische Untergruppe von G.

Bemerkung 1

Sei G eine analytische Gruppe. Eine Gruppe H kann mit verschiedenen analytischen Strukturen analytische Untergruppe von G sein. Sei z.B. G eine analytische Gruppe mit einer von der diskreten Topologie verschiedenen Topologie. Für H nehmen wir einmal G selbst, das andere Mal G mit der diskreten Topologie und der entsprechenden induzierten analytischen Struktur.

Lemma

A, B, C seien analytische Mannigfaltigkeiten. Das Diagramm

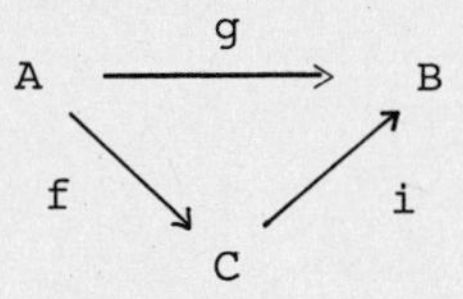

sei kommutativ. Es sei i eine Immersion, g analytisch und f stetig. Dann ist auch f analytisch.

Bew.: 2.3 Lemma 2 und 2.5 Bemerkung

Die folgenden beiden Sätze 1 und 2 ergeben sich aus diesem Lemma.

Satz 1

Sei G eine analytische Gruppe. H sei eine Untermannigfaltigkeit und eine abstrakte Untergruppe von G . H sei ferner eine topologische Gruppe. Dann ist H eine analytische Gruppe, also eine analytische Untergruppe von G .

Satz 2

Sei G eine analytische Gruppe. H sei eine abstrakte Untergruppe und eine topologische Gruppe. Dann gibt es höchstens eine analytische Struktur auf H , die H zu einer analytischen Untergruppe von G macht.

Der Satz 2 wird im wesentlichen durch den folgenden Satz verschärft:

Satz 3

Auf einer abstrakten Untergruppe H einer analytischen Gruppe G gibt es höchstens eine analytische Struktur mit abzählbarer Basis, die H zu einer analytischen Untergruppe von G macht.

Bew.: Aus 2.5 Satz folgt: Irgend zwei Gruppentopologien mit abzählbarer Basis von H stimmen auf einer gemeinsamen offenen Teilmenge und damit, weil H homogen ist, auf H überein. Die Behauptung folgt dann aus Satz 2 .

Satz 4

Auf einer abstrakten Untergruppe H einer analytischen Gruppe G gibt es höchstens eine analytische Struktur, die H zu einer zusammenhängenden analytischen Untergruppe von G macht.

Bew.: Die Behauptung folgt aus Satz 3 und dem folgenden Satz.

Satz 5

Eine zusammenhängende lokal euklidische topologische Gruppe G hat eine abzählbare Basis.

Bew.: Sei U eine euklidische Umgebung des neutralen Elementes von G , $\mathfrak{B} = \{V_i \mid i \in \mathbb{Z}\}$ sei eine abzählbare Basis der Topologie von U . $\{V_{i_1} \cdot \ldots \cdot V_{i_n} \mid V_{i_j} \in \mathfrak{B},\ i_1,\ldots,i_n \in \mathbb{Z},\ n \in \mathbb{Z},\ n > 0\}$ ist abzählbar. $U \cap U^{-1}$ erzeugt G (3.2 Lemma 2) . Sei $g \in G$, dann ist $g = g_1 \ldots g_n$ mit $g_i \in U$ für $1 \leq i \leq n$. Sei V eine Umgebung von g . Dann gibt es Mengen $V_{i_j} \in \{V_i \mid i \in \mathbb{Z}\}$, so daß $g_j \in V_{i_j}$ und so daß $V_{i_1} \cdot \ldots \cdot V_{i_n} \subset V$. Damit ist die Behauptung bewiesen.

Wir wollen noch eine Verschärfung (im wesentlichen) von Satz 1 angeben:

Satz 6

Sei G eine analytische Gruppe, H eine homogen dimensionale analytische Untermannigfaltigkeit mit abzählbarer Basis und eine abstrakte Untergruppe. Dann ist H eine analytische Untergruppe von G.

Wir geben einen Beweis, obwohl er an einer Stelle die Differentialtheorie aus Kap. III benutzt.

Bew.: Nach Satz 1 oben genügt es zu zeigen, daß H eine topologische Gruppe ist. Sei m die Dimension von H und n die von G. Da H eine analytische Untermannigfaltigkeit von G ist, gibt es eine offene Umgebung U von e in H, eine $(n-m)$-dimensionale Untermannigfaltigkeit V von G mit $e \in V$ und eine offene Umgebung W von e in G, so daß W homöomorph zu $U \times V$ ist.

(1) Es gibt eine offene Umgebung U' von e in U und eine offene Umgebung V' von e in V, so daß $U' \cdot V'$ offen in G und die Abbildung $U' \times V' \longrightarrow U' \cdot V'$, $(x,y) \longmapsto x \cdot y$, ein Homöomorphismus ist.
Bew.: Das Differential der Abbildung $U \times V \longrightarrow G$, $(x,y) \longmapsto x \cdot y$, in dem neutralen Element e ist ein Isomorphismus. Siehe III, 1.1 und 2.1.

(2) Sei A eine offene Umgebung von e in U' mit $\bar{A} \subset U'$ und $\bar{A}$ kompakt. Dann ist $A \cdot V' \cap H = A(V' \cap H)$ und wir behaupten, daß $V' \cap H$ abzählbar ist.
Bew.: Für $x \in V' \cap H$ ist $\bar{A} \cdot x$ kompakt in G. Da H eine abzählbare Basis hat, ist H eine Vereinigung von abzählbar vielen kompakten Mengen H_i. Diese sind auch in G kompakt. Es ist $\bar{A} \cdot x = \cup (\bar{A} \cdot x \cap H_i)$ und $\bar{A} \cdot x \cap H_i$ ist abgeschlossen in $\bar{A} \cdot x$. Eines der $H_i \cap \bar{A} \cdot x$ enthält eine in $\bar{A} \cdot x$ offene nicht leere Menge (siehe (3) im Beweis des Satzes in 2.5), und diese enthält eine in $A \cdot x$ offene nicht leere Menge B, die homöomorph einer offenen Menge des $\mathbb{R}^m$ ist. Sei τ die Topologie von G, τ' diejenige von H. Dann ist $\tau | H_i \cap \bar{A} \cdot x = \tau' | H_i \cap \bar{A} \cdot x$ (siehe (2) im Beweis des Satzes in 2.5), und folglich ist $\tau | B = \tau' | B$. Da H die Dimension m hat, so ergibt sich nach dem Satz über die Invarianz des Gebietes, daß B auch offen in H ist. Die Mengen $\bar{A} \cdot x$ mit $x \in V' \cap H$ sind paarweise disjunkt. Also enthält H mindestens ebenso viele disjunkte offene nicht leere Mengen, wie $V' \cap H$ Elemente hat. Daraus folgt, daß $V' \cap H$ abzählbar ist.

(3) In einem lokal euklidischen Raum ist eine abzählbare Menge total unzusammenhängend. Die zusammenhängende Komponente von e in $V' \cap H$

ist also $\{e\}$. Sei $(A\cdot V' \cap H)^{o}$ die zusammenhängende Komponente von e in $A\cdot V' \cap H$. Wählt man A zusammenhängend, so ist also $(A\cdot V' \cap H)^{o} = A$.

(4) Sei U_1 eine offene zusammenhängende Umgebung von e in A , so daß $U_1\cdot U_1^{-1} \subset A\cdot V'$. Dann ist $U_1\cdot U_1^{-1} \subset (A\cdot V' \cap H)^{o} = A$. Sei $g \in H$ und U_2 eine offene zusammenhängende Umgebung von e in H , so daß $g\cdot U_2\cdot g^{-1} \subset A\cdot V' \cap H$. Dann ist wieder $g\cdot U_2\cdot g^{-1} \subset A$. Nach 3.2 Satz folgt nun, daß H eine topologische Gruppe ist.

Satz 7

Sei G eine reell analytische Gruppe. Eine abgeschlossene Untergruppe von G mit der induzierten Topologie ist eine analytische Untergruppe von G .

Bew.: III. Kapitel, 2.4.

Mittels dieses Satzes folgt sofort, daß die Gruppen $O(n,\mathbb{R})$, $SL(n,\mathbb{R})$, $Sp(n,\mathbb{R})$ von 3.5 analytische Gruppen sind, denn sie sind abgeschlossene Untergruppen von $GL(n,\mathbb{R})$.

4.3. Einige spezielle Normalteiler

Satz 1

Sei G eine topologische Gruppe, N ein Normalteiler in G . Dann ist $\bar{N}$ (die abgeschlossene Hülle von N in G) ein Normalteiler.

Bew.: Für $g \in G$ ist $G \to G$, $x \longmapsto gxg^{-1}$ stetig. Es folgt aus $gNg^{-1} \subset N$ also $g\bar{N}g^{-1} \subset \bar{N}$.

Definition

Sei G eine Gruppe. Eine Untergruppe, die unter allen Automorphismen von G invariant ist, heißt charakteristische Untergruppe.
Ist G eine topologische Gruppe, so heißt eine Untergruppe, die unter allen topologischen Automorphismen von G invariant ist, topologisch charakteristisch.

Beispiele

(a) Das Zentrum $Z(G)$ einer Gruppe G ist eine charakteristische Untergruppe. Ist G eine topologische Gruppe, e das neutrale Element und $\{e\}$ abgeschlossen, so ist $Z(G)$ abgeschlossen. Denn für $g \in G$ ist $k_g: G \to G$, $x \longmapsto xgx^{-1}g^{-1}$, stetig und $Z(G) = \bigcap_{g\in G} k_g^{-1}(\{e\})$.

(b) Die Kommutatorgruppe G' von G, d.h. die von allen Elementen der Form $xyx^{-1}y^{-1}$ erzeugte Untergruppe von G, ist eine charakteristische Untergruppe von G. Ist G eine topologische Gruppe, so ist G' i.a. nicht abgeschlossen. $\overline{G'}$ heißt topologische Kommutatorgruppe und ist der kleinste abgeschlossene Normalteiler H von G, so daß G/H kommutativ ist.

(c) Die Zusammenhangskomponente des neutralen Elementes ist eine topologisch charakteristische Untergruppe (z.B. die Gruppe der Bewegungen des $\mathbb{R}^3$ in der Gruppe der Isometrien des $\mathbb{R}^3$).

Satz 2

(a) Eine charakteristische Untergruppe eines Normalteilers einer Gruppe G ist ein Normalteiler in G.

(b) Sei G eine topologische Gruppe. Dann ist eine topologisch charakteristische Untergruppe eines Normalteilers ein Normalteiler in G.

Bew.: klar

II. Kapitel: Überlagerungstheorie

§ 1. ÜBERLAGERUNGEN

Wir betrachten nebeneinander die Theorie der Überlagerungen für Räume und für topologische Gruppen. Außer wenn es anders gesagt wird, sind im II. Kapitel alle Gruppen topologische Gruppen, alle Abbildungen, insbesondere Homomorphismen, sind stetig. Ein Isomorphismus von Gruppen ist ein Isomorphismus der abstrakten Gruppen und ein Homöomorphismus. " $\cong$ " bedeutet im Falle von Räumen "homöomorph", im Falle von Gruppen "isomorph".

1.1. Quasi zusammenhängende Gruppen

Definition 1

Eine Gruppe G heißt *quasi zusammenhängend* (abgekürzt: q.z.h.), wenn G keine offenen echten Untergruppen besitzt.

Bezeichnung

Sei G eine Gruppe, U eine Teilmenge von G, dann bezeichnen wir mit $\langle U \rangle$ die von U erzeugte Untergruppe von G.

Satz

Eine Gruppe G ist q.z.h. genau dann, wenn jede Umgebung des neutralen Elementes G erzeugt.

Bew.: klar

Lemma 1

Sei G eine Gruppe, M die Menge der q.z.h. Untergruppen von G. Dann ist $\langle \bigcup_{H\in M} H \rangle$ q.z.h.

Bew.: klar

Definition 2

Die Untergruppe $\langle \bigcup_{H \in M} H \rangle$ von G in Lemma 1 nennen wir Quasizusammenhangskomponente von G oder abgekürzt, q.z.h. Komponente von G.

Lemma 2

G_1, G_2 seien Gruppen, $\varphi: G_1 \to G_2$ ein Homomorphismus, H_1 sei eine q.z.h. Untergruppe von G_1. Dann ist $\varphi(H_1)$ q.z.h., und φ bildet die q.z.h. Komponente von G_1 in die q.z.h. Komponente von G_2 ab.

Bew.: klar

Bemerkungen

(1) Eine zusammenhängende Gruppe ist q.z.h. (nach Kap. I, 3.2, Lemma 2).

(2) $(\mathbb{Q},+)$ ist nicht zusammenhängend. $(\mathbb{Q},+)$ wird von jeder Umgebung der 0 erzeugt, ist also q.z.h.

(3) Die q.z.h. Komponente einer topologischen Gruppe ist ein Normalteiler. Das folgt aus Lemma 2, wenn man für φ innere Automorphismen wählt.

1.2. Überlagerungen

Definition für Räume

E, F seien topologische Räume. Eine Abbildung $f: E \to F$ heißt Überlagerung, wenn gilt: Für jeden Punkt $p \in F$ gibt es eine offene Umgebung U von p, einen diskreten Raum D und einen Homöomorphismus $\Phi: U \times D \to f^{-1}(U)$, so daß das Diagramm

$$\begin{array}{ccc} f^{-1}(U) & \xleftarrow{\;\Phi\;} & U \times D \\ & {\scriptstyle f}\searrow \qquad \swarrow{\scriptstyle pr_1} & \\ & U & \end{array} \qquad \text{mit } pr_1(u,d) = u$$

kommutativ ist.

Bemerkungen

(1) Ist $d \in D$, dann ist $f|\Phi(U \times \{d\})$ ein Homöomorphismus von $\Phi(U \times \{d\})$ auf U.

(2) D ist nicht $\neq \emptyset$ vorausgesetzt, d.h. eine Überlagerung f in unserem Sinne braucht nicht surjektiv zu sein. Z.B. ist bei einer topologischen Summe die Inklusion eines Summanden eine Überlagerung.
(3) Ist F zusammenhängend, dann ist f surjektiv. Das folgt aus dem nächsten Satz.

Zur Abkürzung für das Diagramm schreiben wir oft: $f^{-1}(U) = \coprod_{i \in D} U_i$ (oder auch nur: $f^{-1}(U) = \coprod U_i$). "$\coprod$" bedeutet "topologische Summe".

<u>Satz 1</u>

Die Abbildung $f: E \to F$ sei eine Überlagerung. Dann ist f offen.

<u>Bew.:</u> Sei U offen in E, $q \in U$ und $p = f(q)$. Sei V eine offene Umgebung von p mit $f^{-1}(V) = \coprod_{i \in D} V_i$, sei $j \in D$ mit $q \in V_j$. Dann ist $f(V_j \cap U)$ offen in V nach Bemerkung 1, $f(V_j \cap U)$ ist also eine offene Umgebung von p in $f(U)$.

<u>Definition für Gruppen</u>

Seien E, F Gruppen. Eine Abbildung $f: E \to F$ heißt <u>Gruppenüberlagerung</u>, wenn f ein Homomorphismus und eine Überlagerung von Räumen ist.

<u>Bemerkung 4</u>

Wegen der Homogenität braucht man die Überlagerungsbedingung nicht für jeden Punkt $p \in F$, sondern nur für das neutrale Element $e \in F$ zu fordern bzw. zu beweisen.

<u>Satz 2</u>

Sei $f: E \to F$ ein Homomorphismus von Gruppen, e_F sei das neutrale Element von F, e_E das von E. Dann sind die folgenden vier Aussagen äquivalent:

(1) f ist eine Gruppenüberlagerung.
(2) Es gibt eine offene Umgebung U von e_E, so daß $f(U)$ offen ist und U von f homöomorph auf $f(U)$ abgebildet wird.
(3) f ist offen und $f^{-1}(e_F)$ ist diskret.
(4) $f^{-1}(e_F)$ ist diskret, $f(E)$ ist eine offene Untergruppe von F, und der kanonische Homomorphismus $E/f^{-1}(e_F) \longrightarrow f(E)$ ist ein Isomorphismus.

<u>Bew.:</u> (1) ⇒ (2) ⇒ (3) ⇒ (4) klar

"(4) ⇒ (1)" Sei $N := f^{-1}(e_F)$. Wir wählen eine offene Umgebung W von e_E mit $W \cdot W^{-1} \cap N = \{e_E\}$. Dann ist $f|W: W \to f(W) =: V$ ein Homöomorphismus, und V ist eine offene Umgebung von e_F . Es ist $f^{-1}(V) = \coprod_{n \in N} nW$. Der restliche Beweis ist dann klar.

<u>Korollar</u>

Wenn $g: E' \to E$ und $f: E \to F$ Gruppenüberlagerungen sind, dann ist $f \circ g: E' \to F$ eine Gruppenüberlagerung.

<u>Bew.:</u> Es wird ständig (3) benutzt: $f \circ g$ ist offen. Da Kern(g) diskret ist, gibt es eine Umgebung W' des neutralen Elementes $e' \in E'$ mit $\mathrm{Kern}(g) \cap W' = \{e'\}$. Entsprechend gibt es eine Umgebung W des neutralen Elementes $e \in E$ mit $\mathrm{Kern}(f) \cap W = \{e\}$. Dann ist $W' \cap g^{-1}(W)$ eine Umgebung von e' mit $\mathrm{Kern}(f \circ g) \cap (W' \cap g^{-1}(W)) = \{e'\}$.

<u>Bemerkung 5</u>

Für eine feste Gruppe E erhält man also alle surjektiven Überlagerungen $E \to F$ durch Quotientenbildung nach diskreten Normalteilern.

<u>1.3. Hochheben (Liften) von Abbildungen</u>

<u>Definition</u>

Seien E , F , X Räume, $f: E \to F$, $\varphi: X \to F$ Abbildungen. Eine Abbildung $\psi: X \to E$ heißt <u>Hochhebung</u> von φ , wenn $f \circ \psi = \varphi$.

<u>Satz 1</u>

Es sei $f: E \to F$ eine Überlagerung von Räumen, X ein zusammenhängender Raum und $\varphi: X \to F$ eine Abbildung. Sei $x \in X$, $e \in E$ mit $\varphi(x) = f(e)$. Dann gibt es höchstens eine Hochhebung ψ von φ mit $\psi(x) = e$.

<u>Satz 2</u>

Es sei $f: E \to F$ eine Gruppenüberlagerung, X eine quasi zusammenhängende Gruppe, $\varphi: X \to F$ ein Homomorphismus. Dann existiert höchstens ein Homomorphismus $\psi: X \to E$ mit $f \circ \psi = \varphi$.

Diese beiden Sätze folgen sofort aus dem nächsten Satz.

Satz 3

Es sei $f: E \to F$ eine Überlagerung, ψ_1, $\psi_2 : X \to E$ seien Abbildungen mit $f \circ \psi_1 = f \circ \psi_2$. Dann ist $X' = \{ x \mid \psi_1(x) = \psi_2(x) \}$ offen und abgeschlossen in X. Ist f eine Gruppenüberlagerung, X eine Gruppe und sind ψ_1, ψ_2 Homomorphismen, dann ist X' eine offene Untergruppe von X.

Bew.: Sei $\varphi := f \circ \psi_1 = f \circ \psi_2$, $x \in X$ und V sei eine offene Umgebung von $\varphi(x)$ mit $f^{-1}(V) = \coprod V_i$. Sei $\psi_1(x) \in V_i$, $\psi_2(x) \in V_j$.

$W := \psi_1^{-1}(V_i) \cap \psi_2^{-1}(V_j)$ ist eine Umgebung von x.

(1) Sei $\psi_1(x) = \psi_2(x)$, dann ist $i = j$, $\psi_1(W) \subset V_i$, $\psi_2(W) \subset V_i$. Da $f \circ \psi_1 = f \circ \psi_2$ und $f \mid V_i$ injektiv ist, folgt $\psi_1 \mid W = \psi_2 \mid W$. X' ist also offen in X.

(2) Ist $\psi_1(x) \neq \psi_2(x)$, dann ist $i \neq j$ und $V_i \cap V_j = \emptyset$, also ist $\psi_1(W) \cap \psi_2(W) = \emptyset$, d.h. $X - X'$ ist offen.

(3) Im Falle von Gruppen und Homomorphismen ist X' eine Untergruppe von X.

1.4. Induzierte Überlagerung

Satz

E, F, X seien Räume, $f: X \to F$, $r: E \to F$ Abbildungen. Dann gilt:

(1) Es gibt (bis auf Homöomorphie, genauer bis auf Isomorphie der universellen Situation) genau einen Raum $X \times_f E$ und Abbildungen $p_1: X \times_f E \to X$, $p_2: X \times_f E \to E$ mit $f \circ p_1 = r \circ p_2$, so daß für jeden Raum Y und jedes kommutative Diagramm (durchgezogene Pfeile)

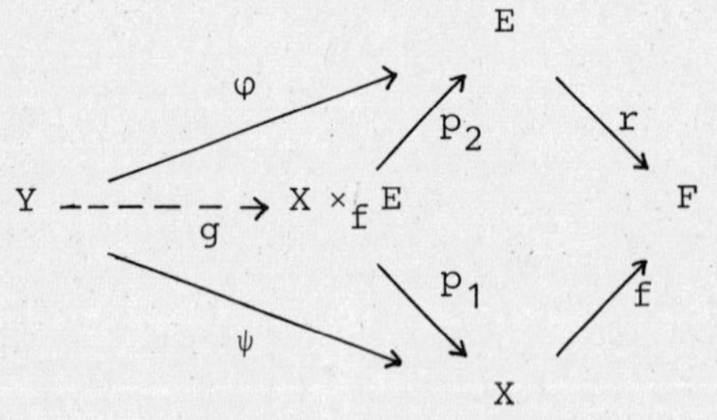

genau eine Abbildung $g: Y \to X \times_f E$ existiert, die das Diagramm kommutativ ergänzt, d.h. so daß $p_2 \circ g = \varphi$ und $p_1 \circ g = \psi$.

(2) Ist r eine Überlagerung, dann ist auch $p_1: X \times_f E \to X$ eine Überlagerung.

(3) Sind X, E und F topologische Gruppen, r und f Homomorphismen, dann gibt es eine eindeutig bestimmte Multiplikation auf $X \times_f E$, so daß $X \times_f E$ eine topologische Gruppe ist und p_1, p_2 Homomorphismen sind. Wenn φ und ψ Homomorphismen sind, so ist g ein Homomorphismus.

Bezeichnung

$X \times_f E$ mit p_1 und p_2 heißt pull back von r und f. Ist r eine Überlagerung, so heißt $p_1\colon X \times_f E \to X$ die von f induzierte Überlagerung.

Beweis des Satzes: (1) a) Eindeutigkeit: Neben $X \times_f E$ mit p_1, p_2 möge auch der Raum Z mit den Abbildungen $q_1\colon Z \to X$ und $q_2\colon Z \to E$ die im Satz für $X \times_f E$, p_1, p_2 angegebenen Eigenschaften besitzen. Es gibt dann wegen der Eigenschaften von $X \times_f E$, p_1, p_2 (genau) ein $g\colon Z \to X \times_f E$ mit $p_i \circ g = q_i$ für $i = 1,2$. Weil Z, q_1, q_2 ebenfalls die entsprechenden Eigenschaften besitzt, gibt es auch (genau) ein $h\colon X \times_f E \to Z$ mit $q_i \circ h = p_i$, $i = 1,2$. Es ist dann $p_i \circ (g \circ h) = p_i$ und $q_i \circ (h \circ g) = q_i$ für $i = 1,2$. Weil in den folgenden Diagrammen die Ergänzungen eindeutig sind,

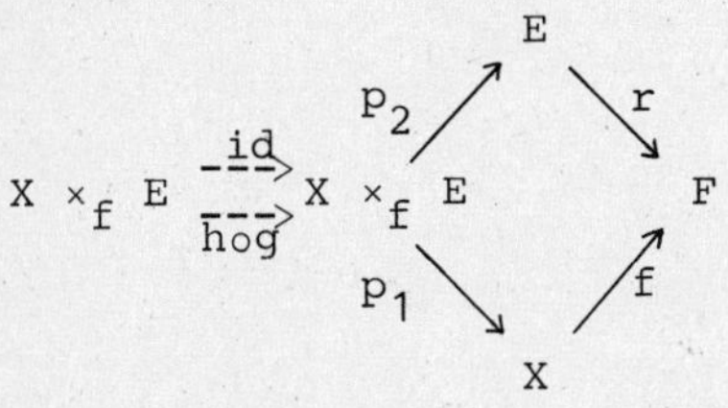

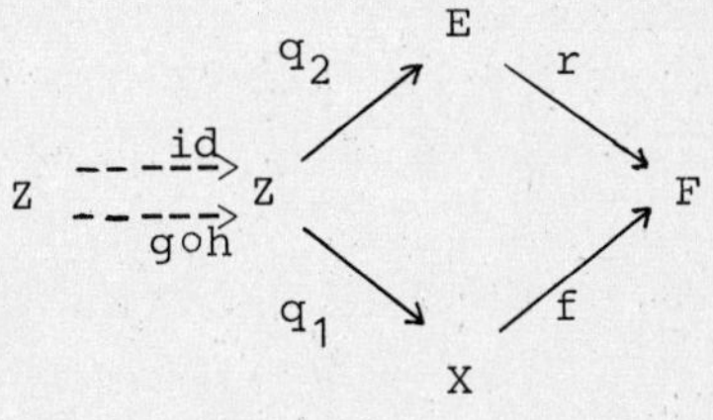

ergibt sich $h \circ g = id_{X \times_f E}$ und $g \circ h = id_Z$, d.h. g ist ein Homöomorphismus mit $p_i \circ g = q_i$, $i = 1,2$.

b) Existenz: Sei $X \times_f E$ der Unterraum $\{ (x,e) \mid f(x) = r(e) \} \subset X \times E$, und seien $p_1\colon X \times_f E \to X$, $(x,e) \longmapsto x$, $p_2\colon X \times_f E \to E$, $(x,e) \longmapsto e$. Dann ist g die eindeutig bestimmte Abbildung $Y \to X \times_f E$, $y \longmapsto (\psi(y), \varphi(y))$. Wir werden uns $X \times_f E$, p_1 und p_2 immer auf diese Weise konkret definiert denken.

(2) Nun sei r eine Überlagerung. Es sei $x_o \in X$. Nach der Definition der Überlagerung gibt es eine offene Umgebung U von $f(x_o)$, einen diskreten Raum D und einen Homöomorphismus Φ, so daß das nebenstehende Diagramm kommutativ ist.

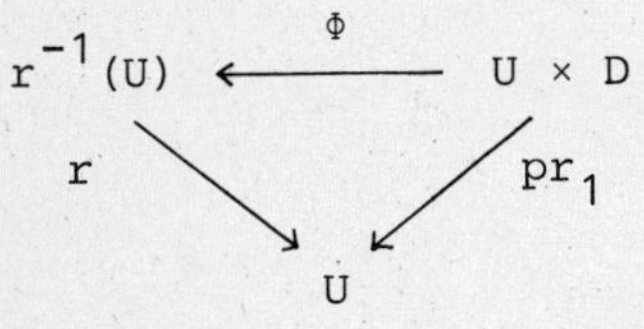

Wir definieren $\chi\colon f^{-1}(U) \times D \longrightarrow r^{-1}(U)$ durch $\chi(x,d) := \Phi(f(x),d)$. Dann sind sowohl $f^{-1}(U) \times D$ mit pr_1 und χ als auch $p_1^{-1}(f^{-1}(U)) = p_2^{-1}(r^{-1}(U))$

mit den Einschränkungen von p_1 und p_2 pull backs von $r|r^{-1}(U)$ und $f|f^{-1}(U)$. Wegen der Eindeutigkeit des pull back gibt es also einen Homöomorphismus Φ' , so daß das Diagramm

$$\begin{array}{ccc} p_2^{-1}(f^{-1}(U)) & \xleftarrow{\ \Phi'\ } & f^{-1}(U) \times D \\ & {\scriptstyle p_1} \searrow \qquad \swarrow {\scriptstyle pr_1} & \\ & f^{-1}(U) & \end{array}$$

kommutativ ist. Folglich ist p_1 eine Überlagerung.

(3) Benutzt man die Konstruktion aus (1) und die Eindeutigkeit von g , so ist der Beweis zu (3) klar.

§ 2. EINFACHER ZUSAMMENHANG

2.1. Triviale Überlagerung

Definition für Räume

Die Überlagerung $f: E \to F$ heißt trivial : $\Longleftrightarrow$
Es gibt einen diskreten Raum D und einen Homöomorphismus $h: F \times D \to E$, so daß das Diagramm

$$\begin{array}{ccc} E & \xleftarrow{\ h\ } & F \times D \\ & {\scriptstyle f} \searrow \quad \swarrow {\scriptstyle pr_1} & \\ & F & \end{array}$$

kommutativ ist.

Definition für Gruppen

Eine Gruppenüberlagerung $f: E \to F$ heißt trivial : $\Longleftrightarrow$
Es gibt eine diskrete Gruppe D und einen Isomorphismus h , so daß

$$\begin{array}{ccc} E & \xleftarrow{\ h\ } & F \times D \\ & {\scriptstyle pr_1} \searrow \quad \swarrow {\scriptstyle f} & \\ & F & \end{array}$$

kommutativ ist.

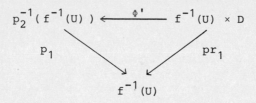

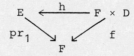

Bemerkung

Eine Gruppenüberlagerung, die als Gruppenüberlagerung nicht trivial ist, kann als Raumüberlagerung trivial sein. Z.B. sei E eine abstrakte Gruppe, die eine nicht triviale invariante Untergruppe H $(\neq \{e\}, E)$ besitzt, welche kein direkter Faktor ist (d.h. es gibt keine Untergruppe H' von E, so daß E dem direkten Produkt $H \times H'$ isomorph ist). Gibt man E die diskrete Topologie, dann ist E eine topologische Gruppe und die kanonische Projektion $E \to E/H$ ist nach 1.2 Satz 2, (3), eine Überlagerung. Diese ist als Gruppenüberlagerung nicht trivial, denn sonst wäre H direkter Faktor.

Satz 1

Es sei $r: E \to F$ eine Überlagerung von Räumen, F sei zusammenhängend. Dann gilt:
$r: E \to F$ ist trivial $\iff$ Für jeden Punkt $p \in E$ gibt es eine offene Umgebung U von p, so daß $r|U$ eine bijektive Abbildung von U auf F ist.

Bew.: " $\Rightarrow$ " klar nach Definition
" $\Leftarrow$ " sei U ein Teilraum von E, der die Voraussetzung erfüllt. Dann ist $r|U$ ein Homöomorphismus von U auf F. Seien U_1, U_2 zwei solche Teilräume von E und $r_1 := r|U_1$, $r_2 := r|U_2$. Dann sind r_1^{-1} und r_2^{-1} Hochhebungen von 1_F. Es ist dann entweder $U_1 = U_2$ oder $U_1 \cap U_2 = \emptyset$. Sei $q \in F$, $N := r^{-1}(q)$, und für $n \in N$ sei U_n die offene Umgebung von n, so daß $r_n := r|U_n$ ein Homöomorphismus von U_n auf F ist. Dann ist $\Phi: F \times N \to E$, $(q,n) \longmapsto r_n^{-1}(q)$, ein Homöomorphismus und das Diagramm

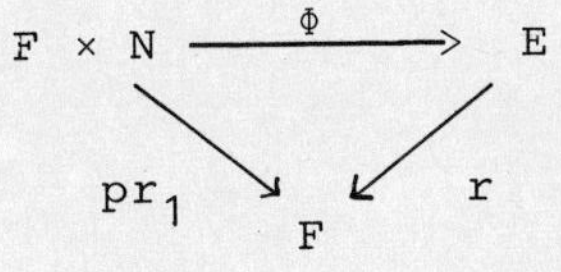

ist kommutativ.

Satz 2

Es sei $r: E \to F$ eine Gruppenüberlagerung, F sei quasi zusammenhängend. Dann gilt:
r ist trivial $\iff$ E besitzt eine offene Untergruppe E_o, so daß $r|E_o$ injektiv ist.

Bew.: " ⇒ " klar nach Definition
" ⇐ " Es ist $r|E_o$ ein Isomorphismus von E_o auf F . Außerdem ist E_o die q.z.h. Komponente von E , also ein Normalteiler von E nach Bemerkung (3) in 1.1. Es folgt: E ist das direkte Produkt von N = Kern(r) und E_o . Daraus folgt, daß r trivial ist.

2.2. Einfach zusammenhängende Räume. Quasi einfach zusammenhängende Gruppen

Definition

Ein Raum F heißt einfach zusammenhängend, wenn jede Überlagerung $E \to F$ trivial ist.
Eine Gruppe F heißt quasi einfach zusammenhängend, wenn jede Gruppenüberlagerung $E \to F$ eine triviale Gruppenüberlagerung ist.

Satz 1

Ist der Raum X einfach zusammenhängend, dann ist X zusammenhängend.

Satz 2

Ist G eine quasi einfach zusammenhängende Gruppe, dann ist G quasi zusammenhängend.

Beweise: Beide Sätze folgen aus der Tatsache, daß bei einer topologischen Summe die Inklusion eines Summanden eine Überlagerung ist.

Satz 3

Eine Gruppe G , die als Raum einfach zusammenhängend ist, ist quasi einfach zusammenhängend.

Bew.: Sei $f: \tilde{G} \to G$ eine Gruppenüberlagerung. Für die Räume gelte $\tilde{G} = \coprod_{i \in D} G_i$. Das neutrale Element von $\tilde{G}$ sei in G_j . G_j ist offen in $\tilde{G}$ und zusammenhängend, denn nach Satz 1 ist G zusammenhängend. G_j ist eine offene Untergruppe von $\tilde{G}$ und $f|G_j$ ist injektiv. Nach 2.1 Satz 2 ist f dann auch eine triviale Gruppenüberlagerung.

2.3. Existenz von Hochhebungen

Satz 1

Sei $r: E \to F$ eine Raumüberlagerung, X ein einfach zusammenhängender Raum, $f: X \to F$ eine Abbildung, $x_o \in X$, $e_o \in E$ mit $f(x_o) = r(e_o)$. Dann gibt es eine Abbildung $\varphi: X \to E$ mit $\varphi(x_o) = e_o$ und $r \circ \varphi = f$ (nach Satz 1 in 1.3 ist φ eindeutig).

Bew.: Die Überlagerung $p_1: X \times_f E \to X$, $(x,e) \longmapsto x$, ist trivial. Der Punkt $(x_o,e_o) \in X \times_f E$ hat eine offene Umgebung X', die durch p_1 homöomorph auf X abgebildet wird. Sei $p_2: X \times_f E \to E$, $(x,e) \longmapsto e$. Dann ist $\varphi := p_2 \circ (p_1 | X')^{-1}$ die gesuchte Hochhebung von f.

Satz 2

Sei $r: E \to F$ eine Gruppenüberlagerung, X eine quasi einfach zusammenhängende Gruppe und $f: X \to F$ ein Homomorphismus. Dann gibt es einen Homomorphismus $\varphi: X \to E$ mit $r \circ \varphi = f$. (Nach 1.3 Satz 2 ist φ eindeutig.)

Bew.: Analog zum Beweis von Satz 1

2.4. Produkte von einfach zusammenhängenden Räumen und quasi einfach zusammenhängenden Gruppen

Satz 1

Das Produkt eines einfach zusammenhängenden Raumes mit einem einfach zusammenhängenden und lokal zusammenhängenden Raum ist einfach zusammenhängend.

Satz 2

Das Produkt zweier quasi einfach zusammenhängender Gruppen ist quasi einfach zusammenhängend.

Beweise: Diese Sätze erhalten wir als Folgerungen aus den beiden nächsten Sätzen.

Satz 3

Sei E ein einfach und lokal zusammenhängender Raum, F ein Raum. Dann ist jede Überlagerung $r: G \to E \times F$ homöomorph einem direkten Produkt von $1_E: E \to E$ mit einer Überlagerung $\tilde{r}: \tilde{F} \to F$. (D.h.:

Es gibt einen Homöomorphismus $h: G \to E \times \tilde{F}$, so daß folgendes Diagramm kommutativ ist:

$$\begin{array}{ccc} G & \xrightarrow[h]{\cong} & E \times \tilde{F} \\ & {\scriptstyle r}\searrow \quad \swarrow{\scriptstyle 1_E \times \tilde{r}} & \\ & E \times F & \end{array}$$

<u>Bew.:</u> (1) Seien $pr_1: E \times F \to E$, $pr_2: E \times F \to F$ wieder die kanonischen Projektionen. Für $f \in F$ ist die Abbildung $(pr_1 \circ r)|r^{-1}(E \times \{f\})$ eine Überlagerung von E . Weil E einfach zusammenhängend ist, gilt $r^{-1}(E \times \{f\}) \cong \coprod E_i$. Ein solches E_i nennen wir eine E-Faser. $(pr_1 \circ r)|E_i: E_i \to E$ ist ein Homöomorphismus. Die Räume $r^{-1}(\{e\} \times F) =: \tilde{F}_e$ nennen wir $\tilde{F}$-Fasern. Die E-Fasern bilden eine Zerlegung von G in homöomorphe Mengen. Der Durchschnitt einer E-Faser $E_i \subset r^{-1}(E \times \{f\})$ mit einer $\tilde{F}$-Faser $r^{-1}(\{e\} \times F)$ ist genau ein Punkt, denn auf E_i gibt es genau einen Punkt, der durch r auf (e,f) abgebildet wird. Seien e , $e' \in E$, sei $g \in \tilde{F}_e$. Dann liegt g auf genau einer E-Faser E_i . Sei $\tilde{g}$ der Punkt in $E_i \cap \tilde{F}_{e'}$ (wir sagen, wir verschieben g nach $\tilde{F}_{e'}$). Dann definiert die Zuordnung $g \longmapsto \tilde{g}$ eine bijektive Mengenabbildung $\tilde{F}_e \to \tilde{F}_{e'}$.

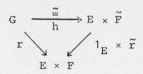

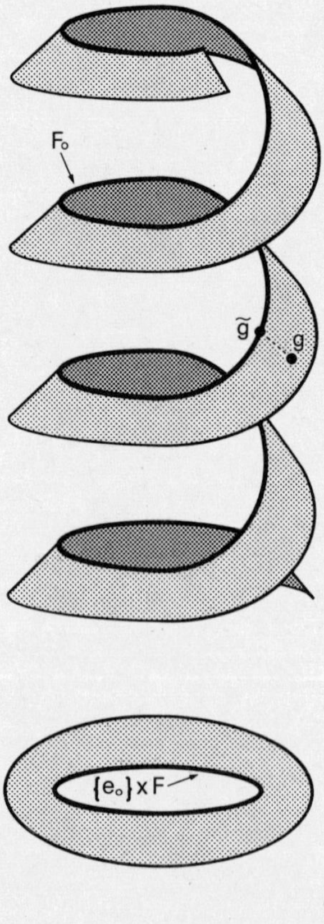

Sei e_o ein fester Punkt in E , $\tilde{F}_o := \tilde{F}_{e_o}$, $\tilde{r} := (pr_2 \circ r)|\tilde{F}_o$. Man registriere, daß $\tilde{r}$ eine Überlagerung ist. Für $g \in G$ sei $\tilde{g}$ das nach $\tilde{F}_o$ verschobene g . Dann ist die Abbildung $h: G \to E \times \tilde{F}_o$, $g \longmapsto (pr_1 \circ r(g), \tilde{g})$, eine bijektive Mengenabbildung. Geben wir $E \times \tilde{F}_o$ die Identifizierungstopologie unter h , dann haben wir ein kommutatives Diagramm stetiger Abbildungen:

$$\begin{array}{ccc} G & \underset{h^{-1}}{\overset{h}{\rightleftarrows}} & E \times \tilde{F}_o \\ & {\scriptstyle r} \searrow \quad \swarrow {\scriptstyle 1_E \times \tilde{r}} & \\ & E \times F & \end{array}$$

Wenn wir noch gezeigt haben, daß die Topologie von $E \times \tilde{F}_o$ die Produkttopologie der Topologien von E und $\tilde{F}_o$ ist, so ist die Behauptung bewiesen.

(2) Ein Hilfssatz:

Sei E ein zusammenhängender topologischer Raum, F eine Menge. Die Topologie von E werde mit τ_E bezeichnet. Auf $E \times F$ sei eine Topologie τ gegeben, so daß gilt:

(i) Für alle $f \in F$ ist $pr_1\colon E \times \{f\} \to E$ ein Homöomorphismus.

(ii) Lokal ist $E \times F$ ein direktes Produkt. Darunter verstehen wir folgendes: Jeder Punkt in $E \times F$ hat eine offene "rechteckige" Umgebung $U \times V$ $(U \subset E, V \subset F)$ in $E \times F$, so daß $\tau | (U \times V)$ die Produkttopologie von $\tau_E | U$ mit einer Topologie τ_V auf V ist.

Dann gibt es eine Topologie τ_F auf F, so daß die Topologie τ von $E \times F$ das Produkt von τ_E und τ_F ist. (τ_F ist dann die Topologie einer "Faser" $\{e\} \times F$.)

(3) In $E \times \tilde{F}_o$ ist die Topologie von $\{e_o\} \times \tilde{F}_o$ gleich der auf $\tilde{F}_o$. Zum Beweis unseres Satzes brauchen wir also nur noch nachzuweisen, daß $E \times \tilde{F}_o$ die Voraussetzungen des Hilfssatzes erfüllt und daß der Hilfssatz stimmt.

(i) Sei $\tilde{g} \in \tilde{F}_o$. Es geht $E \times \{\tilde{g}\}$ unter h^{-1} über in die E-Faser E_i, auf der $\tilde{g}$ liegt. Also ist

$$\begin{array}{ccc} E \times \{\tilde{g}\} & \xrightarrow{h^{-1}} & E_i \\ & {\scriptstyle pr_1} \searrow \quad \cong \quad \swarrow {\scriptstyle (pr_1 \circ r) | E_i} & \\ & E & \end{array}$$

kommutativ und $pr_1\colon E \times \{\tilde{g}\} \to E$ ist ein Homöomorphismus.

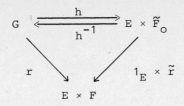

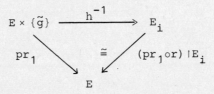

(ii) Sei $g \in G$, $r(g) = (e,f)$. Sei U eine zusammenhängende offene Umgebung von e in E, V eine offene Umgebung von f in F mit $r^{-1}(U \times V) = \coprod (U \times V)_i$. Sei $U' \times V'$ der Summand in $\coprod (U \times V)_i$, der g enthält. Der Durchschnitt von $\tilde{F}_e$ mit $U' \times V'$ werde mit $\{e\} \times V'$ bezeichnet. Sei $(u,v) \in U' \times V'$. Da U' zusammenhängend ist, liegt $U' \times \{v\}$ ganz in einer E-Faser. Verschieben wir (u,v) nach $\tilde{F}_e$, so erhalten wir (e,v). Verschieben wir (e,v) nach $\tilde{F}_o$, so erhalten wir $pr_2 \circ h(e,v)$. Identifizieren wir noch U' mit U, so ist $h(u,v) = (u, pr_2 \circ h(e,v))$ für $(u,v) \in U' \times V'$. Damit haben wir gezeigt, daß $h(g)$ eine offene rechteckige Umgebung besitzt, wie sie in (ii) des Hilfssatzes verlangt wird.

(4) Beweis des Hilfssatzes:
Die Mengen $E \times \{f\}$ nennen wir E-Fasern, die Mengen $\{e\} \times F$ sollen F-Fasern heißen. Sei F_o eine feste F-Faser. Die Topologie auf F_o induziert auf F eine Topologie. Diese werde mit τ_F bezeichnet. Ist $p \in E \times F$, dann nennen wir p einen "guten Punkt", wenn es eine offene Umgebung $U \times V$ von p gibt, welche die Bedingung (ii) des Hilfssatzes erfüllt, und für welche $\tau_V = \tau_F|V$ ist. Eine solche Umgebung nennen wir eine "gute Umgebung". Die anderen Punkte bezeichnen wir als "schlechte Punkte". Ist p ein schlechter Punkt, $U \times V$ eine Umgebung von p, die (ii) erfüllt, so ist also $\tau_V \neq \tau_F|V$.
Sei E_o eine E-Faser. Da alle Punkte in F_o gut sind, ist die Menge der guten Punkte in E_o nicht leer. Sie ist auch offen in E_o; denn ist $p \in E_o$ ein guter Punkt, $U \times V$ eine gute Umgebung von p, so ist $U \times V$ für jeden Punkt in $(U \times V) \cap E_o$ eine gute Umgebung.
Die Menge der schlechten Punkte in E_o ist aber auch offen in E_o. Ist nämlich $p \in E_o$ schlecht, $U \times V$ eine Umgebung von p, die (ii) erfüllt, dann ist jeder Punkt in $(U \times V) \cap E_o$ schlecht. Denn wäre $q \in (U \times V) \cap E_o$ gut, so gäbe es eine gute Umgebung $U' \times V'$ von q, d.h. $\tau_{V'} = \tau_F|V'$. Dann wäre $\tau_V|(V' \cap V) = \tau_F|(V' \cap V)$, und $U \times (V \cap V')$ wäre eine gute Umgebung von p.
E_o ist zusammenhängend, daher besteht E_o nur aus guten Punkten. Da E_o eine ganz beliebige E-Faser war, folgt, daß alle Punkte in $E \times F$ gut sind, daß also die Topologie τ von $E \times F$ das Produkt von τ_E mit τ_F ist.

Satz 4

Sei E eine quasi einfach zusammenhängende Gruppe, F eine Gruppe. Dann ist jede Gruppenüberlagerung $r: G \to E \times F$ isomorph dem Produkt von $1_E: E \to E$ mit einer Gruppenüberlagerung $\tilde{r}: \tilde{F} \to F$.

Bew.: Es seien e_G, e_E, e_F die neutralen Elemente von G, E, F. $r^{-1}(E \times \{e_F\})$ ist ein Normalteiler in G. Die quasi zusammenhängende Komponente E_o von $r^{-1}(E \times \{e_F\})$ ist als topologisch charakteristische Untergruppe von $r^{-1}(E \times \{e_F\})$ ein Normalteiler in G. Ebenso ist

$\tilde{F} := r^{-1}(\{e_E\} \times F)$ ein Normalteiler in G. Sei $\tilde{r}: \tilde{F} \to F$ der Homomorphismus $pr_2 \circ (r|\tilde{F}): \tilde{F} \to \{e_E\} \times F \to F$. Den Homomorphismus $r|r^{-1}(E \times \{e_F\}): r^{-1}(E \times \{e_F\}) \to E \times \{e_F\}$ kann man als Überlagerung von E auffassen. Da E quasi einfach zusammenhängend ist, ist das eine triviale Gruppenüberlagerung und E_o wird isomorph auf E abgebildet. Daher ist $E_o \cap \tilde{F} = \{e_G\}$. Es ist $E_o \cdot \tilde{F} = G$ und für $g \in G$ ist die Darstellung als Produkt $g = g_1 g_2$ mit $g_1 \in E_o$ und $g_2 \in \tilde{F}$ eindeutig.

Daher ist $h: G \to E_o \times \tilde{F}$, $g \longmapsto (g_1, g_2)$, ein Isomorphismus der abstrakten Gruppen. Identifizieren wir unter $r|E_o$ noch E_o mit E, so haben wir das kommutative Diagramm

$$\begin{array}{ccc} G & \underset{h^{-1}}{\overset{h}{\rightleftarrows}} & E \times \tilde{F} \\ & {\scriptstyle r} \searrow \quad \swarrow {\scriptstyle 1_E \times \tilde{r}} & \\ & E \times F & \end{array}$$

und $E \times \tilde{F}$ ist mit der Identifizierungstopologie unter h eine topologische Gruppe. Wenn wir gezeigt haben, daß diese Topologie das Produkt der Topologien von E und $\tilde{F}$ ist, dann sind wir fertig.

Sei U eine offene Umgebung von e_E in E, V eine solche von e_F in F, D ein diskreter Raum, $\Phi: (U \times V) \times D \longrightarrow r^{-1}(U \times V)$ ein Homöomorphismus, so daß

$$\begin{array}{ccc} r^{-1}(U \times V) & \xleftarrow{\ \Phi\ } & (U \times V) \times D \\ & {\scriptstyle r} \searrow \quad \swarrow {\scriptstyle pr_1} & \\ & U \times V & \end{array}$$

kommutativ ist. Sei $i \in D$ und $e_G \in \Phi(U \times V \times \{i\})$. Statt $U \times V \times \{i\}$ schreiben wir $U \times V$. Sei $W := \Phi(U \times V)$. Zunächst wollen wir $U \times V$ zu einer offenen Umgebung $U' \times V'$ von (e_E, e_F) in $U \times V$ verkleinern, so daß $\Phi(U' \times \{e_F\}) \subset E_o$. Es ist E_o offen in $r^{-1}(E \times \{e_F\})$. Sei dann A eine offene Menge in G mit $A \cap r^{-1}(E \times \{e_F\}) = E_o$. Wählen wir $U' \times V'$ dann so, daß $W' := \Phi(U' \times V') \subset (A \cap \Phi(U \times V))$, dann ist $\Phi(U' \times \{e_F\}) \subset E_o$.

Sei $U'' \times V''$ eine offene Umgebung von (e_E, e_F) in $U' \times V'$, so daß für $W'' := \Phi(U'' \times V'')$ gilt: $W''^2 \subset W'$. Sei $(u,v) \in U'' \times V''$. Dann ist $\Phi(u, e_F) \cdot \Phi(e_E, v) \in W'$, $r(\Phi(u, e_F) \cdot \Phi(e_E, v)) = (u,v)$ und

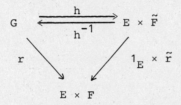

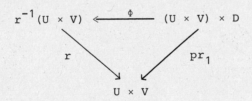

$r(\Phi(u,v)) = (u,v)$. Aber $r|W'$ ist injektiv, also ist $\Phi(u,v) = \Phi(u,e_F)\cdot\Phi(e_E,v)$. Wir können daher schreiben: $h(\Phi(u,v)) = (\Phi(u,e_F), \Phi(e_E,v))$. Es folgt: In $E \times \tilde{F}$ gibt es eine offene rechteckige Umgebung $W_1 \times W_2$ des neutralen Elementes, deren Topologie die Produkttopologie der Topologien von $W_1 \subset E$ und $W_2 \subset \tilde{F}$ ist. Aus Homogenitätsgründen ist $E \times \tilde{F}$ das Produkt von E und $\tilde{F}$.

2.4.1. Beispiel eines einfach zusammenhängenden, nicht lokal zusammenhängenden Raumes

Satz

Vor.: Sei X ein lokal zusammenhängender und zusammenhängender Raum, $p \in X$, $\{p\}$ sei abgeschlossen, $X - \{p\}$ sei einfach zusammenhängend und p habe eine Umgebungsbasis von Mengen V , für die $V - \{p\}$ zusammenhängend ist. Sei Y ein Raum. In der Menge $X \times Y$ identifiziere man alle Punkte (p,y) , $y \in Y$, zu einem Punkt q . Die neue Menge sei Z und $\varphi\colon X \times Y \to Z$ sei die Projektion. Auf Z betrachte man die durch die folgende Festsetzung definierte Topologie:
Sei $U \subset Z$. U heißt offen: $\Longleftrightarrow$ $\varphi^{-1}(U)$ ist offen, und es gibt, falls $q \in U$, eine Umgebung V von p in X , so daß $V \times Y \subset \varphi^{-1}(U)$.

Beh.: Dann ist Z einfach zusammenhängend.

Bew.: Sei $f\colon Z' \to Z$ eine Überlagerung.
(1) Man kann $Z - \{q\}$ und $(X - \{p\}) \times Y$ als Räume identifizieren.
(2) Da $\{p\}$ abgeschlossen ist, ist $X - \{p\}$ lokal zusammenhängend. Sei $Z_1 := f^{-1}(Z - \{q\})$ und $f_1 := f|Z_1$. Sei $x_o \in (X - \{p\})$, $Y' := f_1^{-1}(\{x_o\} \times Y)$ und $g := pr_2 \circ (f|f_1^{-1}(\{x_o\} \times Y))$. Für $z \in Z_1$ sei $h_1(z) := pr_1 \circ f(z)$ und $h_2(z)$ sei der Punkt von Y' im Durchschnitt von Y' mit der $(X - \{p\})$-Faser, auf der z liegt. Aus dem Beweis von Satz 3 folgt: Die Abbildung $h\colon Z_1 \longrightarrow (X - \{p\}) \times Y'$, $z \longmapsto (h_1(z), h_2(z))$, ist ein Homöomorphismus und das Diagramm

$$\begin{array}{ccc} Z_1 & \xrightarrow{\ h\ } & (X - \{p\}) \times Y' \\ & {\scriptstyle f_1}\searrow \quad \swarrow{\scriptstyle 1 \times g} & \\ & (X - \{p\}) \times Y & \end{array}$$

ist kommutativ.
(3) Sei U eine offene Umgebung von q in Z , D ein diskreter Raum, $k\colon f^{-1}(U) \to U \times D$ ein Homöomorphismus mit $pr_1 \circ k(z) = f(z)$

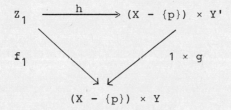

für $z \in f^{-1}(U)$. Wir können U so gewählt denken, daß $\varphi^{-1}(U) = V \times Y$ für eine offene Umgebung V von p in X , für die $V - \{p\}$ zusammenhängend ist. Setzen wir $U' := U - \{q\}$ und $k' := k | f^{-1}(U')$, so haben wir das kommutative Diagramm

$$\begin{array}{ccccc} f^{-1}(U') & \xrightarrow{k'} & U' \times D = ((V - \{p\}) \times Y) \times D \\ & \searrow^{f} & \downarrow pr_1 & \swarrow_{pr_1} & \\ & & U' & & \end{array}$$

Sei $x_o \in (V - \{p\})$, $Y' = f^{-1}(\{x_o\} \times Y)$ und j sei die durch das folgende Diagramm definierte Abbildung:

$$\begin{array}{ccccc} Y' & \longrightarrow & \{x_o\} \times Y \times D = Y \times D \\ & \searrow^{g} & & \swarrow_{pr_1} & \\ & & Y & & \end{array} \qquad (j: Y' \to Y \times D)$$

Dann ist das folgende Diagramm kommutativ:

$$\begin{array}{ccccc} Z_1 & \xrightarrow{h} & (X - \{p\}) \times Y' & \xrightarrow{1 \times j} & (X - \{p\}) \times Y \times D \\ & \searrow^{f} & \downarrow 1 \times g & \swarrow_{pr} & \\ & & (X - \{p\}) \times Y & & \end{array}$$

Sei $z \in f^{-1}(U')$, $f(z) = (x,y)$ und $d \in D$ so, daß $k'(z) = (x,y,d)$. Wir identifizieren $f^{-1}(U')$ mit $U' \times D$ mittels k' . Es ist $U' \times \{d\} \cap f_1^{-1}((X - \{p\}) \times \{y\}) = (V - \{p\}) \times \{y\} \times \{d\}$. Weil $V - \{p\}$ zusammenhängend ist, ist $(V - \{p\}) \times \{y\} \times \{d\}$ ganz in der $(X - \{p\})$ - Faser enthalten, in der z liegt. Daher ist $j(h_2(z)) = (y,d)$ (zu $h_2(z)$ siehe (2)). Durch die Festsetzung $H | f_2^{-1}(U) := k$, $H | Z_1 := (1 \times j) \circ h$ erhalten wir also einen wohldefinierten Homöomorphismus $H: Z' \to Z \times D$ mit $pr_1 \circ H = f$.

Beispiel

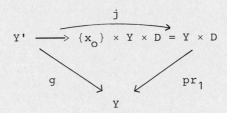

Sei X ein Strahl, p der Anfangspunkt des Strahls. $X - \{p\}$ ist nach dem Satz in 2.5 einfach zusammenhängend. Y sei der Unterraum der rationalen Zahlen in $[0,1]$. Z ist dann der Kegel über den rationalen Zahlen in [0,1] . Z ist einfach zusammenhängend, aber nicht lokal zusammenhängend.

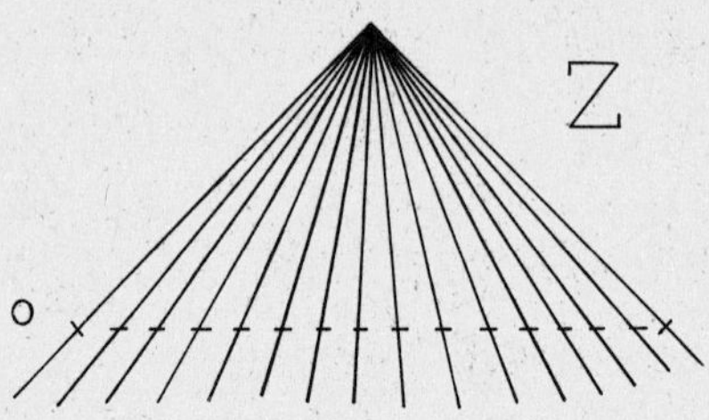

Die Ergebnisse in 2.4.1 gehen auf Anregungen von P. Deligne zurück.

2.5. Einfacher Zusammenhang und Homotopie von Wegen

Definitionen

Sei X ein Raum, I das Einheitsintervall [0,1] .

(1) Eine Abbildung $w: I \to X$ heißt ein Weg in X , w(0) heißt der Anfangspunkt, w(1) der Endpunkt von w . Wir sagen auch, w verbindet die Punkte w(0) und w(1) .
X heißt wegweise zusammenhängend, wenn je zwei Punkte durch einen Weg miteinander verbunden werden können. Die Menge der maximalen wegweise zusammenhängenden Teilräume von X bildet eine Zerlegung von X , die Zerlegung in die "Wegzusammenhangskomponenten" von X .
X heißt lokal wegweise zusammenhängend, wenn jeder Punkt eine Umgebungsbasis aus offenen wegweise zusammenhängenden Mengen besitzt.
Ein zusammenhängender, lokal wegweise zusammenhängender Raum ist wegweise zusammenhängend (denn die Wegzusammenhangskomponenten sind dann offen).

(2) Homotopie von Wegen
Seien $w_0: I \to X$, $w_1: I \to X$ zwei Wege. Man definiert: " w_0 ist homotop zu w_1 ", geschrieben $w_0 \sim w_1 :\Longleftrightarrow$ Es gibt eine Abbildung $H: I \times I \to X$ mit

$$H(t,s) = \begin{cases} w_0(t) & \text{für } s = 0 \\ w_1(t) & \text{für } s = 1 \end{cases}$$

und mit

$$H(t,s) = \begin{cases} w_o(0) = w_1(0) & \text{für } t = 0 \\ w_o(1) = w_1(1) & \text{für } t = 1 \end{cases}$$

Homotope Wege haben also insbesondere den gleichen Anfangspunkt und den gleichen Endpunkt. Eine Abbildung H mit den angegebenen Eigenschaften heißt eine <u>Homotopie</u> zwischen w_o und w_1 .
Ein Weg w heißt <u>geschlossen</u>, wenn $w(0) = w(1)$.
Ein geschlossener Weg w heißt <u>nullhomotop</u>, wenn w homotop ist zu dem konstanten Weg $I \to X$, $t \longmapsto w(0)$.
"Homotop sein" ist eine Äquivalenzrelation.

(3) Multiplikation von Wegen, inverser Weg, Wegegruppe
Seien w_1 , w_2 zwei Wege. Falls $w_1(1) = w_2(0)$ ist, wird ein <u>Produkt</u> $w_1 \wedge w_2$ wie folgt definiert:

$$(w_1 \wedge w_2)(t) = \begin{cases} w_1(2t) & \text{für } t \in [0,1/2] \\ w_2(2t-1) & \text{für } t \in [1/2,1] \end{cases}$$

Ist w ein Weg, dann nennen wir den Weg $w^{-1}: I \to X$, $t \longmapsto w(1-t)$, den zu w <u>inversen Weg</u>.

In Verbindung mit der Homotopierelation gelten dann die folgenden vier Aussagen:

(a) $w_1 \sim w_1'$, $w_2 \sim w_2'$, $w_1(1) = w_2(0) \Longrightarrow (w_1 \wedge w_2) \sim (w_1' \wedge w_2')$.

(b) Sind w_1 , w_2 , w_3 Wege mit $w_1(1) = w_2(0)$, $w_2(1) = w_3(0)$, dann gilt: $(w_1 \wedge w_2) \wedge w_3 \sim w_1 \wedge (w_2 \wedge w_3)$.

(c) $w_1 \sim w_2 \Longrightarrow w_1^{-1} \sim w_2^{-1}$.

(d) Ist w ein Weg, dann ist $w \wedge w^{-1}$ nullhomotop.

Sei $p \in X$, $\Omega := \{ w: I \to X \mid w(0) = w(1) = p \}$. Wegen der Eigenschaften (a) , (b) , (c) , (d) definieren die Multiplikation von Wegen und die Bildung des inversen Weges auf der Menge der Homotopieklassen der Wege aus Ω eine Gruppenstruktur. Die Bezeichnung für diese Gruppe sei $\pi_1(X,p)$. Die Gruppe $\pi_1(X,p)$ heißt <u>Wegegruppe von X zum Grundpunkt p</u> . Ist X wegweise zusammenhängend, dann sind alle Gruppen $\pi_1(X,q)$, $q \in X$, isomorph. (Literatur: [Hu] , II , 4.)

<u>Lemma 1</u>

Ein abgeschlossenes Intervall I in $\mathbb{R}$ ist einfach zusammenhängend.

Bew.: Sei $I \neq \emptyset$, $f: E \to I$ eine Überlagerung. Jeder Punkt $q \in I$ hat eine Umgebung V , die ein in I offenes Intervall ist, so daß $f^{-1}(V) = \coprod V_i$. I ist kompakt. $V_1,\dots,V_n$ seien endlich viele solche Intervalle in I , die I überdecken.

(1) Ist $p \in E$, $f(p) \in V_i \in \{ V_1,\dots,V_n \}$, dann gibt es eine Hochhebung $g_i: V_i \to E$ der Inklusion $V_i \subset I$ mit $g_i \circ f(p) = p$ und $g_i(V_i)$ offen in E .

(2) Sei I' ein in I offenes Intervall mit $f(p) \in I'$. Es sei bereits $g: I' \to E$ eine Hochhebung der Inklusion $I' \subset I$ mit $g \circ f(p) = p$ und $g(I')$ offen in E . Ist $I' \neq I$, dann gibt es $V_j \in \{ V_1,\dots,V_n \}$ mit $V_j \not\subset I'$, $V_j \cap I' \neq \emptyset$. Sei $q \in V_j \cap I'$ und g_j die Hochhebung aus (1) von $V_j \subset I$ mit $g_j(q) = g(q)$. $V_j \cap I'$ ist zusammenhängend. Nach 1.3 Satz 1 ist daher $g_j | (V_j \cap I') = g | (V_j \cap I')$. Also definieren g_j und g eine Hochhebung h der Inklusion $I' \cup V_j \subset I$ mit $h \circ f(p) = p$ und $h(I' \cup V_j)$ offen in E .

(3) Mit Induktion folgt: Jeder Punkt von E besitzt eine offene Umgebung, die durch f injektiv auf I abgebildet wird. Nach 2.1 Satz 1 ist f also eine triviale Überlagerung.

Lemma 2

Sei $r: E \to F$ eine Überlagerung, $e \in E$. Dann gilt:

(a) Zu jedem Weg w in F mit $w(0) = r(e)$ gibt es genau einen Weg $\tilde{w}$ in E mit $\tilde{w}(0) = e$ und $r \circ \tilde{w} = w$. Der Weg $\tilde{w}$ heißt Überlagerungsweg zu w .

(b) Seien w und w' zwei homotope Wege, die in $r(e)$ beginnen. Dann sind die Überlagerungswege $\tilde{w}$ und $\tilde{w}'$, die in e beginnen, ebenfalls homotop, haben also insbesondere denselben Endpunkt.

Bew.: (a) Folgt aus 2.3 Satz 1 und Lemma 1 .

(b) I ist auch lokal zusammenhängend. Daher ist nach 2.4 Satz 1 $I \times I$ einfach zusammenhängend. Nach 2.3 Satz 1 kann man daher die Homotopie H zwischen w und w' zu einer Homotopie $\tilde{H}$ zwischen $\tilde{w}$ und $\tilde{w}'$ hochheben.

Satz

Ein zusammenhängender, lokal wegweise zusammenhängender Raum E , in dem jeder geschlossene Weg nullhomotop ist, ist einfach zusammenhängend.

Bew.: E ist wegweise zusammenhängend. Sei $r: \tilde{E} \to E$ eine Überlagerung. Da r ein lokaler Homöomorphismus ist, ist auch $\tilde{E}$ lokal weg-

weise zusammenhängend. Daher ist für jeden Punkt $p \in \tilde{E}$ die Wegzusammenhangskomponente $\tilde{E}_p$ offen in $\tilde{E}$. Die Abbildung $r|\tilde{E}_p: \tilde{E}_p \to E$ ist nach (a) in Lemma 2 surjektiv. Nach (b) in Lemma 2 ist sie auch injektiv. Man beachte dabei, daß der Überlagerungsweg eines konstanten Weges ebenfalls konstant ist.
Nach 2.1 Satz 1 ist die Überlagerung r dann trivial.

§ 3. UNIVERSELLE ÜBERLAGERUNG UND FUNDAMENTALGRUPPE

3.1. Universelle Überlagerung

<u>Definition für Räume</u>

Die Überlagerung von Räumen $\tilde{E} \to E$ heißt <u>universelle Überlagerung</u> von E :$\Longleftrightarrow$ $\tilde{E} \to E$ ist surjektiv und $\tilde{E}$ ist einfach zusammenhängend.

<u>Definition für Gruppen</u>

Die Gruppenüberlagerung $\tilde{G} \to G$ heißt <u>universelle Gruppenüberlagerung</u> :$\Longleftrightarrow$ $\tilde{G} \to G$ ist surjektiv und $\tilde{G}$ ist quasi einfach zusammenhängend.

<u>Satz 1</u>

Seien $r_1: E_1 \to E$, $r_2: E_2 \to E$ universelle Überlagerungen von E (bzw. universelle Gruppenüberlagerungen der Gruppe E), dann gibt es einen Homöomorphismus (bzw. einen Isomorphismus) $h: E_1 \to E_2$ mit $r_2 \circ h = r_1$.

<u>Bew.:</u> 2.3 Satz 1 bzw. Satz 2.

<u>Lemma 1</u>

Seien $r: F \to E$, $u: \tilde{E} \to E$ Überlagerungen von Räumen. Sei E lokal zusammenhängend und $\varphi: \tilde{E} \to F$ eine Hochhebung von u bezüglich der Überlagerung r. Dann ist φ eine Überlagerung.

<u>Bew.:</u> Sei $y \in F$. Dann gibt es eine offene zusammenhängende Umgebung V von $r(y)$, diskrete Räume D und D', Homöomorphismen Φ und Φ', so daß das Diagramm

$$\begin{array}{ccccccc} V \times D & \xrightarrow{\Phi} & u^{-1}(V) & \xrightarrow{\varphi} & r^{-1}(V) & \xleftarrow{\Phi'} & V \times D' \\ & {\scriptstyle pr_1}\searrow & {\scriptstyle u}\searrow & & \swarrow{\scriptstyle r} & \swarrow{\scriptstyle pr_1} & \\ & & & V & & & \end{array}$$

kommutativ ist. Sei $\psi: V \times D \to D'$ die Abbildung $pr_2 \circ \Phi'^{-1} \circ \varphi \circ \Phi$. Da V zusammenhängend ist, ist ψ konstant auf den Mengen $V \times \{d\}$, $d \in D$. Sei $d' := pr_2 \circ \Phi'^{-1}(y) \in D'$, $V' := \Phi'(V \times \{d'\})$ und $D'' := pr_2(\psi^{-1}(d')) \subset D$. V' ist eine offene Umgebung von y . Man definiert $\Phi'': V' \times D'' \to \varphi^{-1}(V') \subset u^{-1}(V)$, $(x,d'') \longmapsto \Phi(r(x),d'')$. Es ist Φ'' ein Homöomorphismus und das Diagramm

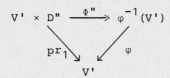

$$\begin{array}{ccc} V' \times D'' & \xrightarrow{\Phi''} & \varphi^{-1}(V') \\ & {\scriptstyle pr_1}\searrow \quad \swarrow{\scriptstyle \varphi} & \\ & V' & \end{array}$$

ist kommutativ.

<u>Lemma 2</u>

Seien $r: F \to E$, $u: \tilde{E} \to E$ Überlagerungen von Gruppen und sei $\varphi: \tilde{E} \to F$ ein Homomorphismus mit $r \circ \varphi = u$. Dann ist φ eine Gruppenüberlagerung.

<u>Bew.:</u> Es gibt eine offene Umgebung $\tilde{V}$ des neutralen Elementes $e_{\tilde{E}}$ von $\tilde{E}$ und eine offene Umgebung V des neutralen Elementes e_F von F mit $u(\tilde{V}) = r(V)$, so daß $\tilde{V}$ von u und V von r topologisch auf $u(\tilde{V})$ abgebildet wird. Dann ist $\tilde{W} := \tilde{V} \cap \varphi^{-1}(V)$ eine offene Umgebung von $e_{\tilde{E}}$, so daß $\varphi(\tilde{W})$ eine offene Umgebung von e_F ist und $\tilde{W}$ von φ topologisch auf $\varphi(\tilde{W})$ abgebildet wird. Nach 1.2 Satz 2 (2) ist φ also eine Gruppenüberlagerung.

<u>Satz 2</u>

(1) Seien E , $\tilde{E}$, F topologische Räume, sei E lokal zusammenhängend, $r: F \to E$ eine Überlagerung, $u: \tilde{E} \to E$ eine universelle Überlagerung, $x \in \tilde{E}$, $x' \in F$ mit $u(x) = r(x')$. Dann gibt es genau eine Überlagerung $\varphi: \tilde{E} \to F$ mit $\varphi(x) = x'$ und $r \circ \varphi = u$.

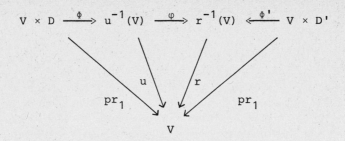

(2) Sind E, $\tilde{E}$, F Gruppen, $r: F \to E$ eine Gruppenüberlagerung, $u: \tilde{E} \to E$ eine universelle Gruppenüberlagerung, dann gibt es genau eine Gruppenüberlagerung $\varphi: \tilde{E} \to F$ mit $r \circ \varphi = u$.

Bew.: (1) 2.3 Satz 1 und Lemma 1

(2) 2.3 Satz 2 und Lemma 2

Satz 3

Sei G eine lokal zusammenhängende Gruppe, $f: E \to G$ eine universelle Raumüberlagerung, e_G das neutrale Element von G und $e \in f^{-1}(e_G)$. Dann gibt es genau eine Gruppenstruktur auf E, so daß f eine Gruppenüberlagerung und e das neutrale Element dieser Gruppenstruktur ist. (Nach 2.2 Satz 3 ist f dann eine universelle Gruppenüberlagerung.)

Bew.: Da G lokal zusammenhängend ist, ist auch E lokal zusammenhängend. Folglich sind $E \times E$ und $E \times E \times E$ einfach zusammenhängend (2.4 Satz 1). Der Beweis erfolgt jetzt durch mehrmalige Anwendung von 2.3 Satz 1. Z.B. ist die Multiplikation $m: E \times E \to E$ die eindeutig bestimmte Abbildung mit der Eigenschaft $m(e,e) = e$ und $f \circ m(x,y) = f(x) \cdot f(y)$ für $x, y \in E$.

3.2. Normale Überlagerungen und Fundamentalgruppe

Definition 1

Sei E ein zusammenhängender Raum, $f: E \to F$ eine Überlagerung. Einen Homöomorphismus $\alpha: E \to E$ mit $f \circ \alpha = f$ nennen wir einen F-Automorphismus. (Im Falle von Gruppen ist ein F-Automorphismus i.a. kein Homomorphismus.)

Die F-Automorphismen bilden eine Gruppe. Diese operiert frei auf einer Faser, d.h.: Ist $f(p_1) = f(p_2)$ für $p_1, p_2 \in E$, dann gibt es höchstens einen F-Automorphismus, der p_1 in p_2 überführt. Das folgt sofort aus 1.3 Satz 1.

Definition 2

Eine Überlagerung $f: E \to F$ heißt normal $:\Longleftrightarrow$ E ist zusammenhängend und die Gruppe der F-Automorphismen wirkt transitiv auf jeder Faser.

Die Gruppe der F-Automorphismen nennen wir dann Gruppe der Überlagerung.

Satz 1

Eine universelle Überlagerung von Räumen ist normal.

Bew.: 2.3 Satz 1 .

Definition 3

Hat der Raum F eine universelle Überlagerung von Räumen $E \to F$, dann heißt die Gruppe dieser Überlagerung Fundamentalgruppe von F (sie ist eindeutig bestimmt gemäß 3.1 Satz 1). Wir sagen dann, F besitzt eine Fundamentalgruppe.

Satz 2

Sei $r: G \to G_1$ eine Gruppenüberlagerung und G zusammenhängend, dann ist $r: G \to G_1$ normal und die Gruppe von r ist isomorph zu $\mathrm{Kern}(r)$.

Bew.: Sei $N := \mathrm{Kern}(r)$. Für $n \in N$ ist $\hat{n}: G \to G$, $g \longmapsto ng$, ein G_1-Automorphismus. $n \longmapsto \hat{n}$ ist ein Homomorphismus von N in die Homöomorphismengruppe von G . Dieser ist injektiv und $\hat{N}$ wirkt transitiv auf jeder Faser. N ist also isomorph der Gruppe der Überlagerung $r: G \to G_1$.

Lemma

Sei $\{e\}$ die triviale Gruppe, $\{e\} \longrightarrow N \longrightarrow G \xrightarrow{\varphi} H \longrightarrow \{e\}$ eine exakte Sequenz von Gruppen und Homomorphismen, N eine diskrete Untergruppe von G und $N \to G$ die Inklusion. Seien H_1 , H_2 Untergruppen von H , die elementweise vertauschbar sind, d.h. für $a \in H_1$, $b \in H_2$ ist $ab = ba$. Ist dann $(\varphi^{-1}(H_1))_o$ die quasi zusammenhängende Komponente von $\varphi^{-1}(H_1)$, so sind $(\varphi^{-1}(H_1))_o$ und $\varphi^{-1}(H_2)$ elementweise vertauschbar.

Bew.: Sei $h \in \varphi^{-1}(H_2)$ und ψ sei die Abbildung $\varphi^{-1}(H_1) \to G$, $x \longmapsto x^{-1}h^{-1}xh$. Seien e_H , e_G die neutralen Elemente von H und G . Für $x \in \varphi^{-1}(H_1)$ ist dann $\varphi \circ \psi(x) = e_H$, d.h. $\psi(x) \in N$, also ist $\psi((\varphi^{-1}(H_1))_o) = e_G$. Damit ist die Behauptung gezeigt.

Korollar 1

In einer quasi zusammenhängenden Gruppe G ist ein diskreter Normalteiler N im Zentrum $Z(G)$ enthalten.

Bew.: Man hat eine kanonische exakte Sequenz $\{e\} \to N \subset G \to G/N \to \{e\}$. Sei $H_1 := G/N$, e' das neutrale Element von G/N und $H_2 := \{e'\}$. Nach dem Lemma sind dann $\varphi^{-1}(H_2) = N$ und $(\varphi^{-1}(H_1))_o = G$ elementweise vertauschbar.

Korollar 2

Sei $\{e\} \longrightarrow N \longrightarrow G \xrightarrow{\varphi} H \longrightarrow \{e\}$ eine exakte Sequenz von Gruppen und Homomorphismen wie in dem Lemma und sei G quasi zusammenhängend. Dann ist $Z(G) = \varphi^{-1}(Z(H))$.

Bew.: Sei $H_1 := H$, $H_2 := Z(H)$. Dann sind $\varphi^{-1}(Z(H))$ und $(\varphi^{-1}(H_1))_o = G$ elementweise vertauschbar, d.h. $\varphi^{-1}(Z(H)) \subset Z(G)$. Da φ surjektiv ist, gilt $\varphi(Z(G)) \subset Z(H)$ und also $Z(G) \subset$ $\subset \varphi^{-1}(Z(H))$. Folglich gilt $Z(G) = \varphi^{-1}(Z(H))$.

Korollar 3

Besitzt eine lokal zusammenhängende Gruppe F eine Fundamentalgruppe, so ist diese kommutativ.

Bew.: Sei $f: E \to F$ eine universelle Raumüberlagerung. Nach 3.1 Satz 3 kann man annehmen, daß f auch eine Gruppenüberlagerung ist. E ist zusammenhängend. Aus Satz 1 und Korollar 1 folgt dann sofort die Behauptung.

3.3. Existenz von universellen Überlagerungen

Satz 1

Ein zusammenhängender Raum, in dem jeder Punkt eine lokal zusammenhängende, einfach zusammenhängende Umgebung besitzt, hat eine universelle Überlagerung.

Bew.: [Ch], Chap. II, § IX, Theorem 4

Korollar

Ist M eine zusammenhängende Mannigfaltigkeit, so gibt es eine universelle Überlagerung $\tilde{M} \to M$.
Dieses Korollar kann man auch aus dem nächsten Satz erhalten:

Satz 2

Sei M ein zusammenhängender, lokal wegweise zusammenhängender Raum und jeder Punkt von M besitze eine offene Umgebung U, so daß jeder geschlossene Weg, der ganz in U verläuft, in M nullhomotop ist. Dann gibt es eine universelle Überlagerung $\tilde{M} \to M$.

Bew.: Es sei verwiesen auf [Hu] oder [Po]. Wir wollen hier nur die Menge $\tilde{M}$ und die Abbildung $\tilde{M} \to M$ angeben:

Für einen Weg w in M bezeichne $[w]$ die Homotopieklasse von w. Sei p ein fester Punkt in M. Dann definiert man: $\tilde{M} := \{ [w] \mid w \text{ Weg in } M \text{ mit } w(0) = p \}$. Es sei E die "Endpunktabbildung" $\tilde{M} \to M$, $[w] \longmapsto w(1)$. Ist U offen in M, $[w] \in \tilde{M}$ mit $E([w]) \in U$, dann sei $(U,[w]) := \{ [w \wedge v] \mid v: I \to U, \ v(0) = w(1) \}$. Diese Mengen $(U,[w])$ bilden eine Basis für eine Topologie. Ist $\tilde{M}$ mit dieser Topologie versehen, dann ist $E: \tilde{M} \to M$ eine universelle Überlagerung.
Als Menge ist $\pi_1(M,p) = E^{-1}(p)$ ($\pi_1(M,p)$ ist die Wegegruppe aus 2.5.). Bei unseren Voraussetzungen ist $\tilde{M}$ wegweise zusammenhängend.

Bemerkungen

Sei $f: \tilde{E} \to E$ eine normale Überlagerung, sei $e \in E$, $\tilde{e} \in f^{-1}(e)$ und sei G die Gruppe von f.

(1) Die Abbildung $G \to f^{-1}(e)$, $g \longmapsto g(\tilde{e})$, ist bijektiv. Also hat man auf $f^{-1}(e)$ eine Gruppenstruktur mit $\tilde{e}$ als neutralem Element, so daß diese Abbildung ein Isomorphismus ist. Im folgenden identifizieren wir vermöge dieser Abbildung G mit $f^{-1}(e)$.

(2) Ist $\tilde{E}$ wegweise zusammenhängend, dann ist die Gruppe G von f eine Quotientengruppe von $\pi_1(E,e)$.

Beweis: Für einen Weg $w: I \to E$ mit $w(0) = e$ sei $\tilde{w}$ die Hochhebung von w mit $\tilde{w}(0) = \tilde{e}$. Seien $[w], [w'] \in \pi_1(E,e)$. Sei $g \in G$ mit $\tilde{w}(1) = g(\tilde{e})$. Dann ist $\widetilde{w \wedge w'} = \tilde{w} \wedge g \circ \tilde{w}'$. Es folgt: Die Abbildung $\varphi: \pi_1(E,e) \to f^{-1}(e)$, $[w] \longmapsto \tilde{w}(1)$ ist ein Homomorphismus von $\pi_1(E,e)$ nach G. Sie ist surjektiv, weil $\tilde{E}$ wegweise zusammenhängend ist.

(3) Ist jeder geschlossene Weg in $\tilde{E}$ nullhomotop und ist $\tilde{E}$ wegweise zusammenhängend, dann ist φ ein Isomorphismus.

Beweis: klar

(4) Es erfülle E die Voraussetzungen für den Raum M in Satz 2 und f sei eine universelle Überlagerung. Dann ist $\pi_1(\tilde{E},\tilde{e}) = 0$.

Beweis: Die Voraussetzung für den Raum M in Satz 2 erfüllt dann auch $\tilde{E}$. Nach dem Beweis von Satz 2 gibt es dann eine universelle Überlagerung $g: F \to \tilde{E}$ mit $g^{-1}(\tilde{e}) = \pi_1(\tilde{E},\tilde{e})$. Da $\tilde{E}$ einfach zusammenhängend ist, ist g ein Homöomorphismus, also $\pi_1(\tilde{E},\tilde{e}) = 0$.

Satz 3

Sei E ein Raum, der die Voraussetzungen für den Raum M in Satz 2 erfüllt, und sei $f: \tilde{E} \to E$ eine universelle Überlagerung. Sei G die Gruppe von f und $e \in E$. Dann ist $f^{-1}(e) = G \cong \pi_1(E,e)$.

Bew.: Bemerkungen (2), (3), (4).

Für solche Räume E stimmen also im Sinne des Satzes und der vorausgehenden Bemerkungen Fundamentalgruppe und Wegegruppe überein.

Beispiele für universelle Überlagerungen

(1) Die Abbildung der Ebene auf den Zylinder, $\mathbb{R}^2 \to \mathbb{R} \times S^1$, $(x,y) \longmapsto (x,e^{2\pi iy})$ ist eine universelle Überlagerung, ebenso die Projektion von $\mathbb{R}^2$ auf den Torus $\mathbb{R}^2 / Z^2$.

(2) Den projektiven Raum $P^n(\mathbb{R})$ erhält man aus S^n durch Identifizieren antipodischer Punkte. Für $n > 1$ ist die Projektion $S^n \to$ $\to P^n(\mathbb{R})$ eine universelle Überlagerung.

§ 4. LOKAL ISOMORPHE GRUPPEN

4.1. Die Gruppen G_U

(a) Erzeugende und definierende Relationen.

Im folgenden werde das neutrale Element einer Gruppe allgemein mit e bezeichnet.

Sei I eine Indexmenge, $\{ x_i \mid i \in I \}$ eine Menge von Symbolen mit $x_i \neq x_j$ für $i \neq j$. Ein Ausdruck $x_1^{\varepsilon_1} \dots x_n^{\varepsilon_n} = e$ mit $\varepsilon_i = \pm 1$ heißt eine Relation. Ist G eine Gruppe, $y_1,\dots,y_n \in G$, dann sagen wir, die $y_1,\dots,y_n$ erfüllen die Relation $x_1^{\varepsilon_1} \dots x_n^{\varepsilon_n} = e$ unter der Zuordnung $x_i \longmapsto y_i$, wenn in G gilt: $y_1^{\varepsilon_1} \dots y_n^{\varepsilon_n} = e$.

Beh.: Sei R eine Menge von Relationen. Dann gibt es eine Gruppe G und eine Familie $\{x_i'\}_{i\in I}$ von Elementen von G mit den folgenden Eigenschaften:

(1) $G = \langle \{ x_i' \mid i \in I \} \rangle$.

(2) Die x_i' erfüllen unter $x_i \longmapsto x_i'$ alle Relationen von R.

(3) Ist H eine Gruppe und $\{h_i\}_{i\in I}$ eine Familie von Elementen von H, die unter $x_i \longmapsto h_i$ alle Relationen erfüllen, dann gibt es

einen Homomorphismus $G \to H$ mit $x_i' \longmapsto h_i$. (Dieser Homomorphismus ist damit eindeutig bestimmt.)

Die Gruppe G ist durch die Eigenschaften (1), (2), (3) bis auf Isomorphie eindeutig bestimmt.

Bew.: Sei F die freie Gruppe über $\{x_i \mid i \in I\}$. Sei F' die invariante Untergruppe von F, die von den "Wörtern" in den x_i auf den linken Seiten der Relationen erzeugt wird. Sei $G := F/F'$. Ist p die Projektion $F \to F/F'$ und für $i \in I$ $x_i' := p(x_i)$, dann haben G und $\{x_i'\}_{i\in I}$ die Eigenschaften (1), (2), (3). Es ist klar, daß G bis auf Isomorphie durch diese Eigenschaften eindeutig bestimmt ist.

Bezeichnet man die x_i' wieder mit x_i, dann sagt man, G ist die Gruppe mit den Erzeugenden x_i und den definierenden Relationen R. Die Erzeugenden x_i sind als Elemente von G daher nicht notwendig alle verschieden. Ist z.B. G die Gruppe mit den Erzeugenden a, b und der definierenden Relation $ab^{-1} = e$, so ist $a = b$.

(b) Sei G eine topologische Gruppe, U eine offene Umgebung von e. G_U sei dann die abstrakte Gruppe mit den Elementen von U als Erzeugenden und den definierenden Relationen $\{xyz^{-1} = e \mid x, y, z \in U, xy = z\}$.
Ist V eine offene Umgebung von e mit $V \subset U$, dann gibt es einen Homomorphismus $\pi_U^V\colon G_V \to G_U$ mit $\pi_U^V(x) = x$ für $x \in V$. Es ist $G_G = G$. Deshalb hat man insbesondere einen Homomorphismus $\pi_G^U\colon G_U \to G$ mit $\pi_G^U(x) = x$ für $x \in U$. Die Erzeugenden von G_U sind also alle verschieden. Wir unterscheiden deshalb nicht zwischen U als Teilmenge von G_U und U als Teilmenge von G.
Das Multiplikationszeichen in G_U sei "$\circ$" im Unterschied zu "$\cdot$" in G. In G_U gilt:

(1) $x, y \in U,\ x\cdot y \in U \implies x\circ y = x\cdot y$

(2) $x, y \in U,\ x\circ y \in U \implies x\circ y = x\cdot y$

(3) $x, y \in U,\ x\circ y^{-1} \in U \implies x\circ y^{-1} = x\cdot y^{-1}$

Beweis für (2), (3): $\pi_G^U(x\circ y) = x\cdot y$, $\pi_G^U(x\circ y^{-1}) = x\cdot y^{-1}$

(c) Wir wollen G_U zu einer topologischen Gruppe machen.

(1) Mit σ werde die auf U gegebene Topologie bezeichnet. Dann ist $\{A \mid A \subset G_U$, für alle $a \in A$ ist $A\circ a^{-1} \cap U$ Umgebung von e in $\sigma\}$ eine Basis für eine Topologie auf G_U. Diese sei mit τ bezeichnet.

(2) Es ist $U \in \tau$ und $\tau | U = \sigma$.

Beweis von (2) : (a) Sei $V \subset U$, $V \in \sigma$, $y \in V$. Wir zeigen, $V \circ y^{-1} \cap U$ ist eine Umgebung von e in σ . Sei W eine offene Umgebung von e in σ (insbesondere $W \subset U$) mit $W \cdot y \subset V$, dann gilt: Es ist $W \cdot y = W \circ y$ und also $V \circ y^{-1} \supset W \circ y \circ y^{-1} = W$. Also ist $V \in \tau$ und insbesondere $U \in \tau$.

(b) Sei $V \in \tau$, $V \subset U$, d.h.: Für $x \in V$ enthält $V \circ x^{-1}$ eine offene Umgebung W von e in σ . Es ist $V = (V \circ x^{-1}) \circ x \supset W \circ x = W \cdot x$. Also ist $V \in \sigma$.

(3) Es ist klar, daß die Rechtstranslationen von G_U stetig sind.

(4) Für jedes $g \in G_U$ ist $x \longmapsto g \circ x \circ g^{-1}$ stetig in e .

Beweis: Da G_U von U erzeugt wird, genügt es, die Behauptung für $g \in U$ zu zeigen. Sei V eine offene Umgebung von e in σ $(V \subset U)$ mit $g \cdot V = g \circ V \subset U$. Weil die Rechstranslationen von G_U stetig sind, kann man V so wählen, daß $g \circ V \circ g^{-1} \subset U$. Nach (b) (3) ist $V \to U$, $x \longmapsto g \circ x \circ g^{-1}$ dann gleich der Abbildung $V \to U$, $x \longmapsto g \cdot x \cdot g^{-1}$.

(5) Sei V eine offene Umgebung von e in U mit $V = V^{-1}$. Seien μ_U , μ die Abbildungen $G_U \times G_U \to G_U$, $(x,y) \longmapsto x \circ y^{-1}$, bzw. $G \times G \to G$, $(x,y) \longmapsto x \cdot y^{-1}$. Dann gilt $\mu_U^{-1}(V) \cap (V \times V) = \mu^{-1}(V) \cap$ $\cap (V \times V)$ und für $(x,y) \in \mu^{-1}(V) \cap (V \times V)$ ist $\mu_U(x,y) = \mu(x,y)$. Das heißt, μ_U ist stetig in (e,e) .

Beweis: Folgt aus den Formeln (b) (1) , (2) .

(6) Wie im Beweis des Satzes in 3.2 des I. Kapitels folgt jetzt, daß G_U mit der Topologie τ eine topologische Gruppe ist.

Satz

Sei G eine topologische Gruppe. U , V seien offene Umgebungen von e mit $V \subset U$. Dann ist $\pi_U^V: G_V \to G_U$ eine Überlagerung.

Bew.: Durch π_U^V wird V topologisch auf $\pi_U^V(V)$ abgebildet und $\pi_U^V(V)$ ist offen in G_U . Nach 1.2 Satz 2 (2) ist π_U^V eine Überlagerung.

Korollar

Ist G eine Gruppe, U eine offene Umgebung von e , dann ist $\pi_G^U: G_U \to G$ eine Überlagerung.

Bew.: $G_G = G$

4.2. Lokal isomorphe Gruppen

Definition 1

Seien G, G' topologische Gruppen. U sei eine offene Umgebung von e in G, U' eine offene Umgebung von e in G'. $\varphi: U \to U'$ sei ein Homöomorphismus. Dann heißt φ lokaler Isomorphismus von G in G', wenn gilt:
Für alle $x,y,z \in U$ hat man: $xy = z \iff \varphi(x)\varphi(y) = \varphi(z)$.

Bemerkung

Für den Homöomorphismus φ sei nur vorausgesetzt:
Für alle $x,y \in U$ gilt: $xy \in U \implies \varphi(xy) = \varphi(x)\varphi(y)$.

Wählt man dann eine offene Umgebung V von e mit $V \cdot V \subset U$, so ist $\varphi|V: V \to \varphi(V)$ ein lokaler Isomorphismus.

Definition 2

Zwei Gruppen G und G' heißen lokal isomorph, wenn es einen lokalen Isomorphismus von G in G' gibt.
"Lokal isomorph sein" ist eine Äquivalenzrelation.
Eine Klasse von Beispielen: Ist $\tilde{G} \to G$ eine Gruppenüberlagerung, so sind $\tilde{G}$ und G lokal isomorph. Siehe 2. Teil des Beweises des folgenden Satzes.

Satz 1

Die Gruppen G und G' sind lokal isomorph $\iff$ G und G' haben eine gemeinsame Überlagerungsgruppe, d.h. es gibt eine Gruppe $\tilde{G}$ und Gruppenüberlagerungen $\tilde{G} \to G$ und $\tilde{G} \to G'$.

Bew.: " $\Rightarrow$ " Sei U eine offene Umgebung von e in G, U' von e in G', $\varphi: U \to U'$ ein lokaler Isomorphismus von G in G'. Dann ist der kanonische Homomorphismus $G_U \to G'_{U'}$ mit $x \longmapsto \varphi(x)$ für $x \in U$ ein Isomorphismus topologischer Gruppen. Da $\pi_G^U: G_U \to G$, $\pi_{G'}^{U'}: G'_{U'} \to G'$ Überlagerungen sind, ist die Behauptung " $\Rightarrow$ " damit bewiesen.
" $\Leftarrow$ " Es genügt zu zeigen, $\tilde{G}$ und G (entsprechend $\tilde{G}$ und G') sind lokal isomorph. Sei $f: \tilde{G} \to G$ die Überlagerung. Dann gibt es eine offene Umgebung U von $e \in \tilde{G}$, so daß $f|U: U \to f(U)$ ein Homöomorphismus und $f(U)$ offen in G ist. Aus der Bemerkung folgt die Behauptung.

Korollar

Sind G , G' lokal isomorphe Gruppen und gibt es eine universelle Gruppenüberlagerung $\tilde{G} \to G$, so gibt es eine Gruppenüberlagerung $\tilde{G} \to G'$. Ist G' quasi zusammenhängend, so ist auch $\tilde{G} \to G'$ eine universelle Überlagerung.

Bew.: Es gibt eine gemeinsame Überlagerungsgruppe G'' von G und G' . Man hat nach 3.1 Satz 2 (2) eine Überlagerung $\varphi: \tilde{G} \to G''$. Aus dem Korollar in 1.2 folgt dann die Behauptung.

Satz 2

Seien G , G' lokal isomorphe Gruppen. Sei G eine Liesche Gruppe, G' sei zusammenhängend. Dann ist G' eine Liesche Gruppe.

Bew.: I. Kapitel, 3.2 Satz

4.3. Erweiterung von lokalen Homomorphismen

Definition

Seien G , G' Gruppen. U sei eine offene Umgebung von e in G , $\varphi: U \to G'$ eine stetige Abbildung. Dann heißt φ lokaler Homomorphismus von G in G' , wenn gilt:
Für alle $x,y \in U$ gilt: $xy \in U \Longrightarrow \varphi(xy) = \varphi(x)\varphi(y)$.

Lemma

Sei G eine quasi einfach zusammenhängende Gruppe, U eine offene zusammenhängende Umgebung des neutralen Elementes $e \in G$. Dann ist $\pi_G^U: G_U \to G$ ein Isomorphismus.

Bew.: Da G quasi einfach zusammenhängend ist, gibt es eine Überlagerung $\alpha: G \to G_U$ mit $\pi_G^U \circ \alpha = 1_G$. Nach 1.2 Satz 2 ist $\alpha(G)$ eine offene Untergruppe von G_U . Es ist $\alpha(G) \cap U \neq \emptyset$, und U ist zusammenhängend. Daher ist $U \subset \alpha(G)$. Weil G_U von U erzeugt wird, ist dann $\alpha(G) = G_U$. Es folgt, daß α und auch π_G^U Isomorphismen topologischer Gruppen sind.

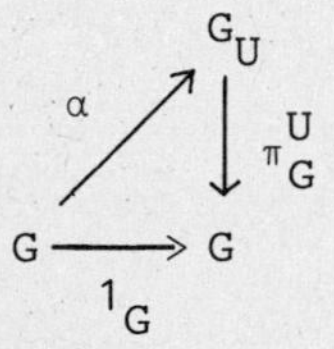

Satz

Sei G eine quasi einfach zusammenhängende Gruppe, H eine Gruppe, U eine offene zusammenhängende Umgebung von e in G und $\varphi: U \to H$

ein lokaler Homomorphismus. Dann gibt es einen Homomorphismus ψ: $G \to H$ mit $\psi | U = \varphi$.

Bew.: Sei f der kanonische Homomorphismus $G_U \to H$ mit $x \longmapsto \varphi(x)$ für $x \in U$. Nach dem Lemma ist π_G^U ein Isomorphismus. Sei $\psi :=$ $:= f \circ (\pi_G^U)^{-1}$. Dann ist $\psi | U = \varphi$.

4.4. Beispiel einer quasi einfach zusammenhängenden, nicht lokal zusammenhängenden Gruppe

Lemma

Sei G eine Gruppe. Das neutrale Element e besitze eine Umgebungsbasis von offenen Mengen U , für die π_G^U ein Isomorphismus ist. Dann ist G quasi einfach zusammenhängend.

Bew.: Sei $f: E \to G$ eine Gruppenüberlagerung, sei U eine offene Umgebung von e in E , U' eine offene Umgebung von e in G , so daß $\varphi: U \to U'$, $x \longmapsto f(x)$, ein lokaler Isomorphismus von E in G ist. Sei W eine offene Umgebung von e in U' , so daß π_G^W ein Isomorphismus ist. Der kanonische Homomorphismus $\alpha: G_W \to E$ mit $x \longmapsto \varphi^{-1}(x)$ für $x \in W$ bildet W topologisch auf $\varphi^{-1}(W)$ ab, ist nach 1.2 Satz 2 (2) also eine Überlagerung. Es ist $f \circ \alpha = \pi_G^W$, denn für $x \in W$ ist $f \circ \alpha(x) = x$. Also ist $f \circ \alpha \circ (\pi_G^W)^{-1} = 1_G$. $\alpha \circ (\pi_G^W)^{-1}(G)$ ist eine offene Untergruppe von E , die durch f bijektiv auf G abgebildet wird. Es ist klar, daß G quasi zusammenhängend ist, denn jede Umgebung von e in G erzeugt G . Nach 2.1 Satz 2 ist f daher eine triviale Gruppenüberlagerung.

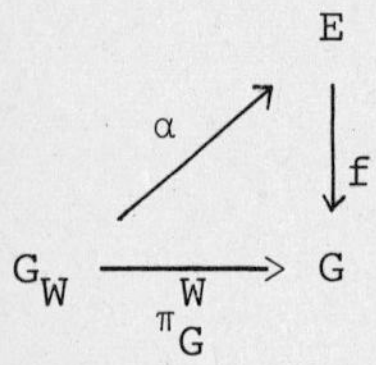

Bemerkung

Aus dem Lemma in 4.3 folgt: Für eine lokal zusammenhängende Gruppe G gilt auch die Umkehrung des Lemmas.

Satz

$(\mathbb{Q},+)$ ist quasi einfach zusammenhängend.

Bew.: Sei $\varepsilon \in \mathbb{R}$, $\varepsilon > 0$, $U := \mathbb{Q} \cap (-\varepsilon,\varepsilon)$. Das Zeichen für die Gruppenoperation in $\mathbb{Q}_U$ sei " $\oplus$ " . Zuerst wollen wir zeigen, daß $\mathbb{Q}_U$ kommutativ ist. Dafür genügt es zu beweisen, daß zwei Erzeugende von

$\mathbb{Q}_U$ vertauschbar sind. Seien x_1, $x_2 \in U$, dann sind $\frac{x_1}{2}$ und $\frac{x_2}{2}$ in $\mathbb{Q}_U$ vertauschbar. Es ist $x_1 \oplus x_2 = (\frac{x_1}{2} + \frac{x_2}{2}) \oplus (\frac{x_1}{2} \oplus \frac{x_2}{2}) =$ $= \frac{x_1}{2} \oplus \frac{x_1}{2} \oplus \frac{x_2}{2} \oplus \frac{x_2}{2}$, daher sind auch x_1 und x_2 vertauschbar.

Sei $q \in \mathbb{Q}_U$, $q = q_1 \oplus \ldots \oplus q_n$ mit $q_i \in U$ und $\pi^U_{\mathbb{Q}}(q) = \sum_{i=1}^{n} q_i = 0$.

Sei $m \in \mathbb{Z}$ so groß gewählt, daß für $1 \leq i \leq n$ gilt $|\frac{q_i}{m}| < \frac{\varepsilon}{n}$, dann ist $\frac{q_1}{m} \oplus \ldots \oplus \frac{q_n}{m} \in U$ und $\pi^U_{\mathbb{Q}}(\frac{q_1}{m} \oplus \ldots \oplus \frac{q_n}{m}) = \frac{1}{m} \sum_{i=1}^{n} q_i = 0$. $\pi^U_{\mathbb{Q}}|U$ ist injektiv, also ist $\frac{q_1}{m} \oplus \ldots \oplus \frac{q_n}{m} = 0$. Da $\mathbb{Q}_U$ kommutativ ist, ist also auch $q_1 \oplus \ldots \oplus q_n = 0$, d.h. $\pi^U_{\mathbb{Q}}$ ist injektiv.

Weil U die Gruppe $\mathbb{Q}$ erzeugt, ist $\pi^U_{\mathbb{Q}}$ surjektiv. Also ist $\pi^U_{\mathbb{Q}}$ ein Isomorphismus, und der Satz folgt sofort aus dem Lemma.

4.5. Eine Verallgemeinerung der universellen Überlagerung

(a) Abbildungen projektiver Systeme topologischer Gruppen

Definitionen (vgl. I. Kapitel, 3.5 (8))

(1) Seien Δ, $\tilde{\Delta}$ gerichtete Mengen. Sei (G,π) ein projektives System topologischer Gruppen über Δ, $(\tilde{G},\tilde{\pi})$ ein solches über $\tilde{\Delta}$. Unter einer Abbildung $\Phi: (G,\pi) \rightarrow (\tilde{G},\tilde{\pi})$ verstehen wir eine ordnungserhaltene Abbildung $\varphi: \tilde{\Delta} \rightarrow \Delta$ (man beachte die Richtungen der Abbildungen) zusammen mit einer Familie von Homomorphismen $\{\varphi_\alpha : G_{\varphi(\alpha)} \longrightarrow \tilde{G}_\alpha\}_{\alpha\in\tilde{\Delta}}$, so daß für alle $\alpha, \beta \in \tilde{\Delta}$ mit $\alpha < \beta$ das folgende Diagramm kommutativ ist:

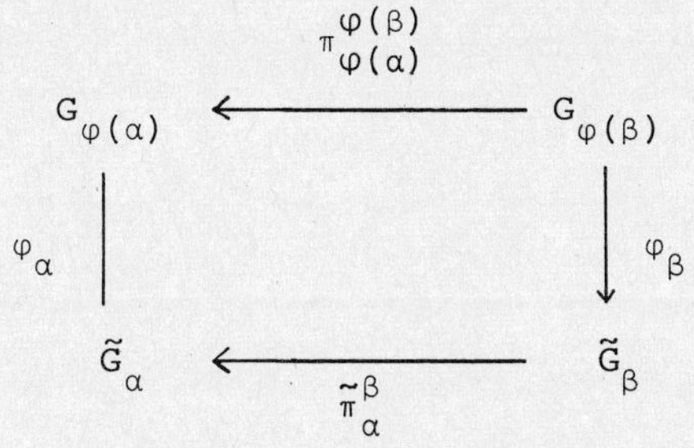

(2) Ist (G,π) ein projektives System topologischer Gruppen über einer gerichteten Menge, so werde im folgenden der projektive Limes von (G,π) mit G_∞ bezeichnet.

(3) Seien (G,π) , Δ , $(\tilde{G},\tilde{\pi})$, $\tilde{\Delta}$ $\Phi: (G,\pi) \to (\tilde{G},\tilde{\pi})$ wie in (1) . Die Abbildung $\varphi_\infty: G_\infty \to \tilde{G}_\infty$, $x \longmapsto \{ (\varphi_\alpha \circ \pi_{\varphi(\alpha)}) (x) \}_{\alpha \in \tilde{\Delta}}$, ist ein Homomorphismus und für jedes $\alpha \in \tilde{\Delta}$ ist $\tilde{\pi}_\alpha \circ \varphi_\infty = \varphi_\alpha \circ \pi_{\varphi(\alpha)}$. Der Homomorphismus φ_∞ heißt projektiver Limes von Φ .

(4) Sei Δ eine quasi geordnete Menge. Unter einer quasi geordneten Teilmenge von Δ verstehen wir eine Teilmenge von Δ , die mit der von der Ordnung auf Δ induzierten Ordnung versehen ist. Ist Δ eine gerichtete Menge, so nennen wir eine gerichtete quasi geordnete Teilmenge von Δ eine gerichtete Teilmenge. Die quasi geordnete Teilmenge $\tilde{\Delta}$ von Δ heißt kofinal in Δ , wenn für alle $\alpha \in \Delta$ ein $\beta \in \tilde{\Delta}$ existiert mit $\alpha < \beta$.

(5) Sei (G,π) ein projektives System topologischer Gruppen über der gerichteten Menge Δ und $\tilde{\Delta}$ sei eine gerichtete Teilmenge von Δ . Es sei $(\tilde{G},\tilde{\pi})$ das projektive System topologischer Gruppen über $\tilde{\Delta}$ mit $\tilde{G}_\alpha = G_\alpha$ für $\alpha \in \tilde{\Delta}$ und $\tilde{\pi}_\alpha^\beta = \pi_\alpha^\beta$ für $\alpha , \beta \in \tilde{\Delta}$, $\alpha < \beta$ in $\tilde{\Delta}$. $(\tilde{G},\tilde{\pi})$ heißt Teilsystem von (G,π) über $\tilde{\Delta}$. Ist $\tilde{\Delta}$ kofinal, so heißt $(\tilde{G},\tilde{\pi})$ kofinales Teilsystem von (G,π) über $\tilde{\Delta}$. Die Inklusion $j: \tilde{\Delta} \to \Delta$ und die identischen Abbildungen $j_\alpha: G_{j(\alpha)} \to \tilde{G}_\alpha$ für $\alpha \in \tilde{\Delta}$ definieren eine Abbildung $J: (G,\pi) \to (\tilde{G},\tilde{\pi})$, Inklusion der projektiven Systeme genannt. Der projektive Limes j_∞ von J heißt Inklusion der projektiven Limites.

Satz 1

Ist (G,π) ein projektives System topologischer Gruppen über einer gerichteten Menge, $(\tilde{G},\tilde{\pi})$ ein Teilsystem über einer kofinalen gerichteten Teilmenge, dann ist die Inklusion $j_\infty: G_\infty \to \tilde{G}_\infty$ ein Isomorphismus.

Satz 2

Vor.: Seien (G,π) , $(\tilde{G},\tilde{\pi})$ projektive Systeme topologischer Gruppen über den gerichteten Mengen Δ bzw. $\tilde{\Delta}$. Sei $\Phi: (G,\pi) \to (\tilde{G},\tilde{\pi})$ eine Abbildung der projektiven Systeme mit den folgenden Eigenschaften:

(1) Es gibt eine kofinale gerichtete Teilmenge Ξ von $\tilde{\Delta}$, so daß $\varphi(\Xi)$ kofinal in Δ ist.

(2) Für jedes $\alpha \in \Xi$ ist $\varphi_\alpha: G_{\varphi(\alpha)} \to \tilde{G}_\alpha$ ein Isomorphismus.

Beh.: Dann ist der projektive Limes φ_∞ von Φ ein Isomorphismus.

Bew.: [E-S] , VIII, Theorem 3.15. Satz 1 folgt aus Satz 2 .

(b) Sei G eine topologische Gruppe. Es sei $\Delta := \{ U \mid U$ offene Umgebung von e in $G \}$. Auf Δ werde die folgende Ordnungsrelation definiert: $U < V :\Longleftrightarrow U \supset V$. Δ ist damit eine gerichtete Menge.

$\{G_U\}_{U \in \Delta}$, $\{\pi_U^V: G_V \to G_U\}_{U,V \in \Delta,\ U<V}$ (wobei G_U und π_U^V die Gruppen bzw. die Homomorphismen aus 4.1 sind) bilden ein projektives System topologischer Gruppen (G,π) über Δ. Wir nennen (G,π) "das projektive System zu G ", G_∞ "<u>den projektiven Limes zu G</u> ".
Ein Teilsystem $(\tilde{G},\tilde{\pi})$ von (G,π) über einer kofinalen gerichteten Teilmenge $\tilde{\Delta}$ von Δ nennen wir projektives System zu G über $\tilde{\Delta}$.
Die Inklusion $j_\infty: G_\infty \to \tilde{G}_\infty$ ist nach Satz 1 ein Isomorphismus. Sei π_U die Projektion $G_\infty \to G_U$ für $U \in \Delta$. Den Homomorphismus $p_G := \pi_G: G_\infty \to G$ nennen wir kanonischen Homomorphismus von G_∞ in G.

<u>Bemerkung</u>

Ist $(\tilde{G},\tilde{\pi})$ ein projektives System zu G über der kofinalen gerichteten Teilmenge $\tilde{\Delta} \subset \Delta$ und ist $j_\infty: G_\infty \to \tilde{G}_\infty$ die Inklusion, dann ist $p_G = \pi_G^U \circ \tilde{\pi}_U \circ j_\infty$ für $U \in \tilde{\Delta}$. Wir nennen $\pi_G^U \circ \tilde{\pi}_U =: \tilde{p}_G$ den kanonischen Homomorphismus von $\tilde{G}_\infty$ in G. Es ist $p_G = \tilde{p}_G \circ j_\infty$.

<u>Satz 3</u>

Sei G eine topologische Gruppe, G_∞ der projektive Limes zu G, $p: G_\infty \to G$ der kanonische Homomorphismus. Dann gilt:

(I) Besitzt G eine universelle Überlagerung, dann ist auch $p: G_\infty \to G$ eine universelle Überlagerung.

(II) Ist G quasi zusammenhängend und $p: G_\infty \to G$ eine Überlagerung, dann ist p eine universelle Überlagerung.

<u>Beweis</u>
(I) folgt aus folgenden Behauptungen 1 und 2 :

<u>Behauptung 1:</u>

Sei $g: H \to G$ eine Überlagerung von Gruppen. Seien G_∞, H_∞ die projektiven Limites zu G bzw. H. Sei p_H der kanonische Homomorphismus von H_∞ in H, p_G der von G_∞ in G. Dann gibt es einen Isomorphismus $\alpha: G_\infty \to H_\infty$, so daß das folgende Diagramm kommutativ ist:

$$\begin{array}{ccc} H_\infty & \xleftarrow{\ \alpha\ } & G_\infty \\ {\scriptstyle p_H}\downarrow & & \downarrow{\scriptstyle p_G} \\ H & \xrightarrow[\ g\ ]{} & G \end{array}$$

Behauptung 2:

Sei H eine quasi einfach zusammenhängende Gruppe, (H,π) das projektive System zu H, H_∞ dessen projektiver Limes. Dann ist der kanonische Homomorphismus $p: H_\infty \to H$ ein Isomorphismus.

Bew. zu Beh. 1: Sei U_H eine offene Umgebung von e in H, U_G von e in G, so daß $\beta: U_H \to U_G$, $x \longmapsto g(x)$, ein lokaler Isomorphismus von H in G ist. Sei $\Delta_H := \{ U \mid U$ offene Umgebung von e in $H \}$, $\Delta_G := \{ U \mid U$ offene Umgebung von e in $G \}$. Dann sind $\tilde{\Delta}_H :=$ $:= \{ U \mid U$ offene Umgebung von e in $U_H \}$, $\tilde{\Delta}_G := \{ U \mid U$ offene Umgebung von e in $U_G \}$ kofinale gerichtete Teilmengen von Δ_H bzw. Δ_G. Sei $(\tilde{H},\kappa)$ das projektive System zu H über $\tilde{\Delta}_H$, $(\tilde{G},\pi)$ das projektive System zu G über $\tilde{\Delta}_G$, $\tilde{p}_H$ der kanonische Homomorphismus von $\tilde{H}_\infty$ in H, $\tilde{p}_G$ der von $\tilde{G}_\infty$ in G. Nach der Bemerkung und dem Satz 1 kann man annehmen, $H_\infty = \tilde{H}_\infty$, $\tilde{p}_H = p_H$ und $\tilde{G}_\infty = G_\infty$, $\tilde{p}_G = p_G$. Man hat eine bijektive Abbildung $\gamma: \tilde{\Delta}_H \to \tilde{\Delta}_G$, $U \longmapsto \beta(U)$. Für $U \in \tilde{\Delta}_H$ ist der Homomorphismus $\gamma_U: G_{\beta(U)} \to H_U$ mit $x \longmapsto \beta^{-1}(x)$ für $x \in \beta(U)$ ein Isomorphismus. Die γ und $\{\gamma_U\}_{U\in\tilde{\Delta}_H}$ definieren eine Abbildung $(\tilde{G},\pi) \to (\tilde{H},\kappa)$. Nach Satz 2 in (a) ist der projektive Limes γ_∞ dieser Abbildung ein Isomorphismus. Dann ist für ein $V \in \Delta_G$ $g\circ\tilde{p}_H\circ\gamma_\infty = g\circ\kappa_H^{\beta^{-1}(V)}\circ\gamma_V\circ\pi_V$. Aber es ist $g\circ\kappa_H^{\beta^{-1}(V)}\circ\gamma_V = \pi_G$ und also $g\circ\tilde{p}_H\circ\gamma_\infty = \pi_G^V\circ\pi_V = p_G$. Mit $\alpha := \gamma_\infty$ ist dann die Behauptung bewiesen.

Bew. zu Beh. 2:

(1) Es gibt einen Homomorphismus $\alpha: H \to H_\infty$ mit $p\circ\alpha = 1_H$, insbesondere ist p surjektiv.

Beweis: H ist quasi einfach zusammenhängend. Nach dem Korollar in 4.1 und dem Satz 2 in 2.3 hat man daher für jedes U aus Δ_H, der Menge der offenen Umgebungen von e in H, genau einen Homomorphismus $\alpha_U: H \to H_U$ mit $\pi_H^U\circ\alpha_U = 1_H$, und für $V \in \Delta_H$, $U < V$, ist wegen der Eindeutigkeit dieses Homomorphismus $\pi_U^V\circ\alpha_V = \alpha_U$. Es gibt also einen Homomorphismus $\alpha: H \to H_\infty$ mit $\pi_U\circ\alpha = \alpha_U$. Für $H = U$ folgt $p\circ\alpha = 1_H$.

(2) p ist injektiv.

Beweis: Für $U \in \Delta_H$ ist die Überlagerung π_H^U trivial. Man hat also ein kommutatives Diagramm:

$$\begin{array}{ccc} H_U & \xleftarrow{\ \varphi\ } & H \times D \\ & {\scriptstyle \pi_H^U} \searrow \quad \swarrow {\scriptstyle pr_1} & \\ & H & \end{array}$$

in welchem D eine diskrete Gruppe und φ ein Isomorphismus ist. Sei $W := U \cap \varphi(H \times \{e\})$, dann ist $\pi_U^W(x) = x$ für $x \in W$, also ist $\pi_U^W(H_W) \subset \varphi(H \times \{e\})$. Sei $x \in H_\infty$, $x = \{h_V\}_{V \in \Delta_H}$ mit $h_V \in H_V$ und es sei $p(x) = e$. Es ist $p(x) = \pi_H^U \circ \pi_U(x) = \pi_H^U(h_U) = \pi_H^U \circ \pi_U^W(h_W)$, $\pi_U^W(h_W) \in \varphi(H \times \{e\})$ und $\pi_H^U | \varphi(H \times \{e\})$ ist injektiv. Also ist $h_U =$ $= \pi_U^W(h_W) = e$. Da U beliebig war, ist also $x = e$.

Unter den Voraussetzungen von (II) gelten außerdem folgende Behauptungen. Die Aussage in (II) folgt dann aus den Behauptungen 3 und 5 .

<u>Behauptung 3</u>

Sei Δ die Menge der offenen Umgebungen von e in G . Dann ist für jedes $U \in \Delta$ auch $\pi_U\colon G_\infty \to G_U$ eine Überlagerung.

<u>Behauptung 4</u>

G_∞ ist quasi zusammenhängend.

<u>Behauptung 5</u>

G_∞ ist quasi einfach zusammenhängend.

<u>Bew. zu Beh. 3:</u> Es ist $p\colon G_\infty \to G$ Überlagerung nach Voraussetzung und $\pi_G^U\colon G_U \to G$ Überlagerung nach dem Korollar in 4.1 . Da $p = \pi_G^U \circ \pi_U$, folgt die Behauptung über π_U aus dem Lemma 2 in 3.1 .

<u>Bew. zu Beh. 4:</u> Sei $H_\infty \subset G_\infty$ eine offene Untergruppe. Da alle $\pi_U\colon G_\infty \to G_U$ Überlagerungen sind, ist $U \cap \pi_U(H_\infty)$ offen in U für alle $U \in \Delta$. Die Gruppe $G_{U \cap \pi_U(H_\infty)}$ wird von Elementen y erzeugt, für die $\pi_U^{U \cap \pi_U(H_\infty)}(y) \in \pi_U(H_\infty)$ ist. Also ist ganz $\pi_U^{U \cap \pi_U(H_\infty)}(G_{U \cap \pi_U(H_\infty)}) \subset$ $\subset \pi_U(H_\infty)$. Sei nun $x \in G_\infty$, $x = \{g_U\}_{U \in \Delta}$. Dann hat man $g_U =$ $= \pi_U^{U \cap \pi_U(H_\infty)}(g_{U \cap \pi_U(H_\infty)}) \in \pi_U(H_\infty)$. D.h. es ist $\pi_U(G_\infty) = \pi_U(H_\infty)$ für

alle $U \in \Delta$. Daraus folgt, daß H_∞ dicht in G_∞ liegt. Als offene Untergruppe ist H_∞ aber auch abgeschlossen in G_∞ . Also ist $H_\infty = G_\infty$.

<u>Bew. zu Beh. 5:</u> Sei $f\colon H \to G_\infty$ eine Gruppenüberlagerung. Seien $p_H\colon H_\infty \to H$, $p_G\colon G_\infty \to G$ die kanonischen Homomorphismen. Wegen Behauptung 1 hat man ein kommutatives Diagramm

$$\begin{array}{ccccc} H_\infty & & \xleftarrow{\quad\alpha\quad} & & G_\infty \\ {\scriptstyle p_H}\downarrow & & & & \downarrow{\scriptstyle p_G} \\ H & \xrightarrow[f]{} & G_\infty & \xrightarrow[p_G]{} & G \end{array}$$

Da G_∞ quasi zusammenhängend ist, hat man $f \circ p_H \circ \alpha = 1_{G_\infty}$ wegen Satz 2 in 1.3 . Nach 3.1 Lemma 2 ist $p_H \circ \alpha$ eine Überlagerung. Also ist $p_H \circ \alpha(G_\infty)$ eine offene Untergruppe von H , die durch f bijektiv auf G_∞ abgebildet wird. Nach 2.1 Satz 2 ist f also trivial.

<u>Beispiel</u>

Sei S das p - adische Solenoid, $\psi\colon \mathbb{R} \to S$ der Homomorphismus von 3.5 (8) (b) des I. Kapitels. Sei S_∞ der pojektive Limes zu S und $q\colon S_\infty \to S$ der kanonische Homomorphismus. Dann gibt es einen Isomorphismus $\mathbb{R} \cong S_\infty$, so daß das Diagramm

$$\begin{array}{ccc} \mathbb{R} & \cong & S_\infty \\ & {\scriptstyle\psi}\searrow \quad \swarrow{\scriptstyle q} & \\ & S & \end{array}$$

kommutativ ist.

<u>Bew.:</u> (1) Seien $\Delta := \{ i \mid i \in \mathbb{Z} , i \geq 1 \}$, π_k^n , π_k für $n \geq k \geq 1$, $n , k \in \Delta$ und $f\colon \mathbb{R} \to S^1 \cong \mathbb{R}/\mathbb{Z}$ wie im I. Kapitel 3.5 (8) (b) .

Seien $U_i := \{ t \mid t \in \mathbb{R} , |t| < \frac{1}{p^i} \}$, $U_i' := \{ t \mid t \in \mathbb{R} , |t| < \frac{1}{p^{2i}} \}$ und $W_i := \pi_i^{-1}(f (U_i'))$. Dann ist $\{ W_i \mid i \in \Delta \}$ eine kofinale gerichtete Teilmenge der gerichteten Menge der offenen Umgebungen des neutralen Elementes von S . Gegebenenfalls identifizieren wir $\{ W_i \mid i \in \Delta \}$ durch die Zuordnung $W_i \longmapsto i$ mit Δ ; die

Ordnung in $\{W_i \mid i \in \Delta\}$ geht dabei über in die " $\leqq$ " Ordnung von Δ.

(2) Für $i \in \Delta$ ist $\psi(U_i) \subset W_i$. Sei $K_i := \pi_i^{-1}(f(O))$. Die Untergruppe K_i von S ist abgeschlossen, also kompakt. Es ist $K_i \subset W_i$, also ist K_i auch eine kompakte, abgeschlossene Untergruppe von S_{W_i}.

(3) S_{W_i} ist kommutativ und wird erzeugt von $K_i \cup \psi(U_i)$.

(4) Für $i \in \Delta$ gibt es einen Homomorphismus $\alpha_i : \mathbb{R}_{U_i} \to S_{W_i}$ mit $t \longmapsto \psi(t)$ für $t \in U_i$. $\pi_{\mathbb{R}}^{U_i} : \mathbb{R}_{U_i} \to \mathbb{R}$ ist nach dem Lemma in 4.3 ein Isomorphismus. Sei $\beta_i := \alpha_i \circ (\pi_{\mathbb{R}}^{U_i})^{-1}$. Dann ist $\pi_S^{W_i} \circ \beta_i = \psi$. Deshalb ist β_i injektiv, denn ψ ist injektiv. Sei R_i die Untergruppe von S_{W_i}, die erzeugt wird von $\psi(U_i)$. Dann ist $\mathrm{Bild}(\beta_i) = R_i$.
Sei γ_i der von β_i induzierte Homomorphismus $\mathbb{R} \to R_i$. Dann ist γ_i stetig und ein Isomorphismus abstrakter Gruppen.

(5) $R_i \cap K_i = \{e\}$

Beweis: Sei $R_i \cap K_i \neq \{e\}$ angenommen. Dann ist $\beta_i^{-1}(K_i)$ eine abgeschlossene Untergruppe $\neq \mathbb{R}$ von $\mathbb{R}$. Es ist $\beta_i^{-1}(K_i) \neq \{O\}$. Also gibt es eine kleinste Zahl $a > O$ in $\beta_i^{-1}(K_i)$. Dann ist $K_i \cap R_i$ die zyklische Gruppe erzeugt von $\beta_i(a)$ und es gilt
$\beta_i(\mathbb{R}) = \beta_i([O,a]) * (K_i \cap R_i)$ (" $*$ " sei die Addition in S_{W_i}).
Es läßt sich zeigen, daß jede zyklische Untergruppe von K_i eine kompakte Untergruppe von S ist. (Das folgt daraus, daß für $x \in K_i$ und $j \geqq i$ gilt $p^{j-i}x \in K_j$.) Aber $K_i \cap R_i$ ist auch in S_{W_i} kompakt. In einer topologischen Gruppe ist das Produkt zweier kompakter Teilmengen kompakt. Also ist $\beta_i(\mathbb{R})$ kompakt in S_{W_i}. Daher ist auch $\psi(\mathbb{R}) = \pi_S^{W_i}(\beta_i(\mathbb{R}))$ kompakt. Das ist aber unmöglich. Denn dann müßte $\psi(\mathbb{R}) = S$ sein, weil $\psi(\mathbb{R})$ dicht in S ist.

(6) Die Gruppen R_i bzw. K_i und die von den Homomorphismen $\pi_{W_j}^{W_i}$ für $i \geqq j$ induzierten Homomorphismen $R_i \to R_j$ bzw. $K_i \to K_j$ bilden projektive Systeme über Δ. R_∞ bzw. K_∞ seien die projektiven Limites. Dann ist S_∞ als abstrakte Gruppe das Produkt von R_∞ und K_∞. Aber K_∞ ist die triviale Gruppe. Die Inklusion $R_\infty \subset S_\infty$ ist daher ein Isomorphismus topologischer Gruppen.
Es gilt $W_i \cap R_i = \psi(U_i)$, und γ_i bildet U_i topologisch auf die in R_i offene Menge $\psi(U_i)$ ab. Die Homomorphismen γ_i sind also Isomorphismen topologischer Gruppen. Die γ_i definieren einen Homomorphismus

$\gamma_\infty: \mathbb{R} \to R_\infty$, der nach 4.5 (a) Satz 2 ein Isomorphismus topologischer Gruppen ist und für den gilt $q \circ \gamma_\infty = \psi$.

4.6. Die zu einer zusammenhängenden Lieschen Gruppe lokal isomorphen zusammenhängenden Lieschen Gruppen

Ist $f: \tilde{G} \to G$ eine universelle Gruppenüberlagerung, dann nennen wir $\tilde{G}$ universelle Überlagerungsgruppe von G .
Zu jeder zusammenhängenden Liegruppe G gibt es nach 3.3 Korollar und 3.1 Satz 3 eine universelle Überlagerungsgruppe $\tilde{G}$, die nach 4.2 Satz 2 eine Liegruppe ist.
Seien G , G' lokal isomorphe zusammenhängende Liesche Gruppen. Dann gibt es nach 4.2 Korollar universelle Überlagerungen $f: \tilde{G} \to G$, $f': \tilde{G} \to G'$, und $\tilde{G}$ ist eine Liegruppe. Kern(f) und Kern(f') sind diskrete Normalteiler in $\tilde{G}$, sie sind also nach 3.2 Korollar 1 im Zentrum $Z(\tilde{G})$ von $\tilde{G}$ enthalten. Nach 3.2 Korollar 2 ist $Z(\tilde{G}) = f^{-1}(Z(G)) = f'^{-1}(Z(G'))$.
Nach 1.2 Satz 2 finden wir also alle zu G lokal isomorphen zusammenhängenden Lieschen Gruppen, indem wir in $Z(\tilde{G})$ alle diskreten Untergruppen bestimmen und $\tilde{G}$ dadurch dividieren.

Ist im folgenden G eine Gruppe, so bezeichne $\tilde{G}$ die universelle Überlagerungsgruppe.

Beispiele

(a) Sei V_n ein n-dimensionaler reeller Vektorraum. Dann ist $\tilde{V}_n = V_n$, $Z(V_n) = V_n$.

Satz

Sei D eine diskrete Untergruppe von V_n . Dann ist $D = \{0\}$ oder D ist von linear unabhängigen Elementen erzeugt.

Bew.: durch Induktion über die Dimension n

(1) Für $n = 0$ ist die Behauptung klar.

(2) Sei $n \geq 1$ und nehmen wir an, die Behauptung sei für $n - 1$ gezeigt. Sei $D \neq \{0\}$ eine diskrete Untergruppe von V_n und $\{u_1, \ldots, u_m\}$ eine maximale Menge linear unabhängiger Elemente von D . Ist $m < n$ (für $n = 1$ heißt das, diese Menge ist leer), dann liegt D ganz in einer Hyperebene und die Behauptung für D folgt aus der Induktionsannahme. Sei also $m = n$ und H sei die von $\{u_1, \ldots, u_{n-1}\}$ erzeugte Hyperebene in V_n . Dann ist $D \cap H$ eine diskrete Untergruppe

von H. Wegen der Induktionsannahme können wir voraussetzen, $D \cap H$ werde von $\{u_1, \dots, u_{n-1}\}$ erzeugt.

Betrachten wir den Würfel $\{\sum_{i=1}^{n} a_i u_i \mid 0 \leq a_i \leq 1$ für $i = 1, \dots, n\}$.

Dieser ist kompakt und enthält, weil D diskret ist, also nur endlich viele Elemente von D. Unter den Elementen von D in dem Würfel, welche die Gestalt $\sum_{i=1}^{n} a_i u_i$ mit $a_n > 0$ haben - u_n ist ein solches Element -, gibt es ein Element v von minimalem a_n. Sei $v = \sum_{i=1}^{n} b_i u_i$. Wir behaupten jetzt, daß D von $\{u_1, \dots, u_{n-1}, v\}$ erzeugt wird.

Sei $d \in D$, dann ist $d = \sum_{i=1}^{n-1} d_i u_i + d_n v$ mit $d_i \in \mathbb{R}$ für $i = 1, \dots, n$.

Es genügt zu zeigen, daß $d_n \in \mathbb{Z}$, denn dann ist $d - d_n v \in D \cap H$ und für $i = 1, \dots, n-1$ ist $d_i \in \mathbb{Z}$.

Sei nun angenommen $d_n \notin \mathbb{Z}$. Sei k_n die größte ganze Zahl kleiner als d_n und für $i = 1, \dots, n-1$ sei k_i die größte ganze Zahl kleiner als $d_i + b_i(d_n - k_n) =: c_i$. Dann ist $\sum_{i=1}^{n-1} (d_i - k_i)u_i + (d_n - k_n)v = \sum_{i=1}^{n-1} (c_i - k_i)u_i + (d_n - k_n)b_n u_n$ ein Element von D, das in dem Würfel liegt, und es ist $0 < (d_n - k_n)b_n < b_n$. Das ist ein Widerspruch.

Fazit:

Ist D eine diskrete Untergruppe von V_n, so kann man eine Basis $\{u_i, \dots, u_n\}$ von V_n so wählen, daß D von $\{u_1, \dots, u_m\}$ mit $m \leq n$ erzeugt wird. Dann ist klar, daß gilt:

$$V_n/D \cong (\mathbb{R}/\mathbb{Z})^m \times \mathbb{R}^{n-m}$$

Dies sind somit alle zu V_n lokal isomorphen zusammenhängenden Gruppen.

(b) Sei G die Gruppe der Affinitäten von $\mathbb{R}$ mit positiver Determinante, $G = \{\mathbb{R} \to \mathbb{R}, \; x \longmapsto ax + b \mid a, b \in \mathbb{R}, a > 0\}$.

Als Raum ist G einfach zusammenhängend, also ist $\tilde{G} = G$. Ist $c \in \mathbb{R}$, dann gibt es $g \in G$, so daß die Fixpunktmenge von g genau $\{c\}$ ist. Für $z \in Z(G)$ ist dann $z(c) = zg(c) = gz(c)$, d.h. $z(c) = c$. Es folgt, daß z die identische Abbildung und daß G die einzige zu G lokal isomorphe zusammenhängende Gruppe ist.

(c) $SO(n,\mathbb{R}) := \{ A \in O(n,\mathbb{R}) \mid Det(A) = 1 \}$

I. Zusammenhang von $SO(n,\mathbb{R})$

Lemma

Sei G eine Gruppe, H eine Untergruppe von G. Sind H und G/H zusammenhängend, dann ist G zusammenhängend.

Bew.: Sei $G = U \cup V$ mit U, V offen in G und $U \neq \emptyset$, $V \neq \emptyset$. Sei p die Projektion $G \to G/H$, $g \longmapsto gH$. Es sind $p(U)$, $p(V)$ offen in G/H und beide sind nicht leer. Da G/H zusammenhängend ist, ist $p(U) \cap p(V) \neq \emptyset$. Sei $gH \in G/H$ und $gH \in p(U) \cap p(V)$, dann ist $gH \cap U \neq \emptyset$ und $gH \cap V \neq \emptyset$. Nun ist gH zusammenhängend. Es ist $gH = (gH \cap U) \cup (gH \cap V)$, also $(g(H) \cap U) \cap (g(H) \cap V) \neq \emptyset$ und somit $U \cap V \neq \emptyset$.

Behauptung: $SO(n,\mathbb{R})$ ist zusammenhängend.

Beweis: Für $n \geqq 2$ operiert $SO(n,\mathbb{R})$ transitiv auf der Sphäre S^{n-1}. Wie in 4.1 Beispiel 1 des I. Kapitels schließen wir, daß gilt $SO(n,\mathbb{R})/SO(n-1,\mathbb{R}) \cong S^{n-1}$. Für $n \geqq 1$ sind die Sphären S^n zusammenhängend. Es ist $SO(2,\mathbb{R}) = S^1$. Durch Induktion mit Hilfe des Lemmas schließt man, daß $SO(n,\mathbb{R})$ zusammenhängend ist. $SO(1,\mathbb{R})$ ist die triviale Gruppe.

Da $\{ SO(n,\mathbb{R}), \{ A \in O(n,\mathbb{R}) \mid Det(A) = -1 \} \}$ eine Zerlegung von $O(n,\mathbb{R})$ in disjunkte abgeschlossene Mengen bildet, ist $SO(n,\mathbb{R})$ die Zusammenhangskomponente des neutralen Elementes in $O(n,\mathbb{R})$. Aus 3.3 Satz 2 folgt, daß $SO(n,\mathbb{R})$ eine universelle Überlagerungsgruppe hat. Es ist $\widetilde{SO(2,\mathbb{R})}$ isomorph mit $\mathbb{R}$ und der Homomorphismus $\widetilde{SO(2,\mathbb{R})} \to$ $\to SO(2,\mathbb{R})$ entspricht der Überlagerung $\mathbb{R} \to \mathbb{R}/\mathbb{Z}$.
Für $n \geqq 3$ nennt man $\widetilde{SO(n,\mathbb{R})}$ Spinorengruppe, $\widetilde{SO(n,\mathbb{R})} =: Spin(n)$.

Hilfssatz

Sei E die Einheitsmatrix. Dann ist

$$Z(SO(n,\mathbb{R})) = \begin{cases} E & n \text{ ungerade} \\ \{E,-E\} & n \text{ gerade} \end{cases}$$

Bew.: Ist n ungerade, g eine Gerade in $\mathbb{R}^n$, dann gibt es $A \in SO(n,\mathbb{R})$, so daß g die Fixpunktmenge von A ist. Ist n gerade, so gibt es für jede Ebene in $\mathbb{R}^n$ ein $A \in SO(n,\mathbb{R})$, so daß die Fixpunktmenge von A diese Ebene ist. In beiden Fällen ist also jede Gerade invariant unter einem Zentrumselement (vgl. die Argumentation in (b) oben). Daraus folgt sofort die Behauptung.

II. $SO(3,\mathbb{R})$

(1) Sei $\mathbb{H}$ der Körper der Quaternionen. $\mathbb{H}$ ist eine Algebra über $\mathbb{R}$ mit einer Basis (e_o,e_1,e_2,e_3) , so daß das Produkt zweier Basiselemente durch die folgenden Formeln gegeben wird:

(a) $i \in \{0,1,2,3\} \implies e_ie_o = e_oe_i = e_i$

(b) $i \in \{1,2,3\} \implies e_i^2 = -e_o$

(c) Ist $1 \longmapsto i$, $2 \longmapsto j$, $3 \longmapsto k$ eine gerade Permutation von $\{1,2,3\}$, so ist $e_ie_j = -e_je_i = e_k$.

Jedes $q \in \mathbb{H}$ läßt sich eindeutig schreiben in der Form $\sum_{i=0}^{3} a_ie_i$ mit $a_i \in \mathbb{R}$. Im folgenden wird $\mathbb{H}$ mit $\mathbb{R}^4$ identifiziert, $\mathbb{R}$ mit den reellen Quaternionen $\{ a_oe_o \mid a_o \in \mathbb{R} \}$ und $\mathbb{R}^3$ mit $\{a_1e_1 + a_2e_2 + a_3e_3 \mid a_1,a_2,a_3 \in \mathbb{R} \}$, den reinen Quaternionen.

Sei $q = \sum_{i=0}^{3} a_ie_i \in \mathbb{H}$, dann sei $\bar{q} := a_oe_o - \sum_{i=1}^{3} a_ie_i$, $\|q\| := \sum_{i=0}^{3} a_i^2$. Dann ist $q\bar{q} = \|q\|e_o$, und $\sqrt{\|q\|}$ definiert eine Norm auf $\mathbb{H}$. Für $q \neq 0$ ist $q^{-1} = \frac{\bar{q}}{\|q\|}$.

(2) Sei $S^3 := \{ q \in \mathbb{H} \mid \|q\| = 1 \}$. Dann ist S^3 eine Untergruppe der multiplikativen Gruppe von $\mathbb{H}$ und topologisch die Sphäre im $\mathbb{R}^4$. Für $q \in S^3$ ist $\rho(q): \mathbb{H} \to \mathbb{H}$, $x \longmapsto qxq^{-1}$, eine orthogonale Transformation des $\mathbb{R}^4$, denn für $x \in \mathbb{H}$ ist $\|qxq^{-1}\| = \|x\|$. Es ist $q \longmapsto \rho(q)$ ein stetiger Homomorphismus $S^3 \to O(4,\mathbb{R})$. Da S^3 zusammenhängend ist, gilt $\rho(S^3) \subset SO(4,\mathbb{R})$. Es ist $\rho(q)(1) = 1$, d.h. $\rho(q)$ läßt $\mathbb{R}$ fix. Es folgt, daß $\rho(q) \mid \mathbb{R}^3 \in SO(3,\mathbb{R})$.

Sei σ der von ρ induzierte Homomorphismus $S^3 \to SO(3,\mathbb{R})$.

(3) Behauptung: σ ist surjektiv.

Beweis: Für $i = 1,2,3$ sei D_i die Untergruppe von $SO(3,\mathbb{R})$, die e_i fix läßt. D_1 , D_2 , D_3 erzeugen $SO(3,\mathbb{R})$. Es genügt also zu zeigen, daß für $i = 1,2,3$ gilt $\sigma(S^3) \supset D_i$.
Sei $\varphi \in \mathbb{R}$, $\exp(\varphi e_i) := \cos\varphi \cdot e_o + \sin\varphi \cdot e_i$ für $i = 1,2,3$.
Sei $e_ie_j = e_k$. Dann hat man die Formeln:

$\sigma(\exp(\varphi e_i))(e_i) = \exp(\varphi e_i)\cdot e_i \cdot \exp(-\varphi e_i) = e_i$

$\sigma(\exp(\varphi e_i))(e_j) = \exp(\varphi e_i)\cdot e_j \cdot \exp(-\varphi e_i) = \exp(2\varphi e_i)\cdot e_k = (\cos 2\varphi)\cdot e_j + (\sin 2\varphi)\cdot e_k$.

D.h.: $\sigma(\{ \exp(\varphi e_i) \mid \varphi \in \mathbb{R} \}) = D_i$.

(4) Sei $N := \mathrm{Kern}(\sigma)$. Ist $q \in N$, so ist q mit allen Quaternionen vertauschbar, q ist daher reell. Es ist also $N = \{1,-1\}$ und für $q \in S^3$ ist $qN = \{q,-q\}$. Der Homomorphismus σ induziert einen stetigen Homomorphismus von S^3/N auf $SO(3,\mathbb{R})$. Da S^3/N kompakt und $SO(3,\mathbb{R})$ hausdorffsch ist, ist dies ein Homöomorphismus. Nach 1.2 Satz 2 ist σ eine Überlagerung. Nach 2.5 Satz ist S^3 einfach zusammenhängend und ist somit nach 2.2 Satz 3 die universelle Überlagerungsgruppe von $SO(3,\mathbb{R})$. Es ist S^3/N topologisch der projektive Raum $P^3(\mathbb{R})$.

(5) Zusammenfassung:
$\mathrm{Spin}(3) \cong S^3$, $Z(\mathrm{Spin}(3)) = \mathbb{Z}_2$. Spin(3) und $SO(3,\mathbb{R})$ sind die einzigen zu $SO(3,\mathbb{R})$ lokal isomorphen zusammenhängenden Gruppen.

III. SO(4, ℝ)

(1) Für $(a,b) \in S^3 \times S^3$ sei $\varphi(a,b)$ die Abbildung $\mathbb{H} \to \mathbb{H}$, $x \longmapsto axb^{-1}$. Es ist $\|axb^{-1}\| = \|x\|$, also ist $\varphi(a,b) \in O(4,\mathbb{R})$. Die Abbildung $\varphi: S^3 \times S^3 \to O(4,\mathbb{R})$, $(a,b) \longmapsto \varphi(a,b)$, ist ein stetiger Homomorphismus. Da $S^3 \times S^3$ zusammenhängend ist, ist somit $\varphi(S^3 \times S^3) \subset SO(4,\mathbb{R})$. Sei ψ der von φ definierte Homomorphismus $S^3 \times S^3 \to SO(4,\mathbb{R})$.

(2) ψ ist surjektiv.

Beweis: $SO(4,\mathbb{R})$ wird erzeugt von den Untergruppen D_i , $i \in \{0,1,2,3\}$, die e_i fix lassen. Es genügt also wieder zu zeigen, daß $\mathrm{Bild}(\psi) \supset D_i$ für $i \in \{0,1,2,3\}$. Nach II (2) und (3) gilt $\psi(\{(q,q) \mid q \in S^3\}) = D_o$, ferner gilt $\psi(e_i,e_o)D_o\psi(-e_i,e_o) \subset D_i$ und $\psi(-e_i,e_o)D_i\psi(e_i,e_o) \subset D_o$ für $i \in \{1,2,3\}$. Es folgt, daß $\psi(e_i,e_o)D_o\psi(-e_i,e_o) = D_i$.

(3) Sei $(a,b) \in \mathrm{Kern}(\psi)$. Dann ist $\psi(a,b)(e_o) = a \cdot b^{-1} = e_o$, also $a = b$ und $a \in \mathrm{Kern}(\sigma) = Z(S^3)$, wo σ die oben bei $SO(3,\mathbb{R})$ eingeführte Abbildung ist. Es ist deshalb $\mathrm{Kern}(\psi) = \{(1,1), (-1,-1)\} =: \Delta$. Da $S^3 \times S^3$ kompakt und $SO(4,\mathbb{R})$ hausdorffsch ist, ist der von ψ induzierte Homomorphismus $(S^3 \times S^3)/\Delta \longrightarrow SO(4,\mathbb{R})$ ein Homöomorphismus. Es ist ψ eine Überlagerung und $S^3 \times S^3$ die universelle Überlagerungsgruppe von $SO(4,\mathbb{R})$.

(4) Zusammenfassung:
$\mathrm{Spin}(4) = \mathrm{Spin}(3) \times \mathrm{Spin}(3)$. $Z(\mathrm{Spin}(4)) = \mathbb{Z}_2 \times \mathbb{Z}_2$.
Die verschiedenen Untergruppen von $Z(\mathrm{Spin}(4))$ sind

$\mathbb{Z}_2 \times \mathbb{Z}_2$, die beiden Faktoren $\mathbb{Z}_2$, Δ , $\{(1,1)\}$.

Die zugehörigen, zu Spin(4) lokal isomorphen zusammenhängenden Gruppen sind dann

$SO(3,\mathbb{R}) \times SO(3,\mathbb{R})$, $SO(3,\mathbb{R}) \times Spin(3)$, $SO(4,\mathbb{R})$, Spin(4) .

IV. $SO(n,\mathbb{R})$ für $n > 4$

Um ein paar Informationen über $SO(n,\mathbb{R})$ zu gewinnen, wollen wir einige Tatsachen aus der Theorie der Faserbündel anwenden und die Homotopiesequenz eines Faserbündels benutzen.

Satz

Sei G eine topologische Gruppe, H eine abgeschlossene Untergruppe von G , p die Projektion $G \to G/H$. Gibt es eine Umgebung U von eH in G/H und eine stetige Abbildung $f: U \to G$ mit $p \circ f(x) = x$ für $x \in U$, dann ist G ein Faserbündel über G/H mit Faser H .

Bew.: [St] , 7.4

Die Abbildung f heißt ein lokaler Schnitt von H in G . In 2.5 des III. Kapitels werden wir die Existenz eines solchen lokalen Schnittes zeigen für den Fall, daß G eine Liesche Gruppe ist. D.h. in den nachfolgend diskutierten Fällen ist die entsprechende Voraussetzung des Satzes erfüllt.

Folgerung

Für $n \geq 2$ ist $SO(n,\mathbb{R})$ ein Faserbündel über S^{n-1} mit Faser $SO(n-1,\mathbb{R})$.

Bew.: Es ist $SO(n,\mathbb{R})/SO(n-1,\mathbb{R}) \cong S^{n-1}$ und $SO(n-1,R)$ ist eine abgeschlossene Untergruppe von $SO(n,\mathbb{R})$.

Betrachten wir ein Stück der exakten Homotopiesequenz dieses Bündels ([St] , 17.3):

$$\ldots \to \pi_2(S^{n-1}) \to \pi_1(SO(n-1,\mathbb{R})) \to \pi_1(SO(n,\mathbb{R})) \to \pi_1(S^{n-1}) \to \ldots$$

Für $n \geq 4$ sind $\pi_2(S^{n-1})$ und $\pi_1(S^{n-1})$ die triviale Gruppe. Für $n \geq 4$ ist daher $\pi_1(SO(n-1,\mathbb{R})) \cong \pi_1(SO(n,\mathbb{R}))$. Da nach III. und 3.3 Satz 3 $\pi_1(SO(3,\mathbb{R}) \cong \mathbb{Z}_2$ ist, folgt, wiederum mit Hilfe von 3.3 Satz 3 , daß der Kern der Überlagerung $Spin(n) \to SO(n,\mathbb{R})$ gleich $\mathbb{Z}_2$ ist.

Es ist

$$Z(Spin(n)) = \begin{cases} \mathbb{Z}_2 & \text{für ungerades } n \\ \text{Gruppe der Ordnung 4} & \text{für gerades } n \end{cases}$$

Ohne Beweis sei noch angegeben:

$$Z(\,Spin(n)\,) = \begin{cases} \mathbb{Z}_2 \times \mathbb{Z}_2 & n \equiv 0(4) \\ \mathbb{Z}_4 & n \equiv 0(2) \text{ und } n \not\equiv 0(4) \end{cases}$$

(d) SL(n,$\mathbb{C}$)

(1) SL(n,$\mathbb{C}$) operiert stetig und transitiv auf $\mathbb{C}^n - \{0\}$ für $n > 1$. Sei S_n die Standuntergruppe von $(1,0,\dots,0) \in \mathbb{C}^n - \{0\}$. Es ist

$$S_n = \left\{ \begin{pmatrix} 1 & b_2 & \dots & b_n \\ 0 & & & \\ \vdots & & B & \\ 0 & & & \end{pmatrix} \;\middle|\; b_2,\dots,b_n \in \mathbb{C}\,,\quad B \in SL(n-1,\mathbb{C}) \right\}$$

Als Raum ist $S_n \cong \mathbb{C}^{n-1} \times SL(n-1,\mathbb{C})$. Die Abbildung $SL(n,\mathbb{C}) \to \mathbb{C}^n - \{0\}$,

$A \longmapsto A\cdot\begin{pmatrix} 1 \\ 0 \\ \vdots \\ 0 \end{pmatrix}$, ist offen. Nach 4.1 Satz 3 des I. Kapitels ist

daher $SL(n,\mathbb{C})/S_n \cong \mathbb{C}^n - \{0\}$.

(2) Sei $A = \begin{pmatrix} a_{11} & \dots & a_{1n} \\ \vdots & & \vdots \\ a_{n1} & \dots & a_{nn} \end{pmatrix} \in SL(n,\mathbb{C})$. Für $B \in S_n$ ist die erste

Spalte von AB gleich der ersten Spalte von A. Sei U eine Umgebung von E in SL(n,$\mathbb{C}$), so daß für jede Matrix $A \in U$ gilt $a_{11} \neq 0$. Für $A \in U$ sei dann

$$A' := \begin{pmatrix} a_{11} & & & \\ \cdot & 1 & & 0 \\ \cdot & & \ddots & \\ \cdot & 0 & & \\ a_{n1} & & & \frac{1}{a_{11}} \end{pmatrix}$$

Die Gleichung $A'X = A$ ist eindeutig nach X auflösbar und es ist $X \in S_n$. Sei p die Projektion $SL(n,\mathbb{C}) \longrightarrow SL(n,\mathbb{C})/S_n$. Dann ist $f\colon p(U) \to SL(n,\mathbb{C})$, $A\cdot S_n \longmapsto A'$, eine Abbildung. Es ist f stetig, weil $f\circ p$ stetig und p eine Identifizierung ist. Für $A\cdot S_n \in p(U)$ ist $p\circ f(A\cdot S_n) = A\cdot S_n$. Es ist p(U) eine Umgebung von $E\cdot S_n$ in $SL(n,\mathbb{C})/S_n$. Wir haben also einen lokalen Schnitt der abgeschlossenen Untergruppe S_n von SL(n,$\mathbb{C}$) in SL(n,$\mathbb{C}$) angegeben. SL(n,$\mathbb{C}$) ist also ein Faserbündel über $\mathbb{C}^n - \{0\}$ mit Faser S_n.

(3) $SL(1,\mathbb{C})$ ist zusammenhängend. Sei $n > 1$ und sei $SL(n-1,\mathbb{C})$ zusammenhängend. Dann sind S_n und $SL(n,\mathbb{C})/S_n$ zusammenhängend. Nach dem Lemma in (c) ist dann auch $SL(n,\mathbb{C})$ zusammenhängend.
Aus 3.3 folgt:
$SL(n,\mathbb{C})$ ist einfach zusammenhängend, genau dann, wenn $\pi_1(SL(n,\mathbb{C}))$ die triviale Gruppe ist.

Betrachten wir dazu das folgende Stück der Homotopiesequenz des Faserbündels:

$$\ldots \longrightarrow \pi_1(S_n) \longrightarrow \pi_1(SL(n,\mathbb{C})) \longrightarrow \pi_1(\mathbb{C}^n - \{0\}) \longrightarrow \ldots$$

$SL(1,\mathbb{C})$ ist einfach zusammenhängend. Angenommen $SL(n-1,\mathbb{C})$ sei einfach zusammenhängend, dann ist $S_n = SL(n-1,\mathbb{C}) \times \mathbb{C}^{n-1}$ einfach zusammenhängend und $\pi_1(S_n) = \{e\}$. Für $n \geqq 2$ ist $\pi_1(\mathbb{C}^n - \{0\}) = \{e\}$. Aus der Exaktheit der Homotopiesequenz folgt also, daß $\pi_1(SL(n,\mathbb{C})) = \{e\}$ ist auch für $n \geqq 2$. D.h. $SL(n,\mathbb{C})$ ist einfach zusammenhängend.

(4)

$$Z(SL(n,\mathbb{C})) = \left\{ \begin{pmatrix} k & & 0 \\ & \ddots & \\ 0 & & k \end{pmatrix} \;\middle|\; k \in \mathbb{C},\ k^n = 1 \right\} = \mathbb{Z}_n$$

Die zu $SL(n,\mathbb{C})$ lokal isomorphen Gruppen sind also die Quotienten $SL(n,\mathbb{C})/N$, wo N eine Untergruppe von $\mathbb{Z}_n$ ist.
$SL(n,\mathbb{C})/\mathbb{Z}_n$ heißt <u>projektive spezielle lineare Gruppe</u> $PSL(n,\mathbb{C})$.

<u>(e) $SL(n,\mathbb{R})$</u>

$$\text{Sei } D := \left\{ \begin{pmatrix} a_{11} & \cdots & a_{1n} \\ & \ddots & \vdots \\ 0 & & a_{nn} \end{pmatrix} \;\middle|\; \begin{array}{l} a_{ij} \in \mathbb{R}\ ;\ a_{ii} > 0 \text{ für } i = 1,\ldots,n \\ a_{ij} = 0 \text{ für } j < i\ ;\ \prod_{i=1}^{n} a_{ii} = 1 \end{array} \right\}$$

(1) Behauptung: Die Räume $SL(n,\mathbb{R})$ und $SO(n,\mathbb{R}) \times D$ sind homöomorph. ($SO(n,\mathbb{R})$ und D sind Untergruppen von $SL(n,\mathbb{R})$.)
Beweis: Sei $A \in SL(n,\mathbb{R})$, $\{e_1,\ldots,e_n\}$ sei eine orthonormale Basis des $\mathbb{R}^n$, f ein Automorphismus des $\mathbb{R}^n$, der bezüglich der Basis $\{e_1,\ldots,e_n\}$ die Matrix A hat. Sei $u_i := f(e_i)$. Für zwei Vektoren u, $v \in \mathbb{R}^n$ bezeichne (u,v) das übliche Skalarprodukt. Auf $\{u_1,\ldots,u_n\}$ wenden wir das folgende Orthonormierungsverfahren an:

$w_1' := u_1$,

für $i = 1,\dots,n$ sei $w_i := \dfrac{w_i'}{\|w_i'\|}$,

für $i = 2,\dots,n$ sei $w_i' := u_i - (u_i,w_{i-1})w_{i-1} - \dots - (u_i,w_1)w_1$.

$(w_1,\dots,w_n)$ ist eine orthonormierte Basis des $\mathbb{R}^n$.

Sei T die Matrix der linearen Abbildung mit $w_i \longmapsto u_i$ für $i = 1,\dots,n$ bezüglich der Basis $(w_1,\dots,w_n)$. Dann gilt:

$$T = \begin{pmatrix} t_{11} & \dots & t_{1n} \\ & \ddots & \vdots \\ 0 & & t_{nn} \end{pmatrix} \quad \text{mit } t_{ii} > 0 \text{ für } i = 1,\dots,n$$

Sei S die Matrix der linearen Abbildung mit $e_i \longmapsto w_i$ für $i = 1,\dots,n$ bezüglich der Basis $(e_1,\dots,e_n)$. S ist eine orthogonale Matrix . Es ist $S^{-1}AS = TS$, also $A = ST$. Da $\mathrm{Det}(T) > 0$ ist, gilt $S \in SO(n,\mathbb{R})$ und $\mathrm{Det}(T) = 1$. Also ist $T \in D$. Die Zerlegung $A = ST$ ist eindeutig, da $SO(n,\mathbb{R}) \cap D = \{E\}$. Es ist $SO(n,\mathbb{R})\cdot D \subset$ $\subset SL(n,\mathbb{R})$. Die Matrix T hängt stetig von der Matrix A ab, also auch die Matrix S . Also ist die Abbildung $SL(n,\mathbb{R}) \longrightarrow SO(n,\mathbb{R}) \times$ $\times D$, $A \longmapsto (S,T)$, stetig. Die Umkehrung der Abbildung wird durch die Multiplikation von Matrizen gegeben und ist daher auch stetig. Damit ist die Behauptung gezeigt.

(2) D ist auf einen Punkt zusammenziehbar.

Beweis: Sei I das Einheitsintervall und sei $H: D \times I \to D$, $(A,t) \longmapsto A'$ die Abbildung, die durch die folgenden Formeln definiert wird:

$$a'_{ij} = 0 \qquad \text{für } i > j$$

$$a'_{ij} = (1-t)a_{ij} \qquad \text{für } i < j$$

$$a'_{ii} = a_{ii} + t(1-a_{ii}) \qquad \text{für } 1 \leq i \leq n-1$$

$$a'_{nn} = \left(\prod_{i=1}^{n-1} (a_{ii} + t(1-a_{ii})) \right)^{-1}$$

Dann ist $H(D \times \{1\}) = \{E\}$.

Es folgt, daß $\pi_1(D) = \{e\}$ und D wegweise zusammenhängend ist. Da das Produkt $SO(n,\mathbb{R}) \times D$ lokal wegweise zusammenhängend ist, gilt dies auch für D . Nach 2.5 Satz ist D also einfach zusammenhängend.

(3) Nach 2.4 Satz 3 ist für $n > 2$ der Raum $\widetilde{SL(n,\mathbb{R})}$ homöomorph zu $Spin(n) \times D$ und der Kern der universellen Überlagerung $\widetilde{SL(n,\mathbb{R})} \longrightarrow SL(n,\mathbb{R})$ ist ein $\mathbb{Z}_2$ nach (c) . Für $n = 2$ ist $SO(n,\mathbb{R}) \cong \mathbb{R}/\mathbb{Z}$ und $D \cong \mathbb{R}^2$. Der Raum $\widetilde{SL(2,\mathbb{R})}$ ist also homöomorph zu $\mathbb{R}^3$ und der Kern der Überlagerung $\widetilde{SL(2,\mathbb{R})} \longrightarrow SL(2,\mathbb{R})$ ist $\mathbb{Z}$.

Ohne Beweis sei folgendes angemerkt:
Die Liegruppe $\widetilde{SL(2,\mathbb{R})}$ läßt keine treue Darstellung als Untergruppe der allgemeinen linearen Gruppe eines endlich dimensionalen Vektorraumes zu. Man sagt, sie ist keine "lineare Liegruppe".

III. Kapitel: Differentialtheorie und Liesche Algebren

§ 1. ALLGEMEINES

1.1. Tangentenvektoren, Tangentialraum, Differential

Bezeichnungen und Definitionen

(1) Sei $\mathfrak{A}$ die Kategorie der analytischen Mannigfaltigkeiten und analytischen Abbildungen. Sei $\mathbb{K} = \mathbb{R}$ oder $\mathbb{K} = \mathbb{C}$, je nachdem es sich um reell analytische oder komplex analytische Mannigfaltigkeiten handelt. Wir vereinbaren folgende Bezeichnungsweisen (vgl. auch I., § 1 und 2).

(a) $(M, \mathfrak{F}) \in \mathfrak{A}$ (bzw. $M \in \mathfrak{A}$) :<==> M ist eine analytische Mannigfaltigkeit

(b) $f: M \to N \in \mathfrak{A}$:<==> M, N sind analytische Mannigfaltigkeiten und f ist eine analytische Abbildung.

(c) V ist ein Vektorraum in $\mathfrak{A}$:<==> V ist ein endlich dimensionaler Vektorraum über $\mathbb{K}$ und ist mit der natürlichen analytischen Struktur versehen.

(d) Unter einer Karte x in $p \in M$ verstehen wir immer eine zulässige Karte (s. I., § 1 und 2.4).
Für $\mathbb{K} = \mathbb{C}$ ist dabei insbesondere gemeint, daß x ein Isomorphismus einer offenen Umgebung von p in M auf eine offene Teilmenge eines $\mathbb{C}^n$ ist.

(2) Es seien V, W Vektorräume in $\mathfrak{A}$, U eine offene Teilmenge von V, $p \in U$, $f: U \to W$ sei eine analytische Abbildung. Wir bezeichnen mit $Df_p: V \to W$ die Ableitung (vgl. [Dd]) von f im Punkte p.

Ist W ein Vektorraum in $\mathfrak{A}$, U eine offene Teilmenge von $\mathbb{K}$, $t \in U$, $f: U \to W$ eine analytische Abbildung, so kann man insbesondere den Vektor $Df_t(1) \in W$ betrachten. Er wird meist mit $f'(t)$ oder $\dot{f}(t)$ bezeichnet und ist im Falle $\mathbb{K} = \mathbb{R}$ der "Geschwindigkeitsvektor" der Kurve f.

(3) Sei $(M,\mathfrak{F}) \in \mathfrak{A}$, $p \in M$, $f,g \in \mathfrak{F}_p$. Für $\alpha \in \mathbb{K}$ sei $\alpha f \in \mathfrak{F}_p$ die Funktion $Def(f) \to \mathbb{K}$, $x \longmapsto \alpha(f(x))$; $f+g$, $gf \in \mathfrak{F}_p$ seien die Funktionen $Def(f) \cap Def(g) \longrightarrow \mathbb{K}$, $x \longmapsto f(x)+g(x)$ bzw. $x \longmapsto g(x)f(x)$.

(Zur Bedeutung von $\mathfrak{F}_p$ vgl. I., 2.1.)

Definition 1

Sei $(M,\mathfrak{F}) \in \mathfrak{A}$, $p \in M$. Eine Abbildung $X: \mathfrak{F}_p \to \mathbb{K}$ heißt Tangentenvektor an M in p, wenn folgendes der Fall ist:

(1) Sind g, $f \in \mathfrak{F}_p$, $Def(f) \subset Def(g)$, und ist $g|Def(f) = f$, so gilt $X(f) = X(g)$.

(2) Ist $\alpha \in \mathbb{K}$ und sind g, $f \in \mathfrak{F}_p$, so ist $X(\alpha f + g) = \alpha X(f) + X(g)$.

(3) Sind f, $g \in \mathfrak{F}_p$, so ist $X(fg) = X(f)g(p) + f(p)X(g)$.

Der Punkt p heißt Fußpunkt von X.

Seien X_1, X_2 Tangentenvektoren an M in p, $\alpha \in \mathbb{K}$. Dann sind $(X_1+X_2): \mathfrak{F}_p \to \mathbb{K}$, $f \longmapsto X_1(f)+X_2(f)$, und $\alpha X_1: \mathfrak{F}_p \to \mathbb{K}$, $f \longmapsto \alpha \cdot X_1(f)$, Tangentenvektoren in p. Also ist $M_p := \{X \mid X$ Tangentenvektor an M in $p\}$ ein $\mathbb{K}$-Vektorraum. M_p heißt Tangentialraum an M in p.

Beispiel

Sei U eine offene Teilmenge von $\mathbb{K}^n$, $p \in U$, $\mathfrak{F}_p$ die Menge der in p analytischen Funktionen auf $\mathbb{K}^n$, e_i der i-te Einheitsvektor von $\mathbb{K}^n$. Dann ist die Abbildung $D_{i|p}: \mathfrak{F}_p \to \mathbb{K}$, $f \longmapsto Df_p(e_i)$, ein Tangentenvektor an $\mathbb{K}^n$ in p. Wir nennen ihn den i-ten kanonischen Tangentenvektor an $\mathbb{K}^n$ in p.

Definition 2

Sei $f: (M,\mathfrak{F}) \to (N,\mathfrak{G}) \in \mathfrak{A}$, $p \in M$, $q = f(p)$. Für $X \in M_p$ sei $df_{|p}(X)$ der Tangentenvektor $\mathfrak{G}_q \to \mathbb{K}$, $g \longmapsto X(g \circ f)$ an N in q. Es ist $df_{|p}: M_p \to N_q$ linear und heißt Differential von f in p. Meist schreiben wir df_p statt $df_{|p}$ und oft nur df, wenn klar ist, welches p gemeint ist.

Lemma 1

(1) Sei $M \in \mathfrak{A}$. Für alle $p \in M$ gilt $d1_p = 1_{M_p}$.

(2) Sind $f: M \to N$, $g: L \to M$ aus $\mathfrak{A}$, $r \in L$, $p = g(r)$, dann ist $d(f\circ g)_r = df_p \circ dg_r$.

Bemerkungen

Sei $(M, \mathfrak{F}) \in \mathfrak{A}$, $p \in M$ und M sei m-dimensional. Dann gilt:

(1) Ist $f \in \mathfrak{F}_p$ konstant, so ist $X(f) = 0$ für alle $X \in M_p$.

(2) Ist U offen in M mit $p \in U$, so identifizieren wir U_p und M_p .

(3) Ist x eine Karte in p , dann ist dx_p ein Vektorraumisomorphismus von M_p auf $\mathbb{K}^m_{x(p)}$.

Lemma 2

Ist $M \in \mathfrak{A}$ n-dimensional, $p \in M$, dann ist M_p ein n-dimensionaler $\mathbb{K}$-Vektorraum.

Bew.: In einem Punkt $p \in \mathbb{K}^n$ hat man die n kanonischen Tangentenvektoren $D_{1|p},\dots,D_{n|p}$ (vgl. das Beispiel). Nach Bemerkung (3) genügt es also zu zeigen, daß $\{D_{1|0},\dots,D_{n|0}\}$ eine Basis von $\mathbb{K}^n_0$ ist. Sei $\mathfrak{F}_0$ die Menge der in 0 analytischen lokalen Funktionen auf $\mathbb{K}^n$. Sei $X \in \mathbb{K}^n_0$ und $f \in \mathfrak{F}_0$. Dann gibt es eine Umgebung V von 0 , so daß für $x = (x_1,\dots,x_n) \in V$ gilt:

$$f(x) = a_0 + \sum_{\nu=1}^{n} a_\nu x_\nu + \sum_{\nu_1,\nu_2=1}^{n} a_{\nu_1\nu_2} x_{\nu_1} x_{\nu_2} f_{\nu_1\nu_2} \quad \text{mit } f_{\nu_1\nu_2} \in \mathfrak{F}_0 ,$$

a_ν , $a_{\nu_1\nu_2} \in \mathbb{K}$ für ν , ν_1 , $\nu_2 \in \{1,\dots,n\}$.

Dann folgt aber aus den Eigenschaften eines Tangentenvektors, daß

$$X(f) = \sum_{\nu=1}^{n} a_\nu X(x_\nu) = \sum_{\nu=1}^{n} D_{\nu|0}(f) X(x_\nu) .$$

Es ist andererseits klar, daß die $D_{1|0},\dots,D_{n|0}$ linear unabhängig sind.

Bemerkungen und Bezeichnungen

(4) Sei $(M, \mathfrak{F}) \in \mathfrak{A}$, $p \in M$, x eine Karte von M in p . Sei

$\frac{\partial}{\partial x_i}\big|p := dx^{-1}_{|x(p)}(D_{i|x(p)})$ und für $f \in \mathfrak{F}_p$ sei $\frac{\partial f}{\partial x_i}\big|p := \frac{\partial}{\partial x_i}\big|p(f)$.

Dann ist $\{\frac{\partial}{\partial x_1}|_p,\ldots,\frac{\partial}{\partial x_n}|_p\}$ eine Basis von M_p und für $X \in M_p$,

$f \in \mathfrak{F}_p$ ist $X = \sum_{i=1}^{n} X(x_i)\cdot\frac{\partial}{\partial x_i}|_p$ und $X(f) = \sum_{i=1}^{n} \frac{\partial f}{\partial x_i}|_p X(x_i)$.

(5) Sei $(M,\mathfrak{F}) \in \mathfrak{A}$, $p \in M$, V ein Vektorraum in $\mathfrak{A}$. Sei U offen in M , $p \in U$, φ ein analytischer Isomorphismus von U auf eine offene Teilmenge von V . Dann ist für $v \in V$ die Abbildung $\mathfrak{F}_p \to \mathbb{K}$, $f \longmapsto D(f\circ\varphi^{-1})_{\varphi(p)}(v)$, ein Tangentenvektor in p , den wir mit (φ,v) bezeichnen. Die Abbildung $V \to M_p$, $v \longmapsto (\varphi,v)$, ist ein Vektorraumisomorphismus. Ist $V = \mathbb{K}^n$ und e_i der i-te Einheitsvektor in $\mathbb{K}^n$, dann ist $(\varphi,e_i) = \frac{\partial}{\partial\varphi_i}|_p$ und $(\varphi,v) =$
$= \sum_{i=1}^{n} v_i\cdot\frac{\partial}{\partial\varphi_i}|_p$.

(6) Ist in Bemerkung (5) $M = V$ und $\varphi = 1_V$, so nennen wir $V \to V_p$, $v \longmapsto (1_V,v)$, <u>(kanonische) Identifizierung</u> von V mit V_p .

(7) Sind V , W Vektorräume in $\mathfrak{A}$, $f: V \to W \in \mathfrak{A}$, dann ist nach dieser Identifizierung $df_p = Df_p$ für alle $p \in V$. Im folgenden unterscheiden wir daher nicht zwischen df und Df .

(8) Ist V ein Vektorraum in $\mathfrak{A}$, U eine offene Teilmenge von V und $j: U \to V$ die Inklusion, dann ist für $p \in U$ der Vektorraumisomorphismus $V \to U_p$, $v \longmapsto (j,v)$, gleich der Identifizierung von V mit V_p , wie sie in (6) definiert ist.

<u>Lemma 3</u>

(a) Sei $M \in \mathfrak{A}$, $p \in M$, seien φ , ψ Karten in p , n die Dimension von M , v , $w \in \mathbb{K}^n$. Dann gilt:
$(\varphi,v) = (\psi,w) \iff v = d(\varphi\circ\psi^{-1})_{|\psi(p)}(w)$

(b) Sei $f: M \to N \in \mathfrak{A}$, $p \in M$, $q = f(p)$, φ eine Karte von M in p , ψ eine Karte von N in q . Dann ist
$df_p(\varphi,v) = (\psi, d(\psi\circ f\circ\varphi^{-1})_{\varphi(p)}(v))$.

<u>Satz</u>

Sei $f: M \to N \in \mathfrak{A}$, $p \in M$. Dann gilt:

(a) f ist eine Immersion, genau dann, wenn df_q injektiv ist für alle $q \in M$.

(b) df_p ist ein Vektorraumisomorphismus, genau dann wenn es eine offene Umgebung U von p in M und eine offene Umgebung V von $f(p)$ in N mit $V = f(U)$ gibt, so daß die Abbildung $U \to V$, $x \longmapsto f(x)$, ein analytischer Isomorphismus in $\mathcal{O}\!\mathcal{L}$ ist.

Bew.: (a) [Ch] Chap. III § IV Prop. 1

(b) [Ch] Chap. III § IV Prop. 3

Definition 3

Seien $M, N \in \mathcal{O}\!\mathcal{L}$ und M sei eine analytische Untermannigfaltigkeit von N, $i: M \to N$ sei die Inklusion, $p \in M$, $X \in N_p$. Dann heißt X tangential zu M, wenn $X \in di_p(M_p)$ ist.

Lemma 4

Seien $M, N \in \mathcal{O}\!\mathcal{L}$ und M sei eine m-dimensionale analytische Untermannigfaltigkeit von N, $i: M \to N$ sei die Inklusion, $p \in M$, $X \in N_p$, $f: N \to \mathbb{K}^r \in \mathcal{O}\!\mathcal{L}$ mit $f|M$ konstant und $\mathrm{Kern}(df_p)$ habe die Dimension m. Dann ist X tangential zu M, genau dann wenn $df_p(X) = 0$.

Lemma 5

Seien $N', N'' \in \mathcal{O}\!\mathcal{L}$, sei $M = N' \times N''$, $(p,q) \in M$, sei $i': N' \to M$, $x \longmapsto (x,q)$, und $i'': N'' \to M$, $x \longmapsto (p,x)$. Dann gilt:

(1) Die Abbildung $N'_p \times N''_q \to M_{(p,q)}$, $(X',X'') \longmapsto di'(X') + di''(X'')$, ist ein Vektorraumisomorphismus. (Im folgenden identifizieren wir $M_{(p,q)}$ mit $N'_p \times N''_q$ durch diesen Isomorphismus.)

(2) Es seien $g: M \to L \in \mathcal{O}\!\mathcal{L}$, $g' := g \circ i'$, $g'' := g \circ i''$, $X' \in N'_p$ und $X'' \in N''_q$. Dann ist $dg(X',X'') = dg'(X') + dg''(X'')$.

(3) Ist $f: L \to M \in \mathcal{O}\!\mathcal{L}$, $f' := pr_1 \circ f$, $f'' := pr_2 \circ f$, dann ist $df = (df', df'')$.

Bew.: (1) Sei φ' eine Karte von N' in p, φ'' eine Karte von N'' in q, $(\varphi',v) \in N'_p$, $(\varphi'',w) \in N''_q$. Dann ist $di'(\varphi',v) = (\varphi' \times \varphi'', D((\varphi' \times \varphi'') \circ i' \circ \varphi'^{-1})(v)) = (\varphi' \times \varphi'', (v,0,\ldots,0))$.
Entsprechend ist $di''(\varphi'',w) = (\varphi' \times \varphi'', (0,\ldots,0,w))$.
$N'_p \times N''_q \to M_{(p,q)}$, $((\varphi',v), (\varphi'',w)) \longmapsto (\varphi' \times \varphi'', (v,w))$, ist ein Isomorphismus.

(2) ist eine Folgerung aus (1)

(3) Sei $r \in L$ mit $f(r) = (p,q)$, ψ sei eine Karte von L in r, $(\psi,v) \in L_r$. Dann ist $df(\psi,v) = (\varphi' \times \varphi'', D((\varphi' \times \varphi'') \circ f \circ \psi^{-1})(v))$.

Nach [Dd] 8.1.5 ist $D((\varphi' \times \varphi'')\circ f\circ\psi^{-1})(v) = (D(\varphi'\circ f'\circ\psi^{-1})(v)$, $D(\varphi''\circ f''\circ\psi^{-1})(v))$. Damit ist die Behauptung bewiesen.

Lemma 6

Seien M , $N \in \mathfrak{A}$. Für jedes $p \in M$ sei $i^p: N \to M \times N$ die Abbildung $q \longmapsto (p,q)$. Sei V offen in M , U offen in N , $f: V \times U \to \mathbb{K}$ analytisch und $q_o \in U$. Dann ist die Abbildung $V \times N_{q_o} \to \mathbb{K}$, $(p,X) \longmapsto X(f\circ i^p)$, analytisch.

Bew.: Es handelt sich um einen lokalen Satz, den man bei Wahl geeigneter Koordinatensysteme leicht einsieht.

1.2. Hauptteil einer analytischen Abbildung

Seien V_1 , V_2 Vektorräume in $\mathfrak{A}$, U eine offene Umgebung von 0 in V_1 , $f: U \to V_2 \in \mathfrak{A}$ mit $f(0) = 0$. Es gibt eine Umgebung U' von 0 in U , so daß f in U' in eine Taylorreihe entwickelt werden kann. Für $x \in U'$ gilt dann:

$$f(x) = df_0(x) + \frac{d^2f_0}{2!}(x,x) + \frac{d^3f_0}{3!}(x,x,x) + \ldots$$

Dabei ist d^pf_0 die p-te Ableitung von f an der Stelle 0 (vgl. [Dd] 8.12). Sie ist definitionsgemäß eine symmetrische p-fach lineare Abbildung von $(V_1)^p$ nach V_2 .

Die Abbildung $V_1 \to V_2$, $x \longmapsto \frac{d^pf_0}{p!}(x,\ldots,x)$ nennen wir Term p-ter Ordnung der Taylorentwicklung von f und für $x \in U'$ den Vektor $\frac{d^pf_0}{p!}(x,\ldots,x)$ Term p-ter Ordnung von $f(x)$.

Ist V_3 ein weiterer Vektorraum in $\mathfrak{A}$, W eine offene Umgebung von 0 in V_3 , $g: W \to V_1$ aus $\mathfrak{A}$ mit $g(0) = 0$, dann gibt es eine Umgebung W' von 0 in V_3 , so daß $f\circ g$ in W' definiert ist, sich in W' in eine Taylorreihe entwickeln läßt und wir diese durch Einsetzen der Taylorreihe von g in die von f erhalten. Für $x \in W'$ gilt:

$$f\circ g(x) = df(dg(x) + \frac{d^2g}{2!}(x,x) + \ldots) +$$

$$+ \frac{d^2f}{2!}(dg(x) + \frac{d^2g}{2!}(x,x) + \ldots , dg(x) + \frac{d^2g}{2!}(x,x) + \ldots) + \ldots$$

$$= df(\,dg(x)\,) + df(\,\frac{d^2g}{2!}(x,x)\,) + \frac{d^2f}{2!}(\,dg(x)\,,\,dg(x)\,) \;+$$

$$+ \text{ Terme der Ordnung } \geq 3 \text{ in } x$$

Definition 1

Sei $M \in \mathfrak{A}$, $p \in M$, φ ein analytischer Isomorphismus einer offenen Umgebung von p in M auf eine offene Umgebung von 0 in M_p mit $\varphi(p) = 0$ und $d\varphi_p = 1$ (der Tangentialraum an 0 von M_p ist kanonisch mit M_p identifiziert). Dann heißt φ lokale Identifizierung von M mit M_p .

Bemerkung und Bezeichnung

Ist φ eine Karte von M in p mit $\mathrm{Def}(\varphi) = U$, dann ist $V := = \{ (\varphi, \varphi(x)) \mid x \in U \}$ eine offene Umgebung von 0 in M_p , und die Abbildung $U \to V$, $x \longmapsto (\varphi, \varphi(x))$, ist ein analytischer Isomorphismus mit Differential 1 in p . (Beweis!) Sie ist also eine lokale Identifizierung von M mit M_p . Wir bezeichnen sie mit φ_T .

Sei $f\colon M \to N \in \mathfrak{A}$, $p \in M$, $q = f(p)$. Sei φ eine Karte von M in p mit $\varphi(p) = 0$, ψ eine Karte von N in q mit $\psi(q) = 0$. Dann läßt sich $\psi_T \circ f \circ \varphi_T^{-1}$ in einer Umgebung von 0 in eine Taylorreihe entwickeln, die Taylorreihe von f in p bezüglich der Identifizierungen φ_T und ψ_T . $T_i(f, \varphi_T, \psi_T)$ bezeichne den Term i-ter Ordnung dieser Taylorentwicklung; er ist eine Abbildung $M_p \to N_q$.

Lemma

Ist $T_i(f, \varphi_T, \psi_T) = 0$ für alle $i < n$, dann ist $T_n(f, \varphi_T, \psi_T)$ unabhängig von der Wahl der Identifizierungen φ_T und ψ_T .

Bew.: Da f fest bleibt, schreiben wir $T_i(\varphi_T, \psi_T)$ statt $T_i(f, \varphi_T, \psi_T)$.
(1) Für (φ, v) aus einer geeigneten Umgebung von 0 in M_p gilt:

$$\psi_T \circ f \circ \varphi_T^{-1}(\varphi, v) = (\,\psi,\, \psi \circ f \circ \varphi^{-1}(v)\,) = (\,\psi\,,\, d(\psi \circ f \circ \varphi^{-1})(v)\,) \;+$$

$$+ (\,\psi\,,\, \frac{d^2}{2!}(\psi \circ f \circ \varphi^{-1})(v,v)\,) + \ldots$$

Ist $T_i(\varphi_T, \psi_T) = 0$, so ist $d^i(\psi \circ f \circ \varphi^{-1}) = 0$.

(2) Es ist $T_1(\varphi_T, \psi_T) = df$. Also ist T_1 unabhängig von der Wahl von φ_T und ψ_T . Wir wenden nun Induktion an. Sei $\bar{\varphi}$ eine weitere Karte von M in p mit $\bar{\varphi}(p) = 0$, $\bar{\psi}$ eine weitere Karte von N in q mit $\bar{\psi}(q) = 0$. Ist $T_i(\varphi_T, \psi_T) = 0$ für $i < n$, dann ist nach

Induktionsannahme auch $T_i(\bar{\varphi}_T,\psi_T) = 0$, $T_i(\varphi_T,\bar{\psi}_T) = 0$ und damit $d^i(\psi o f o \bar{\varphi}^{-1}) = 0$ und $d^i(\bar{\psi} o f o \varphi^{-1}) = 0$ für $i < n$. Es ist einerseits

$$T_n(\varphi_T,\psi_T)(\varphi,v) = (\psi , \frac{d^n}{n!}(\psi o f o \varphi^{-1})(v,\ldots,v))$$ und andererseits

$$T_n(\bar{\varphi}_T,\psi_T)(\varphi,v) = T_n(\bar{\varphi}_T,\psi_T)(\bar{\varphi} , d(\bar{\varphi} o \varphi^{-1})(v)) =$$
$$= (\psi , \frac{d^n}{n!}(\psi o f o \bar{\varphi}^{-1})(d(\bar{\varphi} o \varphi^{-1})(v) ,\ldots, d(\bar{\varphi} o \varphi^{-1})(v)) .$$

Wenn man die Taylorreihe von $\bar{\varphi} o \varphi^{-1}$ in die von $\psi o f o \bar{\varphi}^{-1}$ einsetzt und die Gleichungen $d^i(\psi o f o \bar{\varphi}^{-1}) = 0$ für $i < n$ ausnützt, erhält man aber

$$d^n(\psi o f o \varphi^{-1})(v,\ldots,v) = d^n(\psi o f o \bar{\varphi}^{-1} o \bar{\varphi} o \varphi^{-1})(v,\ldots,v) =$$
$$= d^n(\psi o f o \bar{\varphi}^{-1})(d(\bar{\varphi} o \varphi^{-1})(v) ,\ldots, d(\bar{\varphi} o \varphi^{-1})(v)) .$$

Damit ist gezeigt, daß $T_n(\varphi_T,\psi_T)$ unabhängig von der Wahl von φ_T ist. Die folgende Rechnung beweist die Unabhängigkeit von der Wahl von ψ_T . Man benutzt dabei, daß $d^i(\psi o f o \varphi^{-1}) = 0$ für $i < n$ ist.

$$T_n(\varphi_T,\bar{\psi}_T)(\varphi,v) = (\bar{\psi} , \frac{d^n}{n!}(\bar{\psi} o f o \varphi^{-1})(v,\ldots,v)) =$$
$$= (\bar{\psi} , \frac{d^n}{n!}(\bar{\psi} o \psi^{-1} o \psi o f o \varphi^{-1})(v,\ldots,v)) =$$
$$= (\bar{\psi} , d(\bar{\psi} o \psi^{-1})(\frac{d^n}{n!}(\psi o f o \varphi^{-1})(v,\ldots,v))) =$$
$$= (\psi , \frac{d^n}{n!}(\psi o f o \varphi^{-1})(v,\ldots,v))$$

Definition 2

Der erste Term $T_i(\varphi_T,\psi_T) \neq 0$ heißt Hauptteil von f in p . Ist kein Term $\neq 0$, so sagen wir, der Hauptteil von f in p ist 0 .

1.3. Vektorfelder

Definition

Sei $(M,\mathfrak{f}) \in \mathfrak{A}$, $TM := \bigcup_{p \in M} M_p$.

Eine Abbildung $X: M \to TM$ mit $X(p) \in M_p$ für alle $p \in M$ heißt Vektorfeld auf M . Wir schreiben auch X_p für $X(p)$.

Für $f \in \mathfrak{F}$ sei $X(f)$ die Funktion $\mathrm{Def}(f) \longrightarrow \mathbb{K}$, $p \longmapsto X_p(f)$. Das Vektorfeld X auf M heißt <u>analytisches Vektorfeld</u>, wenn $X(f) \in \mathfrak{F}$ ist für alle $f \in \mathfrak{F}$.
Für $f \in \mathfrak{F}$ verstehen wir dann unter $X^0(f)$ die Funktion f und unter $X^i(f)$ für $i \in \mathbb{Z}$, $i > 0$, die Funktion $X(X^{i-1}(f))$.
Oft schreiben wir auch Xf und X^if für $X(f)$ und $X^i(f)$.

Bemerkungen

Sei $(M, \mathfrak{F}) \in \mathfrak{A}$, seien X , Y analytische Vektorfelder auf M , und sei $f \in \mathfrak{F}_M$.

(1) $X + Y : M \to TM$, $p \longmapsto X_p + Y_p$, und $fX: M \to TM$, $p \longmapsto f(p)X_p$, sind analytische Vektorfelder auf M . Die Menge der analytischen Vektorfelder auf M wird somit zu einem $\mathfrak{F}_M$ - Modul ($\mathfrak{F}_M$ ist ein Ring) und wegen $\mathbb{K} \subset \mathfrak{F}_M$ (via konstante Abbildungen) also auch zu einem $\mathbb{K}$ - Vektorraum .

(2) Ist U offen in M . dann ist $X|U: U \to TU$, $p \longmapsto X_p$, ein analytisches Vektorfeld auf U .

(3) Ist $\varphi = (\varphi_1, \ldots, \varphi_n)$ ein Koordinatensystem von M , $U := \mathrm{Def}(\varphi)$, dann ist $\frac{\partial}{\partial \varphi_i} : U \to TU$, $p \longmapsto \frac{\partial}{\partial \varphi_i}\Big|_p$, für $i = 1, \ldots, n$ ein analytisches Vektorfeld auf U und es ist $X|U = \sum_{i=1}^{n} g_i \cdot \frac{\partial}{\partial \varphi_i}$ mit $g_i \in \mathfrak{F}_U$.

(4) Sei M eine offene Teilmenge von $\mathbb{K}^n$. Ein analytisches Vektorfeld ist wegen der Identifikation von M_p mit $\mathbb{K}^n$ für jedes $p \in M$ eine analytische Abbildung $M \to \mathbb{K}^n$.

1.4. Das Kommutatorvektorfeld

Lemma 1

Sei $(M, \mathfrak{F}) \in \mathfrak{A}$ und seien X , Y analytische Vektorfelder auf M .
Für $p \in M$ ist $[X,Y]_p: \mathfrak{F}_p \to \mathbb{K}$, $f \longmapsto X_p(Y(f)) - Y_p(X(f))$, ein Tangentenvektor an M in p und $[X,Y]: M \to TM$, $p \longmapsto [X,Y]_p$, ist ein analytisches Vektorfeld auf M .

Bew.: Verifizieren

Definition

$[X,Y]$ heißt der <u>Kommutator</u> (oder das <u>Kommutatorvektorfeld</u>) von X und Y .

Bemerkung

Die Abbildung $\mathfrak{F}_p \to \mathbb{K}$, $f \longmapsto X_p(Y(f))$, ist selbst kein Tangentenvektor.

Lemma 2

Sei $M \in \mathfrak{A}$, $\alpha \in \mathbb{K}$ und seien X , Y , Z analytische Vektorfelder auf M . Dann gilt:

(1) $[X + Y,Z] = [X,Z] + [Y,Z]$, $[X,Y + Z] = [X,Y] + [X,Z]$,
$[\alpha X,Y] = \alpha[X,Y] = [X,\alpha Y]$

(2) $[X,X] = 0$

(3) $[\,[X,Y]\,,\,Z\,] + [\,[Y,Z]\,,\,X\,] + [\,[Z,X]\,,\,Y\,] = 0$

Die Gleichung (3) heißt auch Jacobi-Identität.

Bew.: Nachrechnen. Wie schon im Beweis von Lemma 1 geht auch beim Beweis von (3) entscheidend die Vertauschbarkeit bei den gemischten höheren Ableitungen ein.

Lemma 3

Sei $f: M \to N \in \mathfrak{A}$, seien X , Y analytische Vektorfelder auf M , X' , Y' analytische Vektorfelder auf N und für alle $p \in M$ sei $X'_{f(p)} = df_p(X_p)$, $Y'_{f(p)} = df_p(Y_p)$. Dann ist für alle $p \in M$ auch $[X',Y']_{f(p)} = df_p([X,Y]_p)$.

Bew.: Sei φ eine analytische Funktion auf N , $p \in M$ und $f(p) \in \in \mathrm{Def}(\varphi)$. Es ist $[X',Y']_{f(p)}(\varphi) = X'_{f(p)}(Y'(\varphi)) - Y'_{f(p)}(X'(\varphi))$ und $X'_{f(p)}(Y'(\varphi)) = X_p(Y'(\varphi)\circ f)$. Für $p \in f^{-1}(\mathrm{Def}(\varphi))$ ist $Y'(\varphi)(f(p)) = Y_p(\varphi\circ f)$. Also ist $X'_{f(p)}(Y'(\varphi)) = X_p(Y(\varphi\circ f))$ und analog $Y'_{f(p)}(X'(\varphi)) = Y_p(X(\varphi\circ f))$. Daraus folgt die Behauptung.

1.5. Integration analytischer Vektorfelder

Definition 1

Für $p \in \mathbb{K}^n$ nennen wir $\{ x \in \mathbb{K}^n \mid \|x-p\| < r$ mit $r \in \mathbb{R}$, $r > 0 \}$ eine offene Kugelumgebung von p (mit Radius r) .

Definition 2

Sei $M \in \mathfrak{A}$, X ein analytisches Vektorfeld auf M , I eine offene Kugelumgebung von 0 in $\mathbb{K}$. Eine Abbildung $u: I \to M \in \mathfrak{A}$ heißt

eine <u>Integralkurve</u> von X , wenn für alle $t \in I$ gilt: $\dot{u}(t) = X_{u(t)}$. Dabei ist $\dot{u}(t) := du_t(1)$ (wo $1 \in \mathbb{K} \equiv \mathbb{K}_t$ der kanonische Tangentenvektor von $\mathbb{K}$ in t ist).
Der Punkt $u(0)$ heißt <u>Anfangsbedingung</u> der Integralkurve u .

<u>Satz 1</u>

Sei $M \in \mathfrak{A}$, X ein analytisches Vektorfeld auf M . Dann gibt es für jeden Punkt $p \in M$ eine offene Umgebung U von p in M , eine offene Kugelumgebung I von 0 in $\mathbb{K}$ und eine analytische Abbildung $\Phi: I \times U \to M$, so daß gilt:

(1) Für jedes $p \in U$ ist $\Phi_p: I \to M$, $t \longmapsto \Phi(t,p)$, eine Integralkurve von X mit Anfangsbedingung p .

(2) Ist J eine offene Kugelumgebung von 0 in $\mathbb{K}$ mit $J \subset I$ und $\varphi: J \to M$ eine Integralkurve von X mit Anfangsbedingung p , dann ist $\varphi = \Phi_p | J$.

<u>Bew.:</u> Betrachten wir den Fall, daß M eine offene Teilmenge von $\mathbb{K}^n$ ist. Dann ist X eine analytische Abbildung $M \to \mathbb{K}^n$. Die Aussage des Satzes ist dann eine Teilbehauptung der Sätze 10.8.1 , 10.8.2 in [Dd] . Aus diesem Sonderfall folgt aber sofort die Behauptung.

<u>Definition 3</u>

Die Abbildung $\Phi: I \times U \to M$ in Satz 1 heißt eine <u>lokale Integralabbildung</u> von X .

<u>Satz 2</u>

Sei $M \in \mathfrak{A}$ und X ein analytisches Vektorfeld auf M . Seien I_1 , I_2 offene Kugelumgebungen von 0 in $\mathbb{K}$ und $u_1: I_1 \to M$, $u_2: I_2 \to M$ Integralkurven von X . Dann ist $T := \{ t \mid t \in I_1 \cap I_2 , u_1(t) = u_2(t) \}$ leer oder gleich $I_1 \cap I_2$.

<u>Bew.:</u> Sei r_1 der Radius von I_1 , r_2 der von I_2 . Sei $T \neq \emptyset$, $t \in T$. Dann sind $\tau \longmapsto u_1(t+\tau)$ für $\|\tau\| < r_1 - \|t\|$ und $\tau \longmapsto u_2(t+\tau)$ für $\|\tau\| < r_2 - \|t\|$ Integralkurven von X mit der gleichen Anfangsbedingung $u_1(t) = u_2(t)$. Nach Satz 1 stimmen daher u_1 und u_2 in einer Umgebung von t überein. T ist also offen in $I_1 \cap I_2$. Da M hausdorffsch ist, ist $(I_1 \cap I_2) - T$ offen in $I_1 \cap I_2$. Also ist $T = I_1 \cap I_2$, da $I_1 \cap I_2$ (das ist die kleinere Kugelumgebung) zusammenhängend ist.

Folgerung

Es gibt eine Integralkurve u_p von X mit Anfangsbedingung p, so daß jede Integralkurve von X mit Anfangsbedingung p eine Einschränkung von u_p ist. Der Definitionsbereich von u_p ist die Vereinigung der Definitionsbereiche aller Integralkurven von X mit Anfangsbedingung p. Wir nennen u_p die maximale Integralkurve von X mit Anfangsbedingung p.

Bemerkung

Anstelle von offenen Kugelumgebungen kann man im bisherigen auch offene in 0 sternförmige Umgebungen von 0 in $\mathbb{K}$ verwenden (eine Menge $A \subset \mathbb{K}$ heißt sternförmig in 0 :<==> Für alle $z \in A$ und für alle $t \in \mathbb{R}$ mit $0 \leqq t \leqq 1$ ist $t \cdot z \in A$). Man erhält dann ebenfalls maximale Integralkurven. Diese haben i.a. einen größeren Definitionsbereich als die oben definierten. Im reellen Fall erhält man dann die übliche Definition der maximalen Integralkurven. (Im reellen Fall sind sternförmige Umgebungen der 0 Intervalle, die nicht symmetrisch um 0 zu sein brauchen.)

Lemma

Sei $(M, \mathfrak{F}) \in \mathfrak{A}$, X ein analytisches Vektorfeld auf M, $p \in M$, I eine offene Kugelumgebung von 0 in $\mathbb{K}$ und $u: I \to M$ eine Integralkurve von X mit $u(0) = p$. Sei ferner $f \in \mathfrak{F}_p$ und J eine Umgebung von 0 in I, so daß $f \circ u$ in J definiert ist und sich in J in eine Taylorreihe entwickeln läßt. Dann ist für $t \in J$

$$f(u(t)) = \sum_{i=0}^{\infty} \frac{t^i}{i!} X^i(f)(p) =: (\exp tX)(f)(p)$$

Bew.: Sei D das Vektorfeld $t \longmapsto 1 \in \mathbb{K}_t \equiv \mathbb{K}$ auf $\mathbb{K}$. Sei weiter $t \in J$ und $g := f \circ u$. Dann ist $g(t) = \Sigma \frac{t^i}{i!} D^i g(0)$ ($D^i g$ ist die übliche i-te Ableitung von g). Es ist $Dg(s) = d(f \circ u)_s(1) = $ $= (df \circ du)_s(1) = df(X_{u(s)}) = X_{u(s)}(f)$. Durch Induktion folgt, daß $D(D^{n-1}g)(s) = X_{u(s)}(X^{n-1}(f)) = X^n f(u(s))$. Die Behauptung folgt.

Definition 4

Sei $M \in \mathfrak{A}$ und V ein Vektorraum über $\mathbb{K}$ in $\mathfrak{A}$. Jedem $v \in V$ sei ein analytisches Vektorfeld $X(v)$ auf M zugeordnet. Wir sagen: X hängt von dem Parameter $v \in V$ analytisch ab, wenn für jedes $p \in M$ und jede Funktion $f \in \mathfrak{F}_p$ die Funktion $\mathrm{Def}(f) \times V \longrightarrow \mathbb{K}$, $(q,v) \longmapsto X(v)_q(f)$, analytisch ist.

Satz 3

Seien M, V und eine Zuordnung $v \longmapsto X(v)$ für $v \in V$ wie in der Definition 4 gegeben, und X hänge analytisch von v ab. Dann gibt es zu jedem Punkt $p \in M$ eine offene Kugelumgebung I von 0 in $\mathbb{K}$, eine offene konvexe Umgebung V' von 0 in V und eine analytische Abbildung $u\colon I \times V' \longrightarrow M$, so daß für jedes $v \in V'$ die Abbildung $\varphi_v\colon I \to M$, $t \longmapsto u(t,v)$, eine Integralkurve von $X(v)$ mit der Anfangsbedingung p ist.

Bew.: Es handelt sich um einen lokalen Satz. Daher können wir annehmen, daß M eine offene Teilmenge eines $\mathbb{K}^n$ ist. Das Vektorfeld $X(v)$ wird dann (vgl. 1.3 Bemerkung 4) durch n auf $M \times V$ analytische Funktionen $F_i(x,v)$, $x \in M$, $v \in V$, gegeben. Die Aussage des Satzes folgt nach dieser Umdeutung aus [Dd], 10.7.5.

§ 2. DIFFERENTIALELEMENTE EINER LIESCHEN GRUPPE

2.1. Linksinvariante Vektorfelder auf einer analytischen Gruppe

Definition 1

Sei G eine analytische Gruppe, e das neutrale Element von G. Es sei $\dot{G} := G_e$ der Tangentialraum an G im Punkte e. Die Elemente von $\dot{G}$ nennen wir Differentialelemente der Gruppe G.

Lemma 1

Sei G eine analytische Gruppe, $(M, \mathfrak{f}) \in \mathfrak{A}$, und sei $\mu\colon M \times G \to M$ eine analytische Abbildung mit $\mu(p,e) = p$ für jeden Punkt $p \in M$. Für $\dot{g} \in \dot{G}$ ist $\mu^{\dot{g}}\colon M \to TM$, $p \longmapsto d\mu_{(p,e)}(0,\dot{g})$, ein analytisches Vektorfeld auf M, und dieses Vektorfeld hängt analytisch von $\dot{g}$ ab.

Bew.: Für $p \in M$ sei i^p die Abbildung $G \to M \times G$, $g \longmapsto (p,g)$. Dann ist $d\mu_{(p,e)}(0,\dot{g}) = d(\mu \circ i^p)_e(\dot{g})$. Die Behauptung folgt dann aus 1.1 Lemma 6.

Bemerkung

Hat man eine analytische Abbildung $\tilde{\mu}\colon G \times M \to M$ mit $\tilde{\mu}(e,p) = p$ für jedes $p \in M$, dann ist auch $\tilde{\mu}^{\dot{g}}\colon M \to TM$, $x \longmapsto d\tilde{\mu}_{(e,p)}(\dot{g},0)$, analytisch.

Definition 2

Sei G eine analytische Gruppe. Für $g \in G$ seien L^g, R^g die Abbildungen $G \to G$ mit $x \longmapsto gx$ bzw. $x \longmapsto xg$. Sei X ein Vektorfeld auf G.
X heißt linksinvariant (rechtsinvariant) $:\Longleftrightarrow$
Für alle $g \in G$ ist $dL^g(X_e) = X_g$ ($dR^g(X_e) = X_g$).

Satz 1

Sei G eine analytische Gruppe, $\dot{g} \in \dot{G}$, $m: G \times G \to G$ das Produkt $(x,y) \longmapsto xy$. Dann ist das Vektorfeld $L^{\dot{g}}: G \to TG$, $x \longmapsto dm_{(x,e)}(0,\dot{g})$, analytisch und linksinvariant, das Vektorfeld $R^{\dot{g}}: G \to TG$, $x \longmapsto dm_{(e,x)}(\dot{g},0)$, analytisch und rechtsinvariant.

Bew.: Nach Lemma 1 ist $L^{\dot{g}}$ analytisch. Nach 1.1 Lemma 5 (2) ist $dm_{(x,e)}(0,\dot{g}) = dL^x_e(\dot{g})$, d.h. $L^{\dot{g}}$ ist linksinvariant. Der Beweis für $R^{\dot{g}}$ verläuft entsprechend.

Bezeichnung

Wir schreiben $x\dot{g}$ für $L^{\dot{g}}_x = dL^x_e(\dot{g})$ und $\dot{g}x$ für $R^{\dot{g}}_x$.

Korollar

Die Abbildung $\dot{g} \longmapsto L^{\dot{g}}$ ist ein Vektorraumisomorphismus von $\dot{G}$ auf den Vektorraum $\mathcal{L}(G)$ der linksinvarianten Vektorfelder auf G.

Bew.: Die Abbildungen $\dot{G} \longrightarrow \mathcal{L}(G)$, $\dot{g} \longmapsto L^{\dot{g}}$, und $\mathcal{L}(G) \longrightarrow \dot{G}$, $X \longmapsto X_e$, sind invers zueinander.

Lemma 2

Sei G eine analytische Gruppe, seien X, Y linksinvariante Vektorfelder auf G, dann ist $[X,Y]$ linksinvariant.

Bew.: Aus 1.4 Lemma 2

Satz 2

Sei G eine analytische Gruppe, dann ist das Differential von $m: G \times G \to G$, $(x,y) \longmapsto xy$, in (e,e) die Addition $\dot{G} \times \dot{G} \to \dot{G}$, $(\dot{g},\dot{h}) \longmapsto \dot{g} + \dot{h}$.

Bew.: 1.1 Lemma 5 (2)

Korollar

Das Differential von $i: G \to G$, $x \longmapsto x^{-1}$, in e ist $\dot{G} \to \dot{G}$, $\dot{g} \longmapsto -\dot{g}$.

Bew.: Sei $f: G \to G \times G$, $x \longmapsto (x,x^{-1})$, und $\dot{g} \in \dot{G}$, dann ist $df(\dot{g}) = (\dot{g}, di(\dot{g}))$. Da $d(m\circ f)_e = 0$ ist, ist also $di(\dot{g}) = -\dot{g}$.

Satz 3

Das Differential von $\mu: G \times G \to G$, $(x,y) \longmapsto xy^{-1}$, in (e,e) ist die Subtraktion $\dot{G} \times \dot{G} \to \dot{G}$, $(\dot{g},\dot{h}) \longmapsto \dot{g} - \dot{h}$.

Bew.: Korollar zu Satz 2 und 1.1 Lemma 5 (2)

2.2. Die Exponentialabbildung

Ist U offen in $\mathbb{K}$, $M \in \mathfrak{A}$, $f: U \to M$ analytisch und $t \in U$, so schreiben wir wieder $\dot{f}(t)$ für $df_t(1) \in M_{f(t)}$, wo $1 \in \mathbb{K} \equiv \mathbb{K}_t$.

Satz 1

Sei G eine analytische Gruppe, $\dot{g} \in \dot{G}$. Dann existiert genau ein analytischer Homomorphismus $\varphi: \mathbb{K} \to G$ mit $\dot{\varphi}(0) = \dot{g}$, und φ ist die maximale Integralkurve von $L^{\dot{g}}$ mit Anfangsbedingung e .

Bew.: (1) Eindeutigkeit

Sei $\varphi: \mathbb{K} \to G$ ein analytischer Homomorphismus mit $\dot{\varphi}(0) = \dot{g}$.

Sei $t \in \mathbb{K}$. Dann ist $\dot{\varphi}(t) = d(L^{\varphi(t)} \cdot \varphi)_0(1) = dL^{\varphi(t)}(\dot{\varphi}(0)) = dL^{\varphi(t)}(\dot{g})$, d.h. φ ist eine Integralkurve von $L^{\dot{g}}$.
Weil $\mathrm{Def}(\varphi)$ gleich $\mathbb{K}$ ist, ist φ die eindeutig bestimmte maximale Integralkurve mit Anfangsbedingung e .

(2) Existenz

Sei I eine offene Kugelumgebung von 0 in $\mathbb{K}$, $u: I \to G$ eine Integralkurve von $L^{\dot{g}}$ mit $u(0) = e$. Sei $z \in \frac{1}{2}I$. Die Abbildungen $\frac{1}{2}I \to G$, $t \longmapsto u(z + t)$ bzw. $t \longmapsto u(z)u(t)$, sind beides Integralkurven von $L^{\dot{g}}$ mit Anfangsbedingung $u(z)$, da $L^{\dot{g}}$ linksinvariant ist. Nach 1.5 Satz 2 ist dann $u(z + t) = u(z)u(t)$. Es folgt, daß $u|\frac{1}{2}I$ ein lokaler Homomorphismus von $\mathbb{K}$ in G ist. Da $\mathbb{K}$ einfach zusammenhängend ist, gibt es also einen Homomorphismus $\varphi: \mathbb{K} \to G$ mit $\varphi|\frac{1}{2}I = u|\frac{1}{2}I$ und φ ist analytisch.

Satz 2

Sei G eine analytische Gruppe, $M \in \mathfrak{A}$, $\mu: M \times G \to M$, $(p,g) \longmapsto pg$, eine analytische Abbildung und für alle $g_1, g_2 \in G$ und alle $p \in M$ sei $pe = p$ und $p(g_1 g_2) = (pg_1)g_2$. Sei $\dot{g} \in \dot{G}$ und $\varphi: \mathbb{K} \to G$ der analytische Homomorphismus mit $\dot{\varphi}(0) = \dot{g}$. Zu $p \in M$ sei $\varphi_p: \mathbb{K} \to M$ die Abbildung $t \longmapsto p\cdot\varphi(t)$. Für alle $p \in M$ ist dann φ_p die maximale Integralkurve von $\mu^{\dot{g}}$ mit Anfangsbedingung p.

Bew.: Sei $p \in M$, $t \in \mathbb{K}$ und $g := \varphi(t)$. Definiere $f: \mathbb{K} \to M \times G$ durch $\tau \longmapsto (pg, \varphi(\tau))$. Es ist dann $\dot{f}(0) = (0,\dot{g})$ und $\mu\circ f(\tau) = = \varphi_{pg}(\tau) = \varphi_p(t+\tau)$. Also ist $\mu^{\dot{g}}(pg) = d\mu_{(pg,e)}(0,\dot{g}) = \dot{\widehat{\mu\circ f}}(0) = = \dot{\varphi}_{pg}(0) = \dot{\varphi}_p(t)$. D.h. φ_p ist Integralkurve von $\mu^{\dot{g}}$. Sie ist offenbar maximal.

Bemerkung 1

Für eine analytische Gruppe G und $\dot{g} \in \dot{G}$ sei $\varphi_{\dot{g}}: \mathbb{K} \to G$ der analytische Homomorphismus mit $d(\varphi_{\dot{g}})(1) = \dot{g}$. Wegen der Eindeutigkeit in Satz 1 ist dann $\varphi_{\lambda\dot{g}}(t) = \varphi_{\dot{g}}(\lambda t)$ für $\lambda \in \mathbb{K}$ und für einen analytischen Homomorphismus analytischer Gruppen $f: G \to H$ ist $f\circ\varphi_{\dot{g}} = \varphi_{df(\dot{g})}$.

Definition 1

Die Exponentialabbildung $\exp: \dot{G} \to G$ ist definiert als die Abbildung $\dot{g} \longmapsto \varphi_{\dot{g}}(1)$.

Bemerkung 2

Der Homomorphismus $\varphi_{\dot{g}}: \mathbb{K} \to G$ ist die Abbildung $t \longmapsto \exp(t\dot{g})$. Für $p \in G$ ist $t \longmapsto p\cdot\exp(t\dot{g})$ die Integralkurve von $L^{\dot{g}}$ mit Anfangsbedingung p.

Satz 3

Sei G eine analytische Gruppe, $\dot{g} \in \dot{G}$ und seien $\lambda_1, \lambda_2 \in \mathbb{K}$.

(1) Es ist $\exp((\lambda_1 + \lambda_2)\dot{g}) = \exp(\lambda_1\dot{g})\exp(\lambda_2\dot{g})$ und $\exp(-\dot{g}) = = (\exp(\dot{g}))^{-1}$.

(2) Ist $f: G \to H$ ein analytischer Homomorphismus analytischer Gruppen, so ist $f(\exp(\dot{g})) = \exp(df(\dot{g}))$.

(3) Wenn G abelsch ist, so ist $\exp: \dot{G} \to G$ ein Homomorphismus.

Bew.: (1) und (2) aus Bemerkung 1.
Zu (3): Man rechnet nach, daß $\psi: \mathbb{K} \to G$, $t \longmapsto \varphi_{\dot{g}}(t)\cdot\varphi_{\dot{h}}(t)$, ein analytischer Homomorphismus ist mit $\dot{\psi}(0) = \dot{g} + \dot{h}$. Nach Satz 1 ist $\psi = \varphi_{\dot{g}+\dot{h}}$.

Satz 4

Sei G eine analytische Gruppe. Dann ist $\exp: \dot{G} \to G$ analytisch und es ist $d(\exp)_0 = 1_{\dot{G}}$.

Bew.: (1) exp ist in 0 analytisch.
Nach 2.1 Lemma 1 hängt das Vektorfeld $L^{\dot{g}}$ analytisch vom Parameter $\dot{g} \in \dot{G}$ ab. Nach dem Satz 3 in 1.5 gibt es also eine Kugelumgebung I von 0 in $\mathbb{K}$, eine offene konvexe Umgebung V' von 0 in $\dot{G}$ und eine analytische Abbildung $u: I \times V' \to G$, so daß für jedes $\dot{g} \in V'$ und jedes $t \in I$ gilt $u(t,\dot{g}) = \varphi_{\dot{g}}(t)$. Wir wählen ein festes reelles $\lambda \in I$ mit $0 < \lambda < 1$. Sei $V'' := \lambda V' \subset V'$. Dann ist $V'' \to G$, $\dot{g} \longmapsto u(\lambda, \lambda^{-1}\dot{g})$, eine wohldefinierte analytische Funktion. Es ist aber $u(\lambda,\lambda^{-1}\dot{g}) = \varphi_{\lambda^{-1}\dot{g}}(\lambda) = \varphi_{\dot{g}}(1) = \exp(\dot{g})$. Also ist $\exp|V''$ analytisch.

(2) exp ist analytisch.
Sei $\dot{g}$ ein beliebiges Element von $\dot{G}$. Es gibt eine Umgebung U von $\dot{g}$ und eine ganze Zahl $n > 0$, so daß $\frac{1}{n}U \subset V''$ ist. Da $\exp(\dot{h}) = (\exp(\frac{1}{n}\dot{h}))^n$ und $\exp|V''$ analytisch ist, ist $\exp|U$ analytisch.

(3) $d(\exp)_0 = 1_{\dot{G}}$.
Sei $\sigma: \mathbb{K} \to G$ die Abbildung $t \longmapsto t\dot{g}$. Gemäß Bemerkung 2 ist dann $d(\exp)_0(\dot{g}) = d(\exp)(d\sigma_0(1)) = d\varphi_{\dot{g}}(1) = \dot{g}$.

Korollar

Es gibt eine offene Umgebung $\dot{U}$ von 0 in $\dot{G}$ und eine offene Umgebung U von e in G mit $U = \exp(\dot{U})$, so daß $\dot{U} \to U$, $\dot{g} \longmapsto \exp(\dot{g})$, ein analytischer Isomorphismus ist. Die dazu inverse Abbildung $U \to \dot{U}$, $g \longmapsto$ dasjenige $\dot{g} \in \dot{U}$ mit $\exp(\dot{g}) = g$, ist eine lokale Identifizierung von G mit $\dot{G}$ im Sinne von 1.2 Definition 1 .

Bew.: siehe 1.1 Satz (b) .

Satz 5

Eine abelsche zusammenhängende analytische Gruppe ist zu einer Gruppe $(\mathbb{R}/\mathbb{Z})^n \times \mathbb{R}^{m-n}$ mit $n,m \in \mathbb{Z}$, $m \geq n \geq 0$, isomorph.

Bew.: Nach Satz 3 (3) und dem Korollar ist $\exp: \dot{G} \to G$ eine Überlagerung (vgl. II. Kapitel, 1.2 Satz 2 (2)) . Die Behauptung folgt dann aus 4.6 Beispiel (a) des II. Kapitels.

Definition 2

Sei G eine analytische Gruppe, $\dot{U}$ eine offene Umgebung von 0 in $\dot{G}$ wie in dem Korollar, und $\{X_1,\ldots,X_n\}$ eine Basis von $\dot{G}$. Sei $U := \exp(\dot{U})$, $V := \{ (x_1,\ldots,x_n) \in \mathbb{K}^n \mid \sum_{i=1}^{n} x_i X_i \in \dot{U} \}$. Dann ist $U \to V$, $\exp(\sum_{i=1}^{n} x_i X_i) \longmapsto (x_1,\ldots,x_n)$, ein Koordinatensystem von G in e.

Wir nennen es normales Koordinatensystem erster Art und U eine normale Koordinatenumgebung von e.

Lemma

Sei G eine analytische Gruppe. Seien $\dot{G}_1,\ldots,\dot{G}_r$ Untervektorräume von $\dot{G}$, so daß $\dot{G}$ die direkte Summe $\dot{G}_1 + \ldots + \dot{G}_r$ ist. Sei $\exp(\dot{G}_1,\ldots,\dot{G}_r)$ die analytische Abbildung $\dot{G} \to G$, $\dot{g}_1 + \ldots + \dot{g}_r \longmapsto \exp(\dot{g}_1)\cdot\ldots\cdot\exp(\dot{g}_r)$. Dann ist $d(\exp(\dot{G}_1,\ldots,\dot{G}_r))_0 = 1_{\dot{G}}$.

Bew.: Satz 4, 2.1 Satz 2 und Induktion

Definition 3

Die Bezeichnungen seien wie in dem Lemma. Sei $\{X_1,\ldots,X_n\}$ eine Basis von $\dot{G}$, so daß $\{X_1,\ldots,X_{i_1}\}$ eine Basis von $\dot{G}_1$, $\{X_{i_1+1},\ldots,X_{i_2}\}$ eine Basis von $\dot{G}_2$ usw. ist. Sei $\dot{V}$ eine offene Umgebung von 0 in $\dot{G}$, V eine offene Umgebung von e in G mit $V = \exp(\dot{G}_1,\ldots,\dot{G}_r)(\dot{V})$, so daß $\dot{V} \to V$, $\dot{g} \longmapsto \exp(\dot{G}_1,\ldots,\dot{G}_r)(\dot{g})$, ein analytischer Isomorphismus ist. Sei $W = \{ (x_1,\ldots,x_n) \in \mathbb{K}^n \mid \sum_{j=1}^{n} x_j X_j \in \dot{V} \}$, dann ist $V \to W$, $\exp(\dot{G}_1,\ldots,\dot{G}_r)(\sum_{j=1}^{n} x_j X_j) \longmapsto (x_1,\ldots,x_n)$ ein Koordinatensystem von G in e. Wir nennen es Koordinatensystem zu $\exp(\dot{G}_1,\ldots,\dot{G}_r)$ und nennen V eine Koordinatenumgebung von e in G zu $\exp(\dot{G}_1,\ldots,\dot{G}_r)$. Ist $\dot{G}_1 + \ldots + \dot{G}_r = \dot{G}$ eine direkte Summe von eindimensionalen Vektorräumen, so spricht man von einem normalen Koordinatensystem zweiter Art.

Vergleich der komplexen und der reellen Exponentialabbildung:

Für $z \in \mathbb{C}$ sei $\mathrm{Re}(z)$ der Realteil von z, $\mathrm{Im}(z)$ der Imaginärteil von z. $i\colon \mathbb{C}^n \to \mathbb{R}^{2n}$ sei die Abbildung $(x_1 + iy_1,\ldots,x_n + iy_n) \longmapsto (x_1,y_1,x_2,y_2,\ldots,x_n,y_n)$. Ist E ein Raum, dann sei für eine Abbildung $f\colon E \to \mathbb{C}^n$ die Abbildung $f^{\mathbb{R}}$ definiert durch $f^{\mathbb{R}} := i \circ f$. Es ist $f^{\mathbb{R}} = (\,\mathrm{Re}(f_1)\,,\ \mathrm{Im}(f_1)\,,\ \ldots\,,\ \mathrm{Re}(f_n)\,,\ \mathrm{Im}(f_n)\,)$.

Sei M eine komplex analytische Mannigfaltigkeit, $\{x,y,\ldots\}$ ein zulässiger Atlas von M . Dann ist $\{x^{\mathbb{R}},y^{\mathbb{R}},\ldots\}$ ein reell analytisch verbundener Atlas. Der Raum M ist mit dem durch diesen Atlas definierten lokalen Funktionensystem eine reell analytische Mannigfaltigkeit, die wir mit $M^{\mathbb{R}}$ bezeichnen.

Sei $p \in M$, x eine Karte von M in p , (x,v) ein Tangentenvektor an M in p . Dann identifizieren wir M_p mit $M_p^{\mathbb{R}}$ durch $(x,v) \longmapsto (\,x^{\mathbb{R}}\,,\ i(v)\,) =: (x,v)^{\mathbb{R}}$. Ist die Abbildung $f\colon \mathbb{C}^n \to \mathbb{C}^m$ im Punkte $p \in \mathbb{C}^n$ komplex differenzierbar, so ist $f^{\mathbb{R}} \circ i^{-1}$ in $i(p)$ reell differenzierbar und es ist $d(f^{\mathbb{R}} \circ i^{-1})_{i(p)} = i \circ df_p \circ i^{-1}$. Daraus schließt man, daß die Identifizierung von $M_p^{\mathbb{R}}$ und M_p unabhängig ist von der Wahl des Koordinatensystems x . Ferner ist sie mit dem Differential verträglich, d.h.: Ist N eine weitere komplex analytische Mannigfaltigkeit, $f\colon M \to N$ komplex analytisch und f' die reell analytische Abbildung $M^{\mathbb{R}} \to N^{\mathbb{R}}$, die als Mengenabbildung gleich f ist, dann ist $(\,df(x,v)\,)^{\mathbb{R}} = df'(\,x^{\mathbb{R}}\,,\ i(v)\,)$.

Sei G eine komplex analytische Gruppe. Dann ist $G^{\mathbb{R}}$ eine reell analytische Gruppe.

Sei $\exp^{\mathbb{C}}$ die Exponentialabbildung von G , $\exp^{\mathbb{R}}$ die von $G^{\mathbb{R}}$.

<u>Behauptung:</u> $\exp^{\mathbb{C}} = \exp^{\mathbb{R}}$

<u>Beweis:</u> Sei $\varphi\colon \mathbb{C} \to G$ der analytische Homomorphismus mit $d\varphi_0(1) = (x,v)$. Dann ist $d(x \circ \varphi)(1) = v$ (vgl. die Bemerkung in 1.2) und $d(x^{\mathbb{R}} \circ \varphi \circ i^{-1})(\,i(1)\,) = d(x^{\mathbb{R}} \circ \varphi \circ i^{-1})(1,0) = i(v)$. Sei $\bar{\varphi} := \varphi|\mathbb{R}$, dann ist $d(x^{\mathbb{R}} \circ \varphi \circ i^{-1})(1,0) = d(x^{\mathbb{R}} \circ \bar{\varphi})(1) = i(v)$. Also ist $\bar{\varphi}$ der reell analytische Homomorphismus mit $d\bar{\varphi}_0(1) = (\,x^{\mathbb{R}}\,,\ i(v)\,)$.

2.3. Erste Anwendung von exp

<u>Satz</u>

Seien G , H reell analytische Gruppen und sei $f\colon G \to H$ ein stetiger Homomorphismus, dann ist f analytisch.

Bew.: (1) Sei $G = \mathbb{R}$, H beliebig.
Sei $\dot{U}$ eine offene Kugelumgebung von 0 in $\dot{H}$, so daß $\exp|2\dot{U}$ ein analytischer Isomorphismus ist.

(a) Dann hat ein Element $g \in H$ höchstens eine Quadratwurzel in $\exp(\dot{U})$. Denn seien $\dot{h}_1$, $\dot{h}_2 \in \dot{U}$, so daß $(\exp(\dot{h}_1))^2 = (\exp(\dot{h}_2))^2 = g$. Es ist $(\exp(\dot{h}_1))^2 = \exp(2\dot{h}_1)$ und $(\exp(\dot{h}_2))^2 = \exp(2\dot{h}_2)$. Da $\exp|2\dot{U}$ injektiv ist, folgt, daß $2\dot{h}_1 = 2\dot{h}_2$, also $\dot{h}_1 = \dot{h}_2$ und $\exp(\dot{h}_1) = \exp(\dot{h}_2)$ ist.

(b) Es gibt ein $\varepsilon \in \mathbb{R}$, $\varepsilon > 0$, so daß $f([-\varepsilon,\varepsilon]) \subset \exp(\dot{U})$.
Sei $f(\varepsilon) = \exp(\dot{g})$ mit $\dot{g} \in \dot{U}$. $\varphi: \mathbb{R} \to H$, $t \longmapsto \exp(t\varepsilon^{-1}\dot{g})$, ist ein analytischer Homomorphismus mit $\varphi(\varepsilon) = f(\varepsilon)$.
Sei $R := \{ t \in \mathbb{R} \mid \varphi(t) = f(t) \}$. Es ist 0 , $\varepsilon \in R$. R ist eine abgeschlossene Untergruppe von $\mathbb{R}$, daher ist $R = \mathbb{R}$ oder R ist diskret. Nehmen wir an, R sei diskret. Sei dann b die kleinste Zahl in $\{ t \in R \mid t > 0 \}$. Es ist $0 < b \leq \varepsilon$ und $\varphi([-b,b]) \subset \subset \exp(\dot{U})$. Nun ist $(\varphi(\frac{b}{2}))^2 = (f(\frac{b}{2}))^2 = f(b)$. Nach (a) ist dann $\varphi(\frac{b}{2}) = f(\frac{b}{2})$. Es folgt, daß R nicht diskret, daß also $R = \mathbb{R}$ und daß $f = \varphi$ ist.

(2) Sei G beliebig.
Sei $\dot{G}$ die direkte Summe der eindimensionalen Untervektorräume $\dot{G}_1,\dots,\dot{G}_n$. Dann ist $f\circ\exp(\dot{G}_1,\dots,\dot{G}_n)$ analytisch, denn es ist
$(f\circ\exp(\dot{G}_1,\dots,\dot{G}_n))(\dot{g}_1 + \dots + \dot{g}_n) =$
$= (f\circ(\exp|\dot{G}_1)(\dot{g}_1))\cdot \dots \cdot(f\circ(\exp|\dot{G}_n)(\dot{g}_n))$ und für $i = 1,\dots,n$ ist $f\circ(\exp|\dot{G}_i)$ nach (1) analytisch. Da es eine offene Umgebung $\dot{U}$ von 0 in $\dot{G}$ und eine offene Umgebung U von e in G gibt, so daß $\dot{U} \to U$, $\dot{g} \longmapsto \exp(\dot{G}_1,\dots,\dot{G}_n)(\dot{g})$ ein analytischer Isomorphismus ist, folgt, daß f analytisch in e und daher analytisch ist.

Korollar

Zwei reell analytische Gruppen, die als topologische Gruppen isomorph sind, sind als reell analytische Gruppen isomorph.

2.4. Zweite Anwendung von exp

Definition

Sei V ein euklidischer Vektorraum, $M \subset V$ mit $0 \in M$. Gibt es eine Folge $(x_1,x_2,\dots)$ von Punkten aus M mit $x_i \neq 0$ für alle i und

$\lim_{i \to \infty} x_i = 0$, und existiert $\lim_{i \to \infty} \frac{x_i}{\|x_i\|} =: x$, so nennen wir die von x aufgespannte Gerade eine Tangente an M .

Bemerkungen

(1) Ist T eine Gerade durch 0 in V und ist $T \subset M$, so ist T Tangente an M .

(2) Sei $(x_1, x_2, \ldots)$ eine Folge von Punkten aus V mit $x_i \neq 0$ und $\lim_{i \to \infty} x_i = 0$, dann hat $M := \{0\} \cup \{x_1, x_2, \ldots\}$ mindestens eine Tangente.

(3) Seien V_1 , V_2 euklidische reelle Vektorräume, $M \subset V_1$ mit $0 \in M$ und sei T eine Tangente an M . Sei U_1 eine offene Umgebung der 0 in V_1 , U_2 eine offene Umgebung von 0 in V_2 und $f\colon U_1 \to U_2$ ein analytischer Isomorphismus mit $f(0) = 0$. Dann ist $df_0(T)$ eine Tangente an $f(M)$.

Hilfssatz 1

Sei V ein euklidischer reeller Vektorraum, $M \subset V$, M abgeschlossen in V und $\mathbb{Z} \cdot M \subset M$. Dann enthält M alle seine Tangenten.

Bew.: Sei $(x_1, x_2, \ldots)$ eine Folge von Punkten von M mit $x_i \neq 0$ für alle i und $\lim_{i \to \infty} x_i = 0$, und es existiere $\lim_{i \to \infty} \frac{x_i}{\|x_i\|} =: x$.
Sei $T_i := \{ tx_i \mid t \in \mathbb{R} , t \geq 0 \}$, $T := \{ tx \mid t \in \mathbb{R} , t \geq 0 \}$.
Dann genügt es zu zeigen, daß $T \subset M$ ist, und dazu, da M abgeschlossen ist, daß $T \cap M$ dicht in T ist. Dafür genügt es wiederum zu beweisen, daß für alle $r \in \mathbb{Q}$, $r > 0$, und alle $n \in \mathbb{Z}$, $n > 0$, ein $y \in M \cap T$ existiert mit $r \leq \|y\| \leq r + \frac{1}{n}$.
Nehmen wir an, die Folge $(x_1, x_2, \ldots)$ sei so gewählt, daß für jedes i gilt $\|x_i\| < \frac{1}{i}$. Für jedes $r \in \mathbb{Q}$, $r > 0$, und jedes $n \in \mathbb{Z}$, $n > 0$, sei $S_{r,n} := \{ y \in V \mid r \leq \|y\| \leq r + \frac{1}{n} \}$. Für $i \geq n$ ist dann $T_i \cap S_{r,n} \cap M \neq \emptyset$, da $\mathbb{Z} \cdot x_i \subset T_i \cap M$. Sei $y_i \in T_i \cap S_{r,n} \cap M$. Dann hat $(y_n, y_{n+1}, \ldots)$ einen Häufungspunkt y in $T \cap S_{r,n}$. Da M abgeschlossen ist, gehört y zu M .

Hilfssatz 2

Sei G eine analytische Gruppe. Sei $\dot{G}$ eine direkte Summe $E_1 + \ldots + E_r$, und sei $\dot{G}$ mit einer euklidischen Metrik versehen. Sei H eine Untermenge von G . Dann ist jede Tangente an $\exp^{-1}(H)$ auch eine Tangente an $(\exp(E_1, \ldots, E_r))^{-1}(H)$ und umgekehrt.

Bew.: Seien die offenen Umgebungen $\dot{U}$, $\dot{V}$ von O in $\dot{G}$ so gewählt, daß $U := \exp(\dot{U}) = \exp(E_1,\ldots,E_r)(\dot{V})$ offen ist in G und so daß die Abbildungen $\varphi_1: \dot{U} \to U$, $x \longmapsto \exp(x)$ und $\varphi_2: \dot{V} \to U$, $x \longmapsto \exp(E_1,\ldots,E_r)(x)$ analytische Isomorphismen sind. Sei T eine Tangente an $\exp^{-1}(H)$; dann ist T auch Tangente an $\exp^{-1}(H) \cap \dot{U}$. Nach Bemerkung (2) ist $d(\varphi_2^{-1} \circ \varphi_1)_o(T) = T$ auch eine Tangente an $\dot{V} \cap (\exp(E_1,\ldots,E_r))^{-1}(H)$; d.h. T ist Tangente an $(\exp(E_1,\ldots,E_r))^{-1}(H)$.
Entsprechend zeigt man die umgekehrte Richtung.

Satz

Sei G eine reell analytische Gruppe, H eine (abstrakte) Untergruppe von G und H sei abgeschlossen in G . Dann gibt es auf der mit der induzierten Topologie versehenen Gruppe H genau ein lokales analytisches Funktionensystem, so daß H zusammen mit diesem Funktionensystem eine analytische Untergruppe von G ist.

Bew.: (1) Sei $\dot{G}$ mit einer euklidischen Metrik versehen. Sei $M = \exp^{-1}(H)$, dann ist M abgeschlossen in $\dot{G}$ und $\mathbb{Z}\cdot M \subset M$; also enthält M alle seine Tangenten.

(2) Sind $T_1, T_2 \subset M$ zwei linear unabhängige Geraden durch O , dann ist auch $T_1 + T_2 \subset M$.

Beweis: Sei $\dot{G}$ eine direkte Summe $T_1 + T_2 + S$ von Untervektorräumen und T eine Gerade durch O in $T_1 + T_2$. Dann ist
$T \subset (\exp(T_1,T_2,S))^{-1}(H)$.

Nach Hilfssatz 2 ist dann T Tangente an M und nach (1) also $T \subset M$.

(3) Aus (2) folgt: Enthält M zwei Untervektorräume E_1 , E_2 von $\dot{G}$, so enthält M auch deren Summe.

(4) Sei E ein maximaler Untervektorraum von $\dot{G}$ in M , dann gibt es eine offene Umgebung $\dot{U}$ von O in $\dot{G}$ mit $\dot{U} \cap E = \dot{U} \cap M$.

Beweis: Angenommen, es gebe keine solche Umgebung $\dot{U}$ von O in $\dot{G}$. Sei E' dann ein Untervektorraum von $\dot{G}$, so daß $\dot{G}$ eine direkte Summe $E + E'$ ist. (Für $E = \{O\}$ muß man die folgenden Argumente entsprechend interpretieren.) Dann gibt es eine Folge $(x_1 + x_1'$, $x_2 + x_2', \ldots)$ von Punkten aus M mit $x_i \in E$, $x_i' \in E'$, $x_i' \neq O$, $x_i + x_i' \neq O$ für alle i und $\lim\limits_{i\to\infty} (x_i + x_i') = O$. Dann ist $\lim\limits_{i\to\infty} x_i' = O$, es ist $x_i' \in (\exp(E,E'))^{-1}(H)$ für alle i und die Menge $\{x_1', x_2', \ldots\} \cup \{O\}$ hat eine Tangente T mit $T \subset E'$. Nach

Hilfssatz 2 ist T auch Tangente an M und $T+E$ ist nach (3) ein Untervektorraum von $\dot{G}$ in M mit $E \subsetneqq E+T$. Damit hat man einen Widerspruch zur Maximalität von E.

(5) Die offene Umgebung $\dot{U}$ von 0 in $\dot{G}$ von (4) können wir so wählen, daß $\exp(\dot{U})$ eine normale Koordinatenumgebung von e in G ist. Dann ist $H \cap \exp(\dot{U}) = \exp(\dot{U} \cap M) = \exp(\dot{U} \cap E)$ eine Untermannigfaltigkeit von G mit der induzierten Topologie. Wegen der Homogenität folgt, daß H mit der induzierten Topologie eine Untermannigfaltigkeit von G ist. Nach I. Kapitel 4.2 Satz 1 ist H also eine analytische Untergruppe von G. Nach I. Kapitel 4.2 Satz 2 ist die analytische Struktur eindeutig bestimmt. Offenbar ist $\dot{H} = E$.

Bemerkung 4

Wir wollen noch einmal das Ergebnis aus (5) des Beweises festhalten: Für das E aus (4) und das $\dot{U}$ aus (5) gilt $H \cap \exp(\dot{U}) = \exp(\dot{U} \cap M) = \exp(\dot{U} \cap E) = \exp(U \cap \dot{H})$.

2.5. Dritte Anwendung von exp

Lemma

Sei $(F, \mathfrak{F})$ ein Raum mit lokalem Funktionensystem, der Wertebereich der Funktionen von $\mathfrak{F}$ sei $\mathbb{R}$, $p: F \to F'$ sei eine Identifizierung. Für U offen in F' sei $\mathfrak{F}'_U := \{ f: U \to \mathbb{R} \mid f \circ p \in \mathfrak{F}_{p^{-1}(U)} \}$. Dann ist $\mathfrak{F}' := \cup \mathfrak{F}'_U$, die Vereinigung genommen über alle U offen in F', ein lokales Funktionensystem auf F' mit den folgenden Eigenschaften:

(1) p ist zulässig

(2) Ist $(G, \mathfrak{G})$ ein weiterer Raum mit lokalem Funktionensystem, dann gilt:
$f: (F', \mathfrak{F}') \to (G, \mathfrak{G})$ ist zulässig $\Longleftrightarrow$ $f \circ p$ ist zulässig

Definition

$\mathfrak{F}'$ heißt unter p identifiziertes lokales Funktionensystem und p eine Identifizierung von Räumen mit lokalem Funktionensystem.

Satz 1

Sei G eine analytische Gruppe, H eine abgeschlossene Untergruppe von G. Dann gibt es einen lokalen Schnitt von H in G. D.h.: Es gibt eine offene Umgebung U von eH in G/H und eine stetige Abbildung $f: U \to G$, so daß mit der Projektion $p: G \to G/H$, $x \longmapsto xH$, gilt: $p \circ f = 1_U$.

<u>Bew.:</u> Sei $\dot{G}$ eine direkte Summe $T + S$ von Unterverktorräumen, U_T eine offene Umgebung von 0 in T, U_S eine offene Umgebung von 0 in S, so daß $\exp(U_T \times U_S) \cap H = \exp(U_S)$ und so daß $W := \exp(T,S)(U_T \times U_S)$ eine Koordinatenumgebung zu $\exp(T,S)$ von e in G ist. Sei $\dot{V}$ eine offene Umgebung von 0 in U_T mit $\exp(-\dot{V})\exp(\dot{V}) \subset W$, seien $\dot{g}_1, \dot{g}_2 \in \dot{V}$ mit $p \circ \exp(\dot{g}_1) = p \circ \exp(\dot{g}_2)$. Dann ist $\exp(-\dot{g}_1)\exp(\dot{g}_2) \in \exp(U_S)$, also gibt es $\dot{h} \in U_S$ mit $\exp(\dot{g}_2) = \exp(\dot{g}_1)\exp(\dot{h})$. Nun ist $\exp(T,S)|(U_T \times U_S)$ injektiv, daher ist $\dot{h} = 0$ und $\exp(\dot{g}_1) = \exp(\dot{g}_2)$. Ist $V := \exp(\dot{V})$, $U := p(V)$, so ist also $\bar{p}: V \to U$, $x \longmapsto p(x)$, bijektiv. Ist V' eine offene Teilmenge von V, dann ist $\bar{p}(V') = p(V' \cdot \exp(U_S))$ offen in G/H, da $V' \cdot \exp(U_S)$ offen ist in G und p offen ist. Insbesondere ist also U offen in G/H und $\bar{p}$ ist ein Homöomorphismus. Setze $f: U \to G$, $u \longmapsto \bar{p}^{-1}(u)$.

<u>Bemerkungen</u>

(1) Sei G reell analytisch und G/H sei mit dem unter p identifizierten lokalen Funktionensystem versehen. Für $g \in G$ seien $L^g: G \to G$, $x \longmapsto gx$, $l^g: G/H \to G/H$, $xH \longmapsto gxH$, dann ist $p \circ L^g = l^g \circ p$ und nach dem Lemma sind die Abbildungen l^g Isomorphismen von Räumen mit lokalem Funktionensystem.

(2) Die Abbildung $\bar{p}$ im Beweis des Satzes ist ein Isomorphismus von Räumen mit lokalem Funktionensystem.

(3) Ist $(Y_1,\dots,Y_t)$ eine Basis von T, $(X_1,\dots,X_s)$ eine Basis von S und φ das auf W definierte Koordinatensystem

$$\exp\Big(\sum_{i=1}^{t} y_i Y_i\Big)\exp\Big(\sum_{j=1}^{s} x_j X_j\Big) \longmapsto (y_1,\dots,y_t,x_1,\dots,x_s)\,,$$

dann ist die auf U definierte Abbildung $\bar{\varphi}$,

$$\bar{p}\Big(\exp\Big(\sum_{i=1}^{t} y_i Y_i\Big)\Big) \longmapsto (y_1,\dots,y_t)\,,$$

eine zulässige Karte von G/H in eH. Nach (1) ist G/H also eine reell analytische Mannigfaltigkeit. Ist π die Projektion $\mathbb{R}^{t+s} \to \mathbb{R}^t$, dann ist $p \circ \varphi^{-1} = \bar{\varphi}^{-1} \circ \pi$.

(4) Die lokalen Funktionensysteme der Produktmannigfaltigkeiten $G \times G/H$ und $G/H \times G/H$ sind die unter den Abbildungen $1 \times p$ bzw. $p \times p$ identifizierten lokalen Funktionensysteme.

Beweis für $G/H \times G/H$:
Da $p \times p$ zulässig ist, gehört eine Funktion der Produktmannigfaltigkeit $G/H \times G/H$ zu dem identifizierten lokalen Funktionensystem. Ist umgekehrt f eine Funktion auf $G/H \times G/H$, so daß $f \circ (p \times p)$ analytisch ist, so genügt es nach (1) , zu zeigen, $f' := f|U \times U$ ist eine Funktion der Mannigfaltigkeit $U \times U$. Nun ist $f' \circ (p \times p) \circ (\varphi^{-1} \times \varphi^{-1}) = f' \circ (\overline{\varphi}^{-1} \times \overline{\varphi}^{-1}) \circ (\pi \times \pi)$ (vgl. (3)) eine analytische Funktion. Also ist $f' \circ (\overline{\varphi}^{-1} \times \overline{\varphi}^{-1})$ analytisch, d.h.: f' ist eine Funktion auf der Produktmannigfaltigkeit $U \times U$.

Satz 2

Sei G eine reell analytische Gruppe, H eine abgeschlossene Untergruppe. Dann gilt:

(a) G/H ist mit dem unter $p: G \to G/H$, $x \longmapsto xH$, identifizierten lokalen Funktionensystem eine analytische Mannigfaltigkeit und p ist analytisch.

(b) Die Abbildung $G \times G/H \to G/H$, $(x,yH) \longmapsto xyH$, ist analytisch.

(c) Ist H ein Normalteiler in G , dann ist G/H eine analytische Gruppe.

Bew.: (a) Bemerkungen (1) , (2) , (3) .
(b) , (c) folgen aus Bemerkung (4) und aus (2) des Lemmas.

2.6. Die Exponentialabbildung der Automorphismengruppe eines Vektorraumes

Sei V ein n-dimensionaler $\mathbb{K}$-Vektorraum in $\mathfrak{A}$, $\alpha: V \to \mathbb{K}^n$ ein Vektorraumisomorphismus. Sei $L(V,V)$ der Vektorraum der Endomorphismen von V , dann ist $\alpha_L: L(V,V) \to L(\mathbb{K}^n, \mathbb{K}^n)$, $f \longmapsto \alpha \circ f \circ \alpha^{-1}$, ein Vektorraumisomorphismus. $L(\mathbb{K}^n, \mathbb{K}^n)$ werde mit dem Vektorraum der $(n \times n)$-Matrizen $M(n, \mathbb{K})$ identifiziert. Dann ist $GL(V) :=$ $:= \alpha_L^{-1}(GL(n, \mathbb{K}))$ die Automorphismengruppe von V . Betrachten wir $L(V,V)$ als Vektorraum in $\mathfrak{A}$ und geben wir $GL(V)$ die von $L(V,V)$ induzierte analytische Struktur, so ist $GL(V)$ als offene Teilmenge von $L(V,V)$ eine analytische Gruppe und $GL(V) \to GL(n,\mathbb{K})$, $f \longmapsto \alpha_L(f)$, ein Isomorphismus analytischer Gruppen.

Im folgenden sei $G := GL(V)$, E das neutrale Element von G . Nach 1.1 Bemerkungen (5) - (8) sei der Tangentialraum an G in einem Punkt von G mit $L(V,V)$ und der Tangentialraum an V in einem Punkt von V mit V identifiziert.

Satz

(a) Sei I eine offene Umgebung von 0 in $\mathbb{K}$, $\varphi: I \longrightarrow G = GL(V)$ eine analytische Abbildung mit $\varphi(0) = E$. Dann ist

$$\dot{\varphi}(0) = \frac{d\varphi}{dt}\Big|_0 = \lim_{t\to 0} \frac{\varphi(t) - E}{t} .$$

(b) Sei m die Multiplikation $G \times G \to G$, $(f,g) \longmapsto f\circ g$, und sei $\mu: G \times V \to V$, $(f,x) \longmapsto f(x)$. Für $\dot{g}$ aus $\dot{G}$ sind dann $dm_{(f,E)}(0,\dot{g}) = f\circ\dot{g}$ (das Produkt der Endomorphismen f und $\dot{g}$) und $d\mu_{(E,x)}(\dot{g},0) = \dot{g}(x)$.

(c) Für $\dot{g} \in \dot{G}$ ist $\exp(\dot{g}) = \sum_{i=0}^{\infty} \frac{\dot{g}^i}{i!}$

(Die Exponentialreihe $\sum_{i=0}^{\infty} \frac{t^i\dot{g}^i}{i!}$ ist für alle $t \in \mathbb{K}$ absolut konvergent. Die Aussage (c) besagt, daß im vorliegenden Fall die Bezeichnung exp für die in 2.2 Definition 1 eingeführte Abbildung kohärent ist mit der üblichen Bedeutung von exp als Zeichen für die Exponentialreihe. Diese Tatsache ist auch ein Motiv für die Wahl der Bezeichnung.)

Bew.: (a) klar

(b) Seien V_1, V_2, W Vektorräume in $\mathfrak{A}$ und $\beta: V_1 \times V_2 \to W$ eine bilineare Abbildung. Für $(a,b) \in V_1 \times V_2$ ist dann $d\beta_{(a,b)}$: $V_1 \times V_2 \longrightarrow W$ die Abbildung $(x,y) \longmapsto \beta(a,y) + \beta(x,b)$ ("Produktregel"). Nun ist $dm_{(f,E)}$ die Ableitung von $L(V,V) \times L(V,V) \to L(V,V)$, $(f,g) \longmapsto f\circ g$, $d\mu_{(E,x)}$ die Ableitung von $L(V,V) \times V \to V$, $(f,x) \longmapsto f(x)$. Daraus folgt sofort die Behauptung.

(c) Sei $\dot{g} \in \dot{G}$, $f: \mathbb{K} \to G$ der analytische Homomorphismus mit $\dot{f}(0) = df_0(1) = \dot{g}$. Dann ist (nach (b) und 2.2 Satz 1) $\dot{f}(t) = L^{\dot{g}}(f(t)) = dm_{(f(t),E)}(0,\dot{g}) = f(t)\circ\dot{g}$. Für t aus einer geeigneten Umgebung von 0 sei $f(t) = \sum_{i=0}^{\infty} f_i t^i$. Dann ist $\sum_{i=0}^{\infty} i t^{i-1} f_i = \dot{f}(t) = f(t)\circ\dot{g} = \sum_{i=0}^{\infty} t^i f_i\circ\dot{g}$. Durch Koeffizientenvergleich folgt, $f_i = \frac{f_{i-1}\circ\dot{g}}{i}$, und durch Induktion $f_i = \frac{\dot{g}^i}{i!}$.

2.7. Die Differentialelemente der Gruppen $O(n,\mathbb{K})$, $Sp(2n,\mathbb{K})$ und $SL(n,\mathbb{K})$

Sei E die Einheitsmatrix. $(M(n,\mathbb{K}))_E$ werde mit $M(n,\mathbb{K})$ identifiziert (nach 1.1 Bemerkung 6). Sei $j: M(n,\mathbb{K}) \to M(n,\mathbb{K})$, $X \longmapsto X - E$, und j_T die lokale Identifizierung $X \longmapsto (j,X-E) = X - E$ von $M(n,\mathbb{K})$ mit $(M(n,\mathbb{K}))_E$ (nach 1.2 Def. 1).

(1) Sei $A \in M(n,\mathbb{K})$, $f: M(n,\mathbb{K}) \to M(n,\mathbb{K})$, $X \longmapsto X^tAX - A$. Entwickelt man f im Punkte E bezüglich der Identifizierung j_T in eine Taylorreihe, so erhält man für $\dot{M}$ aus einer geeigneten Umgebung von O in $(M(n,\mathbb{K}))_E$:

$$f\circ j_T^{-1}(\dot{M}) = (\dot{M} + E)^t A(\dot{M} + E) - A = \dot{M}^tA\dot{M} + \dot{M}^tA + A\dot{M} .$$

Also ist $df_E(\dot{M}) = \dot{M}^tA + A\dot{M}$.

(a) Für $A = E$ ist $f^{-1}(O) = O(n,\mathbb{K})$ und $(df_E)^{-1}(O) = \{ \dot{M} \mid \dot{M}$ schiefsymmetrische Matrix $\}$, also ist die Dimension von $\mathrm{Kern}(df_E)$ gleich der Dimension von $O(n,\mathbb{K})$. Sei nun $i: O(n,\mathbb{K}) \to M(n,\mathbb{K})$ die Inklusion und die Tangentialräume $(O(n,\mathbb{K}))_E$ und $di_E(O(n,\mathbb{K}))_E$ seien unter di_E identifiziert. Nach 1.1 Lemma 4 ergibt sich dann $(O(n,\mathbb{K}))_E = \{ \dot{M} \mid \dot{M} \in M(n,\mathbb{K})$, $\dot{M}$ schiefsymmetrisch $\}$.

(b) Für $A = \begin{pmatrix} O & E \\ -E & O \end{pmatrix}$ ist $f^{-1}(O) = Sp(2n,\mathbb{K})$ (s. I , 3.5 (6)) .

Ganz analog wie in (a) folgt,

$$(Sp(2n,\mathbb{K}))_E = \left\{ \dot{M} = \begin{pmatrix} \dot{M}_1 & \dot{M}_2 \\ \dot{M}_3 & \dot{M}_4 \end{pmatrix} \middle| \dot{M} \in M(2n,\mathbb{K}) , \dot{M}_2 = \dot{M}_2^t , \right.$$

$$\left. \dot{M}_3 = \dot{M}_3^t , \dot{M}_4 = -\dot{M}_1^t \right\}.$$

(2) Für $f: M(n,\mathbb{K}) \to \mathbb{K}$, $X \longmapsto \mathrm{Det}(X) - 1$, und $\dot{M}$ aus einer geeigneten Umgebung von O in $(M(n,\mathbb{K}))_E$ ist $f\circ j_T^{-1}(\dot{M}) = \mathrm{Det}(\dot{M} + E) - 1 = \mathrm{Spur}(\dot{M})$ + Terme der Ordnung ≥ 2 . Also ist $df_E(\dot{M}) = \mathrm{Spur}(\dot{M})$. Es ist $f^{-1}(O) = SL(n,\mathbb{K})$, und es folgt:

$$(SL(n,\mathbb{K}))_E = \{ \dot{M} \mid \dot{M} \in M(n,\mathbb{K}) , \mathrm{Spur}(\dot{M}) = O \} .$$

§ 3. DER KOMMUTATOR

3.1. Erste Definition

Definition

Sei G eine analytische Gruppe, $k: G \times G \to G$, $(x,y) \longmapsto xyx^{-1}y^{-1}$. Nach 2.1 Satz 2 ist $dk_{(e,e)} = 0$, daher ist der Term zweiter Ordnung in einer Taylorentwicklung von k in (e,e) nach 1.2 unabhängig von der Wahl der Identifizierungen definiert. Wir bezeichnen ihn mit $[\ ,\ ]: \dot{G} \times \dot{G} \to \dot{G}$, $(x,y) \longmapsto [x,y]$, und nennen ihn Kommutator der analytischen Gruppe G.

Bemerkungen

(1) In 3.5 werden wir mit Hilfe der Formel von Campbell-Hausdorff ausrechnen, daß $[\ ,\ ]$ der Hauptteil von k ist (d.h. entweder ist $[\ ,\ ] \not\equiv 0$ oder k ist konstant, d.h. G ist kommutativ).

(2) Sei G eine analytische lokale Gruppe. Dann besagen die Definitionen und der Satz in 3.4 des I. Kapitels: Es gibt eine Umgebung U von $e \in G$, die eine analytische Mannigfaltigkeit ist, eine Umgebung W von e in U und eine wohldefinierte analytische Abbildung $k: W \times W \to U$, $(x,y) \longmapsto xyx^{-1}y^{-1}$. Ist $\dot{G}$ der Tangentialraum an U in e, so definieren wir wie eben den Kommutator $[\ ,\ ]: \dot{G} \times \dot{G} \to \dot{G}$ auch für die lokale Gruppe G.

(3) Sei G eine analytische Gruppe, sei U eine offene Umgebung von e in G, $\dot{U}$ von 0 in $\dot{G}$ und $\varphi: U \to \dot{U}$ ein analytischer Isomorphismus mit $d\varphi_e = 1_{\dot{U}}$, d.h.: φ ist eine lokale Identifizierung von G mit $\dot{G}$ in e. Für $x, y \in \dot{U}$ mit $(\varphi^{-1}(x)\cdot\varphi^{-1}(y)) \in U$ sei $x \circ y := \varphi(\varphi^{-1}(x)\cdot\varphi^{-1}(y))$ und für $x \in \dot{U}$ mit $(\varphi^{-1}(x))^{-1} \in U$ sei $x^{-1} := \varphi((\varphi^{-1}(x))^{-1})$. Dann ist $\dot{U}$ mit den so definierten Operationen eine lokale Gruppe mit neutralem Element 0. Der Kommutator von G ist gleich dem Kommutator der lokalen Gruppe $\dot{U}$.

(4) Die Bezeichnungen seien wie in (3). Sei $\dot{V}$ eine offene Umgebung von 0 in $\dot{U}$, so daß $\dot{V}\circ\dot{V} \subset \dot{U}$ ist. Dann ist die Taylorentwicklung der Abbildung $\dot{V} \times \dot{V} \to \dot{U}$, $(x,y) \longmapsto x \circ y$, in $(0,0)$ die Taylorentwicklung des Produktes von G in (e,e) bezüglich der Identifizierung φ.

$x \circ y = T_1(x,y) + T_2(x,y) + T_3(x,y) + \ldots$ (T_i ist der Term i-ter Ordnung.)

(Hier und im folgenden unterlassen wir es meistens zu charakterisieren, in welcher Umgebung von 0 im Tangentialraum eine Abbildung definiert und in eine Taylorreihe entwickelbar ist.)

(5) Es ist $T_1(x,y) = x + y$ nach 2.1 Satz 2 . Für T_2 gilt:

Satz 1

Für $x, y \in \dot{G}$ ist $[x,y] = T_2(x,y) - T_2(y,x)$.

Bew.: Die Taylorentwicklung von k in (e,e) bezüglich der Identifizierung φ von G mit $\dot{G}$ läßt sich wie folgt schreiben:

$$x \circ y \circ x^{-1} \circ y^{-1} = [x,y] + \text{Terme der Ordnung} \geq 3 .$$

Es ist $x \circ y = (x \circ y \circ x^{-1} \circ y^{-1}) \circ (y \circ x) = x \circ y \circ x^{-1} \circ y^{-1} + y \circ x +$
$+ T_2(x \circ y \circ x^{-1} \circ y^{-1}, y \circ x) + \ldots$
$= x + y + T_2(y,x) + [x,y] + \text{Terme der Ordnung} \geq 3$.

Andererseits ist $x \circ y = x + y + T_2(x,y) + \text{Terme der Ordnung} \geq 3$.

Durch Koeffizientenvergleich folgt, es ist $[x,y] = T_2(x,y) - T_2(y,x)$.

Bemerkung 6

Der Kommutator $[\ ,\ ]$ ist der Term zweiter Ordnung der Taylorentwicklung der Abbildung $\dot{V} \times \dot{V} \to \dot{G}$, $(x,y) \longmapsto x \circ y - y \circ x$.

Satz 2

Der Kommutator $[\ ,\ ]: \dot{G} \times \dot{G} \to \dot{G}$ ist eine schiefsymmetrische Bilinearform und erfüllt die Jacobi-Identität: $[[x,y],z] + [[y,z],x] + [[z,x],y] = 0$.

Bew.: (1) $x = x \circ 0 = x + T_2(x,0) + \ldots \Rightarrow T_2(x,0) = 0$, $0 \circ x = x \Rightarrow$
$\Rightarrow T_2(0,x) = 0$. Da T_2 eine homogene quadratische Form auf $\dot{G} \times \dot{G}$ ist, folgt daraus, daß T_2 bilinear bezüglich der einzelnen Faktoren $\dot{G}$ ist. Nach Satz 1 ist dann $[\ ,\ ]$ bilinear und schiefsymmetrisch.

(2) Für die Elemente x , y einer beliebigen Gruppe G definiert man $(x,y) := xyx^{-1}y^{-1}$ und ${}^y x := yxy^{-1}$. Man rechnet die Formel von Hall nach:

$$((x,y),{}^y z)\ ((y,z),{}^z x)\ ((z,x),{}^x y) = e$$

Nun sei G eine analytische Gruppe. Der Term dritter Ordnung einer Taylorentwicklung der linken Seite dieser Gleichung ist die Abbildung $\dot{G} \times \dot{G} \times \dot{G} \to \dot{G}$, $(x,y,z) \longmapsto [[x,y],z] + [[y,z],x] + [[z,x],y]$. Da alle Terme verschwinden, ist damit die Behauptung bewiesen.

Bemerkung 7

Ist G eine lokale Gruppe, dann gibt es wegen des Satzes in 3.4 des I. Kapitels eine Umgebung U von e, so daß für $x, y, z \in U$ ebenfalls die Formel von Hall gilt. Es folgt, daß auch für den Kommutator einer analytischen lokalen Gruppe der Satz 2 gültig ist.

Beispiel: Der Kommutator der Automorphismengruppe eines Vektorraumes

Die Bezeichnungen seien wie in 2.6, es sei $(GL(V))_E = L(V,V)$ nach kanonischer Identifizierung und $j: GL(V) \to L(V,V)$ sei die Abbildung $f \longmapsto f - E$. Dann ist $(j, f-E) = f - E$ für $f \in L(V,V)$ im Sinne der Bemerkungen (5) - (8) aus 1.1, d.h. j ist eine lokale Identifizierung von $GL(V)$ mit dem Tangentialraum $(GL(V))_E$. Seien $\dot{g}, \dot{h} \in (GL(V))_E$. Dann gilt:

$$j(j^{-1}(\dot{g})\cdot j^{-1}(\dot{h})) - j(j^{-1}(\dot{h})\cdot j^{-1}(\dot{g})) =$$

$$= (\dot{g} + E)\circ(\dot{h} + E) - (\dot{h} + E)\circ(\dot{g} + E) = \dot{g}\circ\dot{h} - \dot{h}\circ\dot{g}, \text{ d.h.}$$

$$[\dot{g},\dot{h}] = \dot{g}\circ\dot{h} - \dot{h}\circ\dot{g}.$$

In diesem Fall ist also der Kommutator nach der Definition zu Anfang gleich dem üblichen Kommutator zweier Endomorphismen von V. Daher kommt auch der Name Kommutator für die in dieser Nummer eingeführte Abbildung $[\ ,\ ]$.

3.2. Zweite Definition des Kommutators

Sei $\dot{U}$ eine offene Umgebung von O in $\dot{G}$, so daß $\exp(\dot{U}) =: U$ offen in G und $(\exp|\dot{U}): \dot{U} \to U$ ein analytischer Isomorphismus ist. Die Abbildung φ von 3.1 sei jetzt $(\exp|\dot{U})^{-1}: U \to \dot{U}$. Für $x, y \in \dot{V}$ (vgl. 3.1 Bem. (4)) sei $x\circ y = x + y + T_2(x,y) + T_3(x,y) + \ldots$

Satz 1

Dann ist $[x,y] = 2T_2(x,y)$ für $x,y \in \dot{G}$.

Bew.: Für $t \in \mathbb{K}$ ist $x\circ tx = (t + 1)x$, also ist $x\circ x = x + x$ für alle $x \in \dot{V}$ und somit $T_2(x,x) = 0$, d.h. $T_2(x,y) = -T_2(y,x)$. Nach 3.1 Satz 1 folgt dann die Behauptung.

Satz 2

Es ist $T_3(x,y) = \frac{1}{12}\{[[y,x],x] + [[x,y],y]\}$.

<u>Bew.:</u> (1) Teil (1) des Beweises ist ein neuer Beweis der Jacobi-Identität.

Man hat die Identitäten:

$$x \circ tx = (1+t)x \quad \text{mit} \quad t \in \mathbb{K}$$
$$(x \circ y) \circ z = x \circ (y \circ z)$$
$$(-x) \circ x = 0$$
$$-((-y) \circ (-x)) = x \circ y$$

Weil $T_3(x,0) = T_3(0,x) = 0$ ist, gibt es Trilinearformen S und S' auf $\dot{G}$, so daß $T_3(x,y) = S(x,x,y) + S'(x,y,y)$ und wo S symmetrisch in den beiden ersten und S' symmetrisch in den beiden letzten Variablen ist.

$$-((-y) \circ (-x)) = -(-y - x + \frac{1}{2}[y,x] + S(-y,-y,-x) + S'(-y,-x,-x) + \ldots)$$
$$x \circ y = x + y + \frac{1}{2}[x,y] + S(x,x,y) + S'(x,y,y) + \ldots$$

Durch Koeffizientenvergleich folgt, $S'(x,y,y) = S(y,y,x)$. Dann

$$(x \circ y) \circ z = x \circ y + z + \frac{1}{2}[x \circ y, z] + S(x \circ y, x \circ y, z) + S(z,z,x \circ y) + \ldots$$
$$x \circ (y \circ z) = x + y \circ z + \frac{1}{2}[x, y \circ z] + S(x,x,y \circ z) + S(y \circ z, y \circ z, x) + \ldots$$

Durch Vergleich der Terme der Ordnung 3 folgt:

$$S(y,z,x) - S(x,y,z) = \frac{1}{8}([[x,y],z] + [[y,z],x])$$

Durch zyklische Vertauschung von x,y und z ergibt sich:

$$[[x,y],z] + [[y,z],x] + [[z,x],y] = 0$$

(2) Da $x \circ x = 2x$, folgt $T_3(x,x) = 0$, also $S(x,x,x) = 0$. Daher:

$$0 = S(x+y+z,x+y+z,x+y+z) + S(x,x,x) + S(y,y,y) + S(z,z,z) =$$
$$= S(x+y,x+y,x+y) + S(x+z,x+z,x+z) + S(y+z,y+z,y+z) + \Sigma\, S(x,y,z) +$$
$$+ \Sigma\, S(y,x,z) = \Sigma\, S(x,y,z) + \Sigma\, S(y,x,z) = 2\,\Sigma\, S(x,y,z).$$

Also ist $\Sigma\, S(x,y,z) = 0$. Dabei ist jeweils über die zyklischen Permutationen von x, y, z zu summieren.

Man hat die folgenden Gleichungen:

$$S(x,y,z) - S(z,x,y) = \frac{1}{8}\{[[z,x],y] + [[x,y],z]\}$$
$$S(x,y,z) - S(y,z,x) = -\frac{1}{8}\{[[y,z],x] + [[x,y],z]\}$$
$$S(x,y,z) + S(y,z,x) + S(z,x,y) = 0$$

Durch Addition dieser Gleichungen ergibt sich:

$$S(x,y,z) = \frac{1}{24}\{[[z,x],y] - [[y,z],x]\}$$

Also ist $S(x,x,y) = \frac{1}{12}[[y,x],x]$ und daher

$$T_3(x,y) = \frac{1}{12}\{[[y,x],x] + [[x,y],y]\}.$$

In 3.5 werden wir mit Hilfe der Formel von Campbell-Hausdorff ausrechnen, daß jeder Term in der Taylorentwicklung des Produktes sich auf ähnliche Weise durch den Kommutator darstellen läßt.

3.3. Dritte Definition des Kommutators

Satz

Sei M eine analytische Mannigfaltigkeit, G eine analytische Gruppe, $\mu: M \times G \to M$, $(p,g) \longmapsto pg$, eine analytische Abbildung, so daß gilt: Für alle $p \in M$ und alle $g_1, g_2 \in G$ ist $pe = p$ und $p(g_1 g_2) = (pg_1)g_2$. Dann ist für $\dot{g},\dot{h} \in \dot{G}$ $[\mu^{\dot{g}},\mu^{\dot{h}}] = \mu^{[\dot{g},\dot{h}]}$. (Zur Definition von $\mu^{\dot{g}}$ siehe 2.1 Lemma 1.)

Bew.: (1) Sei f eine lokale analytische Funktion auf M, $p \in \mathrm{Def}(f) =: U$ mit $f(p) = 0$. Sei $f^g(q) := f(qg)$ für diejenigen $g \in G$ und $q \in M$, für welche die rechte Seite definiert ist. Dann gilt $(f^{g_1})^{g_2}(q) = f^{g_1 g_2}(q)$ für alle g_1, g_2 aus einer genügend kleinen Umgebung von e und alle q aus einer genügend kleinen Umgebung von p in U.

(2) Sei t aus einer geeigneten offenen Umgebung von 0 in $\mathbb{K}$. Nach dem Lemma in 1.5 ist dann $f^{\exp t\dot{g}}(p) = (\exp t\mu^{\dot{g}})(f)(p)$,

$(f^{\exp t\dot{h}})^{\exp t\dot{g}}(p) = (\exp t\mu^{\dot{g}})(\exp t\mu^{\dot{h}})(f)(p) =$

$= \{ t\mu^{\dot{g}} + t\mu^{\dot{h}} + t^2\mu^{\dot{g}}\mu^{\dot{h}} + \frac{1}{2} t^2 [(\mu^{\dot{g}})^2 + (\mu^{\dot{h}})^2] \} (f)(p) +$ Terme der Ordnung ≥ 3.

(3) Es ist $(\exp t\dot{g})(\exp t\dot{h}) = \exp(t\dot{g} + t\dot{h} + \frac{1}{2} t^2[\dot{g},\dot{h}] +$ Terme der Ordnung ≥ 3). Also: $f^{(\exp t\dot{g})(\exp t\dot{h})}(p) = \{ t\mu^{\dot{g}} + t\mu^{\dot{h}} + \frac{1}{2} t^2 \mu^{[\dot{g},\dot{h}]} + \frac{1}{2} t^2(\mu^{\dot{g}} + \mu^{\dot{h}})^2 \} (f)(p) +$ Terme der Ordnung ≥ 3.

(4) Aus (2) und (3) folgt durch Koeffizientenvergleich, daß $\mu^{[\dot{g},\dot{h}]}(f)(p) = (\mu^{\dot{g}}\mu^{\dot{h}} - \mu^{\dot{h}}\mu^{\dot{g}})(f)(p)$. Diese Gleichung gilt für alle f und p mit $p \in \mathrm{Def}(f)$ und $f(p) = 0$. Also ist $\mu^{[\dot{g},\dot{h}]} = [\mu^{\dot{g}},\mu^{\dot{h}}]$.

Korollar

Sei G eine analytische Gruppe, dann ist für $\dot{g}, \dot{h} \in \dot{G}$ $[\dot{g},\dot{h}] = [L^{\dot{g}},L^{\dot{h}}]_e$ bzw. $[L^{\dot{g}},L^{\dot{h}}] = L^{[\dot{g},\dot{h}]}$.

Bemerkungen

(1) Seien $s , t \in \mathbb{K}$, $s , t \neq 0$. Dann gilt:

$$[\dot{g},\dot{h}] = \lim_{s,t\to 0} \frac{(t\dot{g})\circ(s\dot{h})\circ(-t\dot{g})\circ(-s\dot{h})}{st}$$

Beweis: Wegen $T_n(x,0) = T_n(0,x) = 0$ für $n \geq 2$ ist für $n > 2$ $\lim_{s,t\to 0} \frac{T_n(t\dot{g},s\dot{h})}{st} = 0$. Also ist $(\exp t\dot{g})(\exp s\dot{h}) =$
$= \exp\{ t\dot{g} + s\dot{h} + \frac{ts}{2}[\dot{g},\dot{h}] + \varphi(s,t) \}$ mit $\lim_{s,t\to 0} \frac{\varphi(s,t)}{st} = 0$.
Aus dieser Formel ergibt sich die Behauptung.

(2) Sei G eine komplex analytische Gruppe, $G^{\mathbb{R}}$ die nach 2.2 definierte reell analytische Gruppe, sei $[\ ,\ ]^{\mathbb{C}}$ der Kommutator von G , $[\ ,\ ]^{\mathbb{R}}$ der von $G^{\mathbb{R}}$. Seien $\dot{g}$, $\dot{h} \in \dot{G}$, dann ist $([\dot{g},\dot{h}]^{\mathbb{C}})^{\mathbb{R}} = [\dot{g}^{\mathbb{R}}, \dot{h}^{\mathbb{R}}]^{\mathbb{R}}$. Das folgt aus dem letzten Abschnitt in 2.2 und (1) .

3.4. Die Campbell-Hausdorff - Formel

Diese Nummer ist ein Exkurs in die Algebra. Die Ausführungen sind im wesentlichen dem Kapitel V in [Jac] entnommen.
Sei K ein Körper der Charakteristik 0 . Mit "Algebra" ist stets "assoziative K - Algebra mit Einselement" gemeint.

3.4.1. Liesche Elemente

Definition 1

Sei A eine Algebra. Die Abbildung $[\ ,\ ]: A \times A \to A$, definiert durch $[a,b] := ab - ba$ für alle $a , b \in A$, heißt der Kommutator in A .

Lemma 1

Der Kommutator in A hat folgende Eigenschaften:

(L1) $[\ ,\ ]$ ist bilinear

(L2) Es ist $[a,a] = 0$ für alle $a \in A$

(L3) Für alle $a , b , c \in A$ gilt:
$[[a,b],c] + [[b,c],a] + [[c,a],b] = 0$

Aus (L2) folgt: Für alle $a , b \in A$ ist $[a,b] = -[b,a]$. (L3) heißt die "Jacobi-Identität". (Vgl. Lemma 2 in 1.4 und Satz 2 in 3.1 .)

Bew.: Nachrechnen

Es sei nun $F := K[x_1,...,x_n]$ die Algebra der Polynome in den algebraisch unabhängigen Unbestimmten $x_1,...,x_n$. Es stehe X für die Menge $\{x_1,...,x_n\}$ der Unbestimmten. Wir denken uns X in natürlicher Weise eingebettet in F. F ist <u>freie Algebra über X</u>, d.h. F besitzt folgende universelle Eigenschaft:

(F) Ist A eine Algebra über K, g eine Abbildung von X in A, so gibt es genau einen Algebrenhomomorphismus $f: F \to A$ mit $f|X = g$.

<u>Definition 2</u>

Der Raum LF der Lieschen Elemente in F ist definiert als der kleinste Untervektorraum von F, der $x_1,...,x_n$ enthält und stabil ist bezüglich dem Kommutator in F. Ein Element $a \in LF$ heißt <u>Liesches Element</u> aus F.

Einen Ausdruck der Form $[...[x_{i_1},x_{i_2}],x_{i_3}]...,x_{i_m}]$, $m \geq 1$, mit $x_{i_j} \in X$ nennen wir <u>Kommutatormonom</u> der Ordnung m. (Man beachte die Klammerungsvorschrift.) Ein Kommutatormonom ist ein Liesches Element.

<u>Lemma 2</u>

Jedes Element aus LF ist Linearkombination von Kommutatormonomen.

<u>Bew.:</u> Der Untervektorraum M aller Linearkombinationen von Kommutatormonomen ist stabil bezüglich $[\ ,\ ]$. Sei nämlich b ein Kommutatormonom. Dann zeigt man durch Induktion über die Ordnung von b mit Hilfe der Jacobi-Identität, daß für alle Kommutatormonome a der Kommutator $[a,b]$ in M liegt. (Man muß die noch "falsche" Klammerung in $[a,b]$ sukzessive "verbessern", bis man $[a,b]$ als Summe von Kommutatormonomen dargestellt hat.)

Sei nun F' das Ideal aller Polynome aus F ohne konstantes Glied. Wir definieren eine lineare Abbildung $\sigma: F' \to LF$ der Vektorräume, indem wir für alle Monome $x_{i_1}x_{i_2}...x_{i_m}$ aus F' setzen:

$\sigma(x_{i_1}x_{i_2}...x_{i_m}) := [[...[x_{i_1},x_{i_2}],...],x_{i_m}]$ (dabei ist $\sigma(x_i) = x_i$).

Nach Lemma 2 ist σ surjektiv.

<u>Lemma 3</u>

(a) Für $c \in F'$ und $d \in LF$ ist $\sigma(cd) = [\sigma(c),d]$

(b) Für alle a, $b \in LF$ ist $\sigma([a,b]) = [\sigma(a),b] + [a,\sigma(b)]$ (d.h. $\sigma|LF$ ist eine Derivation von $(LF,[\ ,\ ])$ im Sinne der Definition in 5.2.1).

<u>Bew.:</u> (a) Der Untervektorraum $D = \{d \in F' \mid \sigma(cd) = [\sigma(c),d]$ für alle $c \in F'\}$ enthält offenbar X. Er ist zudem stabil bezüglich $[\ ,\ ]$. Seien nämlich $d, e \in D$. Dann gilt für alle $c \in F'$: $\sigma(c[d,e]) =$ $= \sigma(cde - ced) = [\sigma(cd),e] - [\sigma(ce),d] = [[\sigma(c),d],e] - [[\sigma(c),e],d] =$ $= [\sigma(c),[d,e]]$. Die letzte Gleichung folgt aus der Jacobi-Identität.

(b) $\sigma([a,b]) = \sigma(ab - ba) = [\sigma(a),b] - [\sigma(b),a] = [\sigma(a),b] + [a,\sigma(b)]$

<u>Satz 1</u> (Specht - Wever)

Sei $a \in LF$, a homogen vom Grade m. Dann ist $\sigma(a) = ma$.

<u>Bew.:</u> Induktion über den Grad m von a. Nach Lemma 2 genügt es, die Behauptung für Kommutatormonome zu zeigen. Wir geben den Induktionsschritt an: Sei $m > 1$, dann ist:

$$\begin{aligned}\sigma([[\ldots[x_{i_1},x_{i_2}],\ldots],x_{i_m}]) &= [\sigma([[\ldots[x_{i_1},x_{i_2}],\ldots],x_{i_{m-1}}]),x_{i_m}] + \\ &+ [[[\ldots[x_{i_1},x_{i_2}],\ldots],x_{i_{m-1}}],x_{i_m}] \\ &\qquad \text{nach Lemma 3 (b)} \\ &= (m-1)[[[\ldots[x_{i_1},x_{i_2}],\ldots],x_{i_{m-1}}],x_{i_m}] + \\ &+ [[\ldots[x_{i_1},x_{i_2}],\ldots],x_{i_m}] \\ &\qquad \text{nach Induktionsannahme} \\ &= m[[\ldots[x_{i_1},x_{i_2}],\ldots],x_{i_m}]\end{aligned}$$

Sei A eine Algebra. Es sei $A \otimes A$ das Tensorprodukt von A mit sich selbst relativ zu K. In $A \otimes A$ ist ein Produkt definiert durch $(\sum_i (a_i \otimes b_i))\cdot(\sum_j (c_j \otimes d_j)) := \sum_{i,j} (a_ic_j \otimes b_id_j)$ für beliebige Elemente $\sum_i (a_i \otimes b_i)$ und $\sum_j (c_j \otimes d_j)$ aus $A \otimes A$. Mit diesem Produkt ist $A \otimes A$ eine Algebra. Im folgenden interessieren wir uns vor allem für die Algebra $F \otimes F$.

Sei $d\colon X \to F \otimes F$ die Abbildung $x_i \longmapsto x_i \otimes 1 + 1 \otimes x_i$. Da F eine freie Algebra über X ist, läßt sich d erweitern zu einem Algebrenhomomorphismus $\delta\colon F \to F \otimes F$.

<u>Satz 2</u> (Friedrichs - Kriterium)

$a \in LF \iff \delta(a) = a \otimes 1 + 1 \otimes a$

<u>Bew.:</u> [Jac], Ch. V, 4 Theorem 9

3.4.2. Die Formel von Campbell-Hausdorff

Definition 1

Sei A eine Algebra. A heißt ($\mathbb{N}$-)graduiert, wenn es Untermoduln A^i, $i = 0,1,2,\ldots$, von A gibt, so daß gilt:

(1) $A = \bigoplus_{i=0}^{\infty} A^i$ (direkte Summe)

(2) $A^i \cdot A^j \subset A^{i+j}$ für $i, j = 0,1,2,\ldots$

Die Elemente von A^i heißen homogen vom Grade i.

Beispiele

(1) Es sei F wie in 3.4.1 und F^i sei der Untermodul der homogenen Polynome vom Grade i.

(2) Es sei $(A \otimes A)^i := A^i \otimes A^0 + A^{i-1} \otimes A^1 + \ldots + A^1 \otimes A^{i-1} + A^0 \otimes A^i$. Dann ist $A \otimes A$ graduiert mit $(A \otimes A)^i$ als Unterraum der homogenen Elemente vom Grade i.

Sei A eine graduierte Algebra und A^i, $i = 0,1,2,\ldots$, seien die Untermoduln der homogenen Elemente vom Grade i. Wir betrachten das direkte Produkt $\bar{A}$ der A^i. Die Elemente von $\bar{A}$ sind die Ausdrücke (formale unendliche Summen): $\sum_{i=0}^{\infty} a_i$ mit $a_i \in A^i$. Es ist $\sum_0^{\infty} a_i = \sum_0^{\infty} b_i$ genau dann, wenn $a_i = b_i$ für alle i. Addition und skalare Multiplikation seien in $\bar{A}$ komponentenweise definiert. Wir definieren eine Multiplikation in $\bar{A}$ durch

$$(\sum_0^{\infty} a_i)(\sum_0^{\infty} b_i) = \sum_0^{\infty} c_i \quad \text{mit} \quad c_i := a_0 b_i + a_1 b_{i-1} + \ldots + a_{i-1} b_1 + a_i b_0 .$$

Dann ist $\bar{A}$ mit den angeführten Verknüpfungen eine Algebra. Der Unterraum $\bar{A}^{(i)} = \{ a_i + a_{i+1} + \ldots \mid a_{i+j} \in A^{i+j} \text{ für } j = 1,2,\ldots \}$ ist Ideal in $\bar{A}$ für $i = 0,1,2,\ldots$. Wir denken uns A in $\bar{A}$ in natürlicher Weise eingebettet.

Definition 2

Eine Folge $(x_{(n)} \mid n = 1,2,\ldots)$ von Elementen $x_{(n)} \in \bar{A}$ konvergiert gegen $x \in \bar{A}$:$\iff$ zu jedem i existiert ein n_0, so daß $x_{(n)} - x \in \bar{A}^{(i)}$ für alle $n > n_0$.

Man zeigt leicht, daß die Folge $(x_{(n)} \mid n = 1,2,\ldots)$ genau dann konvergiert, wenn für alle $i = 0,1,2,\ldots$ ein n_0 existiert, so daß für alle $n, m > n_0$ gilt $x_{(n)} - x_{(m)} \in \bar{A}^{(i)}$. D.h. die Begriffe "konvergente Folge" und "Cauchyfolge" fallen hier zusammen.

Für die Konvergenz von Reihen gilt ein einfaches Kriterium: Eine Reihe $x_{(1)} + x_{(2)} + \dots$ mit Summanden $x_{(n)} \in \bar{A}$ konvergiert genau dann, wenn die Folge der $x_{(n)}$ gegen 0 konvergiert für $n \to \infty$. Insbesondere sind Potenzreihen $a_0 + a_1 z + a_2 z^2 + \dots$, $z \in \bar{A}$, dann konvergent, wenn $z \in \bar{A}^{(1)}$ ist.

Z.B. sind für $z \in \bar{A}^{(1)}$ die Reihen

$$\exp(z) := 1 + z + \frac{z^2}{2} + \frac{z^3}{3!} + \dots + \frac{z^n}{n!} + \dots \quad \text{und}$$

$$\log(1+z) := z - \frac{z^2}{2} + \frac{z^3}{3} - + \dots + (-1)^{n-1} \frac{z^n}{n} + \dots$$

konvergent.

Lemma 1

(a) Es ist $\exp(\log(1 + z)) = 1 + z$ und $\log(\exp(z)) = z$.

(b) Seien z_1 und $z_2 \in \bar{A}^{(1)}$ und sei $z_1 z_2 = z_2 z_1$. Dann gilt:

$$\exp(z_1)\cdot\exp(z_2) = \exp(z_1 + z_2)$$
$$\log((1 + z_1)\cdot(1 + z_2)) = \log(1 + z_1) + \log(1 + z_2)$$

Bew.: Übung

Wir spezialisieren uns nun und nehmen für A die Algebren F und $F \otimes F$ von 3.4.1. $\bar{F}$ heißt Algebra der formalen Potenzreihen in den x_i. Ist $a_i \in F^i$, so sind $1 \otimes a_i$ und $a_i \otimes 1$ in $(F \otimes F)^i$. Für $a = \sum_0^\infty a_i \in \bar{F}$ sind also $\sum_0^\infty (1 \otimes a_i) =: 1 \otimes a$ und $\sum_0^\infty (a_i \otimes 1) =: a \otimes 1$ wohlbestimmte Elemente aus $\overline{F \otimes F}$.

Lemma 2

(a) Die Abbildungen $j_1, j_2 \colon \bar{F} \to \overline{F \otimes F}$, definiert durch $j_1(a) := 1 \otimes a$ und $j_2(a) := a \otimes 1$ für alle $a \in \bar{F}$ sind Algebrenhomomorphismen.

(b) Für $a, b \in \bar{F}$ kommutieren $a \otimes 1$ und $1 \otimes b$ in $\overline{F \otimes F}$.

(c) Für $a \in \bar{F}^{(1)}$ gilt:

$\exp(a \otimes 1) = \exp(a) \otimes 1$ und $\exp(1 \otimes a) = 1 \otimes \exp(a)$

$\log((1 + a) \otimes 1) = \log(1 + a) \otimes 1$ und $\log(1 \otimes (1 + a)) = 1 \otimes \log(1 + a)$

Bew.: klar

Wir wollen nun den in 3.4.1 eingeführten Homomorphismus $\delta: F \to F \otimes F$, definiert durch $\delta(x_i) = x_i \otimes 1 + 1 \otimes x_i$ für $x_i \in X$, auf $\bar{F}$ erweitern. Dazu bemerken wir zunächst, daß δ die Graduierungen respektiert, d.h. ist $a_i \in F^i$, so ist $\delta(a^i) \in (F \otimes F)^i$. Daher können wir die Abbildung $\delta: \bar{F} \to \overline{F \otimes F}$ wie folgt definieren (wir behalten den Namen δ auch für die Erweiterung bei):

Ist $a = \sum_0^\infty a_i \in \bar{F}$, $a_i \in F^i$, dann sei $\delta(a) := \sum_0^\infty \delta(a_i)$.

Man beweist leicht:

Lemma 3

(a) $\delta: \bar{F} \to \overline{F \otimes F}$ ist ein Algebrenhomomorphismus.

(b) Seien $z_{(n)} \in \bar{F}$, $n = 0,1,2,\ldots$ und die Reihe $z_{(0)} + z_{(1)} + z_{(2)} + \ldots$ konvergiere gegen z. Dann ist auch die Reihe $\delta(z_0) + \delta(z_{(1)}) + \delta(z_{(2)}) + \ldots$ konvergent in $\overline{F \otimes F}$ und es ist $\delta(z) = \delta(z_{(0)}) + \delta(z_1) + \delta(z_{(2)}) + \ldots$

Bew.: (a) klar; (b) gilt, weil $\delta(F^{(i)}) \subset (F \otimes F)^{(i)}$.

Auch der Begriff des Lieschen Elementes läßt sich erweitern:

Definition 3

$$\overline{LF} := \{ \sum_{i=1}^\infty b_i \mid b_i \text{ Liesches Element aus } F^i \} \subset \bar{F} .$$

Erweitern wir den Kommutator in F auf $\bar{F}$ durch $[a,b] := ab - ba$ für $a, b \in \bar{F}$, so ist $\overline{LF}$ ein bezüglich $[\ ,\ ]$ stabiler Untervektorraum von $\bar{F}$.

Satz 1 (Erweiterung des Friedrichs - Kriteriums)

Sei $a = \sum_0^\infty a_i \in \bar{F}$, $a_i \in F^i$. Dann gilt:

$$a \in \overline{LF} \iff \delta(a) = a \otimes 1 + 1 \otimes a$$

Bew.: $a = \sum_0^\infty a_i \in \overline{LF} \iff a_i$ ist Liesches Element für jedes i

$$\iff \delta(a_i) = a_i \otimes 1 + 1 \otimes a_i \text{ für jedes } i$$

$$\iff \delta(a) = \sum_0^\infty \delta(a_i) = \sum_0^\infty (a_i \otimes 1 + 1 \otimes a_i) =$$

$$= \sum_0^\infty (a_i \otimes 1) + \sum_0^\infty (1 \otimes a_i) = a \otimes 1 + 1 \otimes a$$

Wir nehmen von jetzt ab an, $X = \{x,y\}$, $F = K[x,y]$. Dann sind $\exp(x)$, $\exp(y)$, $\exp(x)\cdot\exp(y)$ und $\log(\exp(x)\cdot\exp(y))$ wohldefinierte Elemente aus $\bar{F}$.

Satz 2

$$\log(\exp(x)\cdot\exp(y)) \in \overline{LF}$$

Bew.: $\delta(\exp(x)\cdot\exp(y)) = \delta(\exp(x))\cdot\delta(\exp(y))$ nach Lemma 3 (a)

$= \exp(\delta(x))\cdot\exp(\delta(y))$ nach Def. von δ

$= \exp(x \otimes 1 + 1 \otimes x)\cdot\exp(y \otimes 1 + 1 \otimes y)$

$= \exp(x \otimes 1)\cdot\exp(1 \otimes x)\cdot\exp(y \otimes 1)\cdot\exp(1 \otimes y)$ nach Lemma 1 (b)

$= \exp(x \otimes 1)\cdot\exp(y \otimes 1)\cdot\exp(1 \otimes x)\cdot\exp(1 \otimes y)$ nach Lemma 2 (b)

$= (\exp(x) \otimes 1)\cdot(\exp(y) \otimes 1)\cdot(1 \otimes \exp(x))\cdot(1 \otimes \exp(y))$

nach Lemma 2 (c)

$= (\exp(x)\cdot\exp(y) \otimes 1)\cdot(1 \otimes \exp(x)\cdot\exp(y))$

Setzen wir $\exp(x)\cdot\exp(y) =: 1 + w$, so haben wir also gezeigt:

$$\delta(1 + w) = ((1 + w) \otimes 1)\cdot(1 \otimes (1 + w)) .$$

Daher gilt:

$$\delta(\log(1 + w)) = \log(\delta(1 + w)) = \log(\,((1 + w) \otimes 1)\cdot(1 \otimes (1 + w))\,) =$$
$$= \log((1 + w) \otimes 1) + \log(1 \otimes (1 + w)) =$$
$$= \log(1 + w) \otimes 1 + 1 \otimes \log(1 + w)$$

Nach Satz 1 ist also $\log(1 + w) = \log(\exp(x)\cdot\exp(y))$ aus $\overline{LF}$.

Es ist nun bereits gezeigt, daß der Ausdruck $\log(\exp(x)\cdot\exp(y))$ ganz durch den Kommutator in F bestimmt ist, und zwar in folgendem Sinne: Der homogene Bestandteil vom Grade k von $\log(\exp(x)\cdot\exp(y))$ ist als Liesches Element aus F^k Linearkombination von Kommutatormonomen der Ordnung k . Mit Hilfe des Satzes von Specht - Wever aus 3.4.1 können wir eine explizite Darstellung von $\log(\exp(x)\cdot\exp(y))$ durch Kommutatormonome geben:

Es ist $w := \exp(x)\cdot\exp(y) - 1 = \sum \frac{x^p y^q}{p!q!}$. Die Summation erstreckt sich dabei über p , $q \in \mathbb{N}$, $p + q > 0$. Also ist

$$w^m = \sum \frac{x^{p_1} y^{q_1} x^{p_2} y^{q_2} \ldots x^{p_m} y^{q_m}}{p_1!q_1!p_2!q_2!\ldots p_m!q_m!}$$

. Man summiere dabei über p_i , $q_i \in \mathbb{N}$, $i = 1,2,\ldots , m$, $p_i + q_i > 0$. Dann gilt:

$$\log(1 + w) = \sum_{m=1}^{\infty} \frac{(-1)^{m-1}}{m} w^m =$$

$$= \sum_{m=1}^{\infty} \sum \frac{(-1)^{m-1}}{m} \frac{x^{p_1} y^{q_1} x^{p_2} y^{q_2} \ldots x^{p_m} y^{q_m}}{p_1!q_1!p_2!q_2!\ldots p_m!q_m!}$$

Die zweite Summation erstreckt sich über p_i , $q_i \in \mathbb{N}$, $i = 1,2,\ldots,m$, $p_i + q_i > 0$.

Den homogenen Bestandteil $(\log(1 + w))_n$ vom Grade $n \geqq 1$ von $\log(1 + w)$ bilden diejenigen Summenglieder, bei denen $\sum_{i=1}^{m} (p_i + q_i) = n$ ist. Das sind für jedes n nur endlich viele. Nach dem Satz 1 in 3.4.1 gilt:

$$(\log(1 + w))_n = \frac{1}{n}\,\sigma((\log(1 + w))_n)$$

Dabei ist σ die vor dem Lemma 3 in 3.4.1 eingeführte Abbildung von F' in LF . Als Ergebnis haben wir den folgenden Satz.

Satz 3

$$\log(\exp(x)\cdot\exp(y)) = \sum_{m=1}^{\infty} \frac{(-1)^{m-1}}{m} \sum \frac{1}{\sum_{1}^{m}(p_i+q_i)} \, \frac{\sigma(x^{p_1}y^{q_1}x^{p_2}y^{q_2}\ldots x^{p_m}y^{q_m})}{p_1!q_1!p_2!q_2!\ldots p_m!q_m!}$$

Dabei erstreckt sich die zweite Summation über p_i , $q_i \in \mathbb{N}$, $i = 1,2,\ldots,m$, $p_i + q_i > 0$, und dabei ist

$$\sigma(\ldots) = [\overbrace{\ldots[x,x],\ldots],x]}^{p_1\text{-mal}},\overbrace{y],\ldots],y]}^{q_1\text{-mal}},x],\ldots],y],\overbrace{x],\ldots],x]}^{p_m\text{-mal}},\overbrace{y],\ldots],y]}^{q_m\text{-mal}} .$$

Das ist die Formel von Campbell-Hausdorff. Die ersten Glieder der Reihe sehen folgendermaßen aus:

$$\log(\exp(x)\cdot\exp(y)) = x + y + \frac{1}{2}[x,y] + \frac{1}{12}[[x,y],y] + \frac{1}{12}[[y,x],x] + \ldots$$

Wir schreiben im folgenden für diese Reihe (d.h. für dieses Element in $\overline{K[x,y]}$)

$$\log(\exp(x)\cdot(\exp(y)) = \sum_{n=1}^{\infty} h_n(x,y) .$$

Dabei ist $h_n(x,y) \in F^n \cap LF$ $(F = K[x,y])$. Die Summe der homogenen Summanden vom Grade n in der Reihe auf der rechten Seite der Campbell-Hausdorff - Formel ist eine explizite Darstellung von $h_n(x,y)$. Wir nennen $\Sigma\, h_n(x,y)$ die Campbell-Hausdorff - Reihe.

Bemerkung

Sei A ein Vektorraum über K und $[\ ,\ ]_A : A \times A \to A$, der Kommutator in A genannt, sei eine Abbildung, welche die Eigenschaften (L1) , (L2) und (L3) aus dem Lemma 1 in 3.4.1 besitzt (d.h. A mit $[\ ,\ ]$ ist eine Liealgebra, siehe 4.1). Wir wollen Elemente von A in die Campbell-Hausdorff - Reihe einsetzen.

Es seien X, F, LF wie in 3.4.1. Dann hat LF folgende universelle Eigenschaft: Zu jeder Abbildung $g: X \to A$ gibt es genau eine lineare Abbildung $f: LF \to A$, welche g erweitert, d.h. für welche $f|X = g$ ist, und welche den Kommutator respektiert, d.h. für welche $f([y,z]) = [f(y),f(z)]_A$ ist für alle $y, z \in LF$.

Diese Eigenschaft von LF ist z.B. am Anfang des § 4 in Ch. V von [Jac] gezeigt.

Sei nun $X = \{x,y\}$ und $F = K[x,y]$. Seien $a, b \in A$ und sei $g_{a,b}$: $X \longrightarrow A$ die Abbildung $x \longmapsto a$, $y \longmapsto b$. Es sei $f_{a,b}$ die eindeutige lineare Erweiterung auf LF, welche den Kommutator respektiert. Wir setzen dann

$$h_n(a,b) := f_{a,b}\,(h_n(x,y)) \quad \text{für} \quad n = 1,2,\ldots .$$

Hat man in A einen Konvergenzbegriff, so kann man die Reihe $\sum_1^\infty h_n(a,b)$ betrachten und das Konvergenzverhalten untersuchen.

Da wir die universelle Eigenschaft von LF nicht bewiesen haben, wollen wir bemerken, wie man im folgenden auch ohne ihre Benutzung auskommt. Für jedes $n = 1,2,\ldots$ sei eine Darstellung von $h_n(x,y)$ als Linearkombination von Kommutatormonomen fest gewählt, etwa die Darstellung als Summe derjenigen Summanden in der expliziten Campbell-Hausdorff-Reihe des Satzes 3, welche homogen vom Grade n sind. Dann sei $h_n(a,b)$ dasjenige Element aus A, das man erhält, wenn man in den Kommutatormonomen dieser festen Darstellung x durch a, y durch b und den Kommutator in LF durch den Kommutator in A ersetzt. Diese Definition von $h_n(a,b)$ stimmt mit der obigen überein und genügt für die Überlegungen in 3.5. Die universelle Eigenschaft sagt insbesondere, daß das Element $h_n(a,b) \in A$ unabhängig ist von der speziellen Darstellung von $h_n(x,y)$ als Linearkombination von Kommutatormonomen.

Am Ende dieses Exkurses in die Algebra sei noch auf folgendes hingewiesen. In den Zusammenhang von 3.4 hätte eine Diskussion des Begriffes der <u>universellen einhüllenden Algebra</u> einer Liealgebra gepaßt. Das Friedrich-Kriterium (Satz 2 in 3.4.1) und die universelle Eigenschaft von LF lassen sich mit diesem Begriff verhältnismäßig einfach beweisen. Wir haben jedoch auf eine Diskussion des Begriffes verzichtet, um den Stoff des Manuskripts einzuschränken. Auf die Wichtigkeit des Begriffes sei jedoch eigens hingewiesen.

3.5. Der Zusammenhang zwischen der Campbell-Hausdorff - Formel und dem Produkt in einer analytischen Gruppe

Es sei $\mathbb{K} \in \{\mathbb{R}, \mathbb{C}\}$ und $\mathbb{K}[x,y]$ sei die Polynomalgebra über $\mathbb{K}$ in den algebraisch unabhängigen Unbestimmten x und y. Sei $(A, [\ ,\ ])$ eine $\mathbb{K}$ - Algebra mit einem Produkt $[\ ,\ ]$, das bilinear und alternierend ist und das der Jacobi-Identität genügt. Gemäß der Bemerkung in 3.4.2 kann man beliebige Elemente $a, b \in A$ an die Stelle der Unbestimmten x und y in die homogenen Terme $h_n(x,y)$ der Campbell-Hausdorff - Reihe

$$\log(\exp(x)\cdot\exp(y)) = \sum_1^\infty h_n(x,y)$$

einsetzen. Man erhält die Reihe $\Sigma\, h_n(a,b)$ von Elementen aus A. Wir wollen das Konvergenzverhalten untersuchen.

Von nun an sei A endlich dimensional vorausgesetzt. Sei $\|\cdot\|: A \to \mathbb{R}$ eine Norm auf A. Weil der bilineare Kommutator $[\ ,\ ]$ stetig ist bezüglich der Vektorraum-Topologien auf $A \times A$ und A, gibt es ein $c > 0$, so daß $\|[a,b]\| \leq c\cdot\|a\|\cdot\|b\|$ für alle $a, b \in A$. Für die modifizierte Norm " $|\cdot|$ " auf A definiert durch $|a| := \frac{1}{c}\cdot\|a\|$ gilt dann $|[a,b]| \leq |a|\cdot|b|$ für alle $a, b \in A$. Von jetzt an sei A mit dieser neuen Norm " $|\cdot|$ " versehen.

Lemma 1

Sei $U = \{a \mid a \in A$ und $|a| < \frac{1}{2}\ln 2\}$. Dann ist für alle $a, b \in U$ die Reihe $\sum_1^\infty h_n(a,b)$ absolut konvergent. Ihre Summe $\sum_1^\infty h_n(a,b) =: a\circ b$ definiert eine analytische Abbildung " $\circ$ ": $U \times U \to A$.

Bew.: Da $|[a,b]| \leq |a|\cdot|b|$ ist, folgt durch Induktion:

$$|[\ldots[\underbrace{[\ldots[a,a]\ldots],a]}_{p_1\text{-mal}},\underbrace{b],\ldots],b]}_{q_1\text{-mal}},a],\ldots],b],\underbrace{a],\ldots],a]}_{p_m\text{-mal}},\underbrace{b],\ldots],b]}_{q_m\text{-mal}}| \leq$$

$$\leq |a|^{(\sum_1^m p_i)}\,|b|^{(\sum_1^m q_i)} .$$

Die Reihe $\sum_1^\infty h_n(a,b)$ wird also gemäß Satz 3 in 3.4.2 majorisiert durch die Reihe:

$$\sum_{m=1}^\infty \frac{1}{m} \sum \frac{1}{\sum_1^m (p_i + q_i)} \quad \frac{|a|^{(\sum_1^m p_i)}\,|b|^{(\sum_1^m q_i)}}{p_1!q_1!\ldots p_m!q_m!} .$$

Bei der zweiten Summation summiere man über alle m Paare $(p_i,q_i) \in \mathbb{N} \times \mathbb{N}$, $i = 1,\dots,m$, mit $p_i + q_i > 0$. Da $p_i + q_i > 0$ ist, gilt $\sum_{i=1}^{m} (p_i + q_i) \geq m$. Es ist also:

$$\sum_{n=1}^{\infty} h_n(a,b) \leq \sum_{m=1}^{\infty} \frac{1}{m^2} \sum \frac{|a|^{(\sum_1^m p_i)} \, |b|^{(\sum_1^m q_i)}}{p_1!q_1!\dots p_m!q_m!} ,$$

wobei die zweite Summation wie oben verläuft. Die Reihe rechts ist aber gleich der Reihe $\sum_{m=1}^{\infty} \frac{(e^{|a|}e^{|b|} - 1)^m}{m^2}$, wie man sofort nachrechnet. Für a, b mit $|a|, |b| < \frac{1}{2} \ln 2$ ist nun $0 < e^{|a|}e^{|b|} - 1 = e^{|a| + |b|} - 1 < 1$. Die Reihe $\sum_{n=1}^{\infty} h_n(a,b)$ ist also für solche a, b absolut konvergent.

Der zweite Teil der Behauptung des Lemmas ist klar. Offensichtlich ist $\sum_{n=1}^{\infty} h_n(a,b)$ die Taylorreihe der Abbildung " $\circ$ ".

Im folgenden bedeute analytisch reell analytisch oder komplex analytisch, je nachdem ob $\mathbb{K} = \mathbb{R}$ oder $\mathbb{K} = \mathbb{C}$ ist. Insbesondere gilt das eben bewiesene Lemma, wenn wir den Vektorraum $\dot{G}$ der Differentialelemente einer analytischen Gruppe G zusammen mit dem in § 1 definierten Kommutator anstelle von $(A, [\ ,\ ])$ nehmen.

Weil $\sum_1^{\infty} h_n(x,y) = \log(\exp(x)\cdot\exp(y))$ ist, gilt auf dem Niveau der formalen Potenzreihen die Gleichung

$$\exp(\sum_1^{\infty} h_n(x,y)) = \exp(x)\cdot\exp(y) .$$

Sei nun G eine analytische Gruppe. Sind u, $v \in \dot{G}$ so, daß $u \circ v = \sum_1^{\infty} h_n(u,v)$ definiert ist, so wird aus der obigen formalen Gleichung eine Gleichung

$$\exp(u \circ v) = \exp(u)\cdot\exp(v)$$

in den u, $v \in \dot{G}$, wenn man darin $\exp$ als die Exponentialabbildung $\exp\colon \dot{G} \to G$ und wenn man das Produkt auf der rechten Seite als Produkt in G interpretiert.

Als Hauptergebnis dieser Nummer wollen wir zeigen, daß diese Gleichung tatsächlich richtig ist für alle u, v aus einer genügend kleinen Umgebung der 0 in $\dot{G}$. Dazu sind noch einige Vorbereitungen nötig:

Für $r > 0$ sei mit B_r das Intervall bzw. die Kreisscheibe $B_r = \{x \mid x \in \mathbb{K}, |x| < r\}$ bezeichnet.

Lemma 2

Vor.: Sei $M \in \mathfrak{A}$, sei X ein analytisches Vektorfeld auf M, sei $p_0 \in M$, sei U_X eine offene Umgebung von p_0 und $f_X: U_X \times B_r \to M$ sei eine lokale Integralabbildung von X. Es sei U eine offene Umgebung von p_0 und $a: U \to \mathbb{K}$ sei eine analytische Funktion.

Beh.: Es gibt eine offene Umgebung V von p_0 und ein $\varepsilon > 0$, so daß gilt: Für alle $p \in V$ und $t \in B_\varepsilon$ ist

$$a(f_X(p,t)) = \sum_{n=0}^{\infty} \frac{1}{n!} t^n X^n a(p) .$$

Insbesondere gilt:

Auf V ist $X^n a$ gleich der Abbildung $p \longmapsto \left[\frac{d^n}{dt^n} a(f_X(p,t))\right]_{t=0}$.

Bew.: Das Lemma ist eine Wiederholung und leichte Verallgemeinerung des Lemmas in 1.5. Wähle die Umgebung V von p_0 und das $\varepsilon > 0$ so klein, daß $a(f_X(p,t))$ definiert ist für alle $p \in V$ und alle $t \in B_\varepsilon$ und so daß die Potenzreihenentwicklung im Punkt $(p_0,0)$ der analytischen Funktion $(p,t) \longmapsto a(f_X(p,t))$ in ganz $V \times B_\varepsilon$ absolut konvergiert. Nach dem Lemma in 1.5 ist die rechte Seite der behaupteten Gleichung die Taylorreihe der Funktion $t \longmapsto a(f_X(p,t))$ im Punkt $t = 0$. Bei unserer Wahl von V und ε konvergiert diese Taylorreihe absolut für jedes $t \in B_\varepsilon$.

Lemma 3

Vor.: Man habe dieselben Voraussetzungen wie im Lemma 2. Es sei Y ein weiteres analytisches Vektorfeld auf M, U_Y sei eine offene Umgebung von p_0 und $f_Y: U_Y \times B_s \to M$ sei eine lokale Integralabbildung von Y.

Beh.: Es gibt eine Umgebung V von p_0 und ein $\varepsilon > 0$, so daß gilt: Für alle $t, \tau \in B_\varepsilon$ und alle $p \in V_0$ ist

$$a(f_Y(f_X(p,t),\tau)) = \sum_{n,m=0}^{\infty} \frac{t^n \tau^m}{n!m!} X^n Y^m a(p) .$$

Bew.: Nach Lemma 2 ist $Y^m a$ lokal um p_0 gleich der Abbildung $p \longmapsto \left[\frac{d^m}{d\tau^m} a(f_Y(p,\tau))\right]_{\tau=0}$. Nochmalige Anwendung des Lemma 2 ergibt:

$$X^n Y^m a(p) = \left[\frac{d^n}{dt^n} Y^m a(f_X(p,t))\right]_{t=0} = \left[\frac{d^n}{dt^n} \frac{d^m}{d\tau^m} a(f_Y(p,t),\tau))\right]_{\substack{t=0\\ \tau=0}} .$$

Für p genügend nahe bei p_0 ist also $\sum\limits_{n,m=0}^{\infty} \frac{t^n\tau^m}{n!m!} X^nY^m a(p)$ die Taylorreihe der Abbildung $(t,\tau) \longmapsto a(f_Y(f_X(p,t),\tau))$ im Punkt $(0,0)$. Wählt man $\varepsilon > 0$ und die Umgebung V von p_0 so, daß die Funktion $(p,t,\tau) \longmapsto a(f_Y(f_X(p,t),\tau))$ definiert ist auf $V \times B_\varepsilon \times B_\varepsilon$ und so daß ihre Potenzreihenentwicklung im Punkt $(p_0,0,0)$ in ganz $V \times B_\varepsilon \times \times B_\varepsilon$ absolut konvergiert, so gilt die Behauptung des Lemmas.

Folgerung 1

Die Voraussetzungen seien wie im Lemma 3. Dabei sei $M = G$ eine analytische Gruppe. Es seien $u, v \in \dot{G}$ Differentialelemente an G und es seien $X = L^u$ und $Y = L^v$ die zugehörigen linksinvarianten Vektorfelder. Dann gibt es eine Umgebung V von p_0 in G und ein $\varepsilon > 0$, so daß für alle $p \in V$ und alle $t, \tau \in B_\varepsilon$ gilt:

$$a(p\cdot\exp(tu)\cdot\exp(\tau v)) = \sum \frac{t^n\tau^m}{n!m!} X^nY^m a(p) .$$

Beweis: Nach 2.2 ist bei den gemachten Voraussetzungen $f_X(p,t) = = p\cdot\exp tu$ und $f_Y(f_X(p,t),\tau) = p\cdot\exp tu\cdot\exp\tau v$. Die Behauptung ist also ein Spezialfall von Lemma 3.

Bemerkungen

(1) Schreibt man kurz $(\exp tX)a$ für $\sum\limits_{n=0}^{\infty} \frac{t^n}{n!} X^n a$, so ist nach Lemma 1 $a(p\cdot\exp tu) = (\exp tX)a(p)$ und $a(p\cdot\exp tu\cdot\exp\tau v) = = (\exp tX)(\exp\tau Y)a(p)$. Folgerung 1 läßt sich dann so formulieren: Auf V gilt für $t, \tau \in B_\varepsilon$:

$$(\exp tX)(\exp\tau Y)a = \sum \frac{t^n\tau^m}{n!m!} X^nY^m a .$$

Das ist eine gewisse Umordnungsregel für die auftretenden Reihen von Operatoren.

(2) Sei $t = \tau$. Dann gilt für $p \in V$ und $t \in B_\varepsilon$:

$$a(p\cdot\exp(tu)\cdot\exp(tv)) = \sum_{k=0}^{\infty} t^k A_k(X,Y)a(p)$$

mit $A_k(X,Y) = \sum\limits_{n+m=k} \frac{1}{n!m!} X^nY^m$. D.h. $t^kA_k(X,Y)$ ist derjenige Operator, den man erhält, wenn man in $\exp(tX)\cdot\exp(tY)$ die homogenen Terme vom Totalgrad k sammelt.

Bemerkung 3

In dieser Bemerkung seien noch einmal x , y Unbestimmte und $\mathbb{K}[x,y]$ sei die (nicht kommutative) Polynomalgebra wie am Anfang von 3.5 . Sei A eine assoziative $\mathbb{K}$ - Algebra und seien a , $b \in A$. Wegen der universellen Eigenschaft von $\mathbb{K}[x,y]$ kann man a , b in jedes $h \in \mathbb{K}[x,y]$ einsetzen, indem man im Polynom h die Unbestimmten x und y durch a bzw. b und die Multiplikation in $\mathbb{K}[x,y]$ durch die in A ersetzt. Insbesondere kann man jedes Paar a , b von Elementen aus A in den homogenen Term $h_n(x,y) \in \mathbb{K}[x,y]$ der Campbell-Hausdorff-Reihe einsetzen und erhält wohlbestimmte Elemente $h_n(a,b) \in$ $\in A$. Andererseits läßt sich in A der Kommutator $[\ ,\ ]: A \times A \to A$, $(a,b) \longmapsto [a,b] := ab - ba$ einführen. Nach Lemma 1 in 3.4.1 und gemäß der Bemerkung in 3.4.2 lassen sich je zwei Elemente a , $b \in A$ auch als Elemente der Algebra $(A, [\ ,\ ])$ in $h_n(x,y)$ einsetzen. Es ist klar, daß folgendes richtig ist: Beide Arten, a und b in $h_n(x,y)$ einzusetzen, liefern dasselbe Element $h_n(a,b)$ in A .

Neben Lemma 2 und Lemma 3 benötigen wir noch folgende Verallgemeinerung des Lemmas in 1.5 :

Lemma 4

Vor.: Sei $M \in \mathfrak{A}$, $p_0 \in M$ und sei $\mathcal{H}$ ein endlich dimensionaler $\mathbb{K}$ - Vektorraum von Vektorfeldern auf M , der mit einer Norm versehen sei. Sei außerdem $a: U \to \mathbb{K}$ eine analytische Funktion auf einer offenen Umgebung U von p_0 .

Beh.: Es gibt eine offene Umgebung W der 0 in $\mathcal{H}$, eine offene Umgebung V von p_0 in M , ein $\varepsilon > 0$ und eine analytische Abbildung $f: W \times V \times B_\varepsilon \to M$, so daß gilt:

(1) Bei festgehaltenem $X \in W$ ist $f_X: V \times B_\varepsilon \to M$, $(p,t) \longmapsto$ $\longmapsto f(X,p,t)$, eine lokale Integralabbildung von X .

(2) Es ist $f(W \times V \times B_\varepsilon) \subset U$ und für alle $X \in W$ und alle $p \in V$ ist

$$a(f(X,p,t)) = \sum_{n=0}^{\infty} \frac{t^n}{n!} X^n a(p)$$

die Taylorentwicklung der Abbildung $t \longmapsto a(f(X,p,t))$ und die Reihe ist absolut konvergent für alle $t \in B_\varepsilon$.

Bew.: Die Behauptungen sind lokaler Natur. Wir können deshalb annehmen, daß M ein offener Teilraum eines $\mathbb{K}^n$ ist. Für $X \in \mathcal{H}$ betrachten wir die Differentialgleichung $\dot{p} = X(p)$. Wir fassen $\mathcal{H}$ als einen Parameterraum auf und betrachten die rechte Seite der Differentialglei-

chung als abhängig von $p \in M$ und von $X \in \mathcal{H}$ im Sinne von [Dd], 10.7. Die Ergebnisse 10.7.5 und 10.8.2 in [Dd] lassen sich für unsere Zwecke kombinieren und liefern dann die Aussage (1). D.h. es gibt offene Umgebungen W' von O in $\mathcal{H}$, V' von p_O in M, ein $\varepsilon' > O$ und eine analytische(!) Abbildung $f'\colon W' \times V' \times B_{\varepsilon'} \to M$, so daß bei festgehaltenem X die Abbildung $f'_X\colon V' \times B_{\varepsilon'} \to M$, $(p,t) \longmapsto f'(X,p,t)$, eine lokale Integralabbildung von X ist.
Es ist $f'(O,p_O,O) = p_O$. Daher können wir W', V', ε' so klein wählen, daß $f'(W' \times V' \times B_{\varepsilon'}) \subset U = \mathrm{Def}(a)$. Die Komposition $a \circ f'$ ist also definiert. Sie ist als analytische Funktion in einer Umgebung von (O,p_O,O) in eine Potenzreihe entwickelbar.
Wir wählen nun offene Umgebungen W von O in $\mathcal{H}$, V von p in M und ein ε mit $O < \varepsilon \leqq \varepsilon'$, so daß $W \times V \times B_\varepsilon \subset W' \times V' \times B_{\varepsilon'}$ und so daß die Potenzreihenentwicklung von $a \circ f'$ im Punkt (O,p_O,O) in ganz $W \times V \times B_\varepsilon$ absolut konvergiert. Setze $f = f'_{|W \times V \times B_\varepsilon}$.
Für $X \in W$, $p \in V$ ist nach dem Lemma in 1.5 die Taylorreihe von $t \longmapsto a(f(X,p,t))$ gegeben durch $\sum\limits_{n=O}^{\infty} \frac{t^n}{n!} X^n a(p)$. Bei unseren Daten ist diese Reihe aber für alle $t \in B_\varepsilon$ absolut konvergent.

<u>Anmerkung</u>

Seien $a_1,\dots,a_r\colon U \to \mathbb{K}$ endlich viele analytische Funktionen. Man kann dann offenbar W, V und ε auch so wählen, daß die Aussage (2) für jedes $a \in \{a_1,\dots,a_r\}$ richtig ist.

Ebenso kann man, ohne V zu ändern, durch geeignete Wahl von W erreichen, daß ε einen beliebig vorgegebenen Wert hat, also etwa $\varepsilon = 2$. Sei nämlich $c > O$ und sei $X \in W$. Für $Y = \frac{\varepsilon}{c} \cdot X$ und alle $p \in V$ ist dann $\exp(tY)a(p) = \exp(\frac{t\varepsilon}{c} \cdot X)a(e)$ konvergent für alle t mit $|t| < c$. Ersetzt man also W durch $W_c = \frac{\varepsilon}{c} \cdot W = \{\frac{\varepsilon}{c} \cdot X \mid X \in W\}$, so gilt die Gleichung und die Konvergenz in (2) für alle $Y \in W_c$ und alle $t \in B_c$.

<u>Satz</u>

Sei G eine analytische Gruppe, $\dot{G}$ der Raum ihrer Differentialelemente und sei $\exp\colon \dot{G} \to G$ die Exponentialabbildung.
Es gibt eine Umgebung U der O in $\dot{G}$ mit folgender Eigenschaft:

Für alle $u,v \in U$ ist die Campbell-Hausdorff-Reihe $\sum\limits_1^{\infty} h_n(u,v)$ absolut konvergent und für die Summe $u \circ v$ gilt:

$$\exp(u \circ v) = \exp(u) \cdot \exp(v) .$$

Bew.: Sei $\mathcal{L}(G)$ der Raum der linksinvarianten Vektorfelder auf G mit dem Kommutator $[X,Y] = XY - YX$. Die $\mathbb{K}$-Vektorräume $\dot{G}$ und $\mathcal{L}(G)$ seien mit einer Norm " $|\cdot|$ " versehen und der Isomorphismus $\dot{G} \to \mathcal{L}(G)$, $u \longmapsto L^u$, sei normerhaltend. Der genannte Isomorphismus ist verträglich mit den Kommutatoren (Korollar in 3.3). Für $u,v \in \dot{G}$ mit $X := L^u$, $Y := L^v$ ist daher $L^{h_n(u,v)} = h_n(X,Y)$ und $L^{u\circ v} = \sum_1^\infty h_n(X,Y)$, wenn die Reihen konvergieren. Wenn wir im folgenden die Gültigkeit einer Gleichung postulieren, in der Reihen auftreten, so sei die Konvergenz der Reihen stets mitpostuliert.

Sei $\dim G = r$ und e sei das neutrale Element in G. Gemäß dem Korollar in 3.3, Lemma 1, Lemma 4 und der Anmerkung wählen wir Umgebungen U und U' der 0 in $\dot{G}$ und lokale Koordinaten $a_1,\dots,a_r$: $U' \longrightarrow \mathbb{K}$ auf U', so daß folgendes gilt:

(i) Es ist $U \subset U'$ und $\exp_{|U'}$ definiert einen analytischen Isomorphismus von U' auf die offene Umgebung $\exp(U')$ von e in G.

(ii) Für alle $u \in U'$, alle $t \in \mathbb{K}$ mit $|t| < 2$ und alle $a \in \{a_1,\dots,a_r\}$ gilt

$$a(\exp(tu)) = \sum_{n=0}^{\infty} \frac{t^n}{n!} X^n a(e) = \exp(tX)a(e) ,$$

wo $X = L^u$. Insbesondere ist $a(\exp u) = \exp(X)a(e)$.

(iii) U ist sternförmig in 0 (siehe Bemerkung in 1.5).

(iv) Für alle $u,v \in U$ ist $u\circ v = \sum h_n(u,v)$ konvergent.

(v) Es ist $U\circ U = \{u\circ v \mid u,v \in U\} \subset U'$ und $\exp(U)\cdot\exp(U) \subset \exp(U')$.

Seien nun $u,v \in U$ und $X = L^u$, $Y = L^v$. Gemäß Lemma 3 wählen wir ε mit $0 < \varepsilon \leq 1$, so daß für alle $t \in B_\varepsilon$ gilt:

$$(1) \quad a(\exp(tu)\cdot\exp(tv)) = \sum_{k=0}^{\infty} t^k A_k(X,Y)a(e)$$

im Sinne von Bemerkung (2). Weil $(tu)\circ(tv) \in U'$, gilt anderseits für alle $t \in B_\varepsilon$:

$$(2) \quad \begin{aligned} a(\exp((tu)\circ(tv))) &= \exp(L^{(tu)\circ(tv)})a(e) \\ &= \exp(\sum h_n(tX,tY))a(e) . \end{aligned}$$

Entscheidend ist nun, daß auch folgende Gleichung gilt: Für alle $t \in B_\varepsilon$ ist:

$$(3) \quad \exp(\sum h_n(tX,tY))a(e) = \sum_{k=0}^{\infty} t^k A_k(X,Y)a(e) .$$

Das sieht man etwa folgendermaßen ein. Auf dem Niveau der formalen Potenzreihen gilt

$$(4)\qquad \exp\Big(\sum_{1}^{\infty} h_n(x,y)\Big) = \exp(x)\cdot\exp(y) = \sum_{k=0}^{\infty} A_k(x,y)\,.$$

Sei $\mathfrak{F}_{U'}$ der $\mathbb{K}$ - Vektorraum der analytischen Funktionen von U' nach $\mathbb{K}$. Ein $Z \in \mathcal{L}(G)$ definiert vermöge $f \longmapsto Zf$ einen Operator (d.i. eine lineare Selbstabbildung) auf $\mathfrak{F}_{U'}$. Wir identifizieren $\mathcal{L}(G)$ mit dem entsprechenden Raum von Operatoren. Mit der Komposition als Produkt erzeugt dann $\mathcal{L}(G)$ eine assoziative Algebra $\mathcal{A}$ von Operatoren auf $\mathfrak{F}_{U'}$. Gemäß der Bemerkung 3 interpretieren wir die Terme $h_n(tX,tY)$ als Ergebnis des Einsetzens von $tX, tY \in \mathcal{A}$ in die Polynome $h_n(x,y)$. Das Einsetzen von tX , tY definiert einen Algebrenhomomorphismus von $\mathbb{K}[x,y]$ nach $\mathcal{A}$. Aus (4) folgt dann: Sammelt man in $\exp(\sum h_n(tX,tY))$ die Terme, die homogen vom Totalgrad k in t sind, so erhält man den Term $t^k A_k(X,Y)$. Daher die Gleichung (3) .

Der Beweis des Satzes ist nun leicht abzuschließen. Man betrachte die analytischen Abbildungen $\varphi,\psi\colon U \times U \to \exp(U')$, wo $\varphi(u,v) = \exp(u)\cdot\exp(v)$ und $\psi(u,v) = \exp(u\circ v)$. Die Gleichungen (1) und (2) gelten für alle $a \in \{a_1,\dots,a_r\}$. In Verbindung mit Gleichung (3) besagen sie also insbesondere, daß bei vorgegebenen u , $v \in U$ die Gleichung $\varphi(tu,tv) = \psi(tu,tv)$ gilt für alle genügend kleinen t . Nach dem Prinzip der analytischen Fortsetzung gilt $\varphi(tu,tv) = \psi(tu,tv)$ dann für alle $t \in \mathbb{K}$ mit $tu, tv \in U$. Insbesondere ist $\varphi(u,v) = \psi(u,v)$, d.h. es ist $\varphi = \psi$.

Folgerung 2

Sei $U \subset G$ wie im Satz. Dann definiert " $\circ$ " : $U \times U \to K$ eine lokale Gruppenstruktur auf $\dot{G}$ mit O als neutralem Element und $\exp\colon \dot{G} \to G$ definiert einen lokalen Isomorphismus $U \longmapsto \exp(U)$ von $\dot{G}$ in G .

Bew.: Klar.

§ 4. LIESCHE ALGEBREN, SÄTZE VON LIE

4.1. Definition der Lieschen Algebren

Definition 1

Sei K ein (kommutativer) Körper. Eine Liesche Algebra über K ist ein K - Vektorraum A zusammen mit einer Abbildung $[\ ,\ ]\colon A \times A \to A$, die folgende Eigenschaften besitzt:

(L1) $[\ ,\ ]$ ist bilinear.

(L2) Für alle $x \in A$ ist $[x,x] = 0$.

(L3) Für alle $x , y , z \in A$ gilt die Jacobi-Identität, d.h. es ist $[[x,y],z] + [[y,z],x] + [[z,x],y] = 0$.

Die Abbildung $[\ ,\ ]$ heißt der Kommutator in A . Aus der Eigenschaft (L2) folgt die Eigenschaft

(L2)' Für alle $x , y \in A$ ist $[x,y] = -[y,x]$.

Umgekehrt folgt, wenn die Charakteristik von $K \neq 2$ ist, die Eigenschaft (L2) aus (L2)' .

Wenn aus dem Zusammenhang klar ist, um welchen Kommutator es sich handelt, werden wir auch allein die Bezeichnung A für die Liealgebra $(A,[\ ,\ ])$ verwenden. Wenn der Körper K feststeht oder wenn spezielle Eigenschaften des Körpers K keine Rolle spielen, lassen wir den Bezug auf K weg.

Definition 2

Seien $(A,[\ ,\ ]_A)$ und $(B,[\ ,\ ]_B)$ Liealgebren, $f: A \to B$ eine Abbildung. Die Abbildung f heißt (Liealgebren-) Homomorphismus $:\Longleftrightarrow$ Es ist f linear und es gilt $f([a_1,a_2]_A) = [f(a_1),f(a_2)]_B$ für alle $a_1 , a_2 \in A$.
Ein Isomorphismus ist ein bijektiver Homomorphismus. In diesem Falle ist auch die Umkehrabbildung ein Homomorphismus.

Beispiele

(1) Sei G eine analytische Gruppe. Dann ist der Vektorraum $\dot{G}$ der Differentialelemente zusammen mit dem in 3.2 definierten Kommutator eine Liealgebra über $\mathbb{K}$. Ebenso ist der Vektorraum $L = \mathcal{L}(G)$ der linksinvarianten Vektorfelder auf G mit dem Kommutator $[X,Y] = XY - YX$ eine Liealgebra. Nach 3.3 Korollar sind $\dot{G}$ und L als Liealgebren isomorph unter dem Isomorphismus $\dot{g} \longmapsto L^{\dot{g}}$. Wir bezeichnen $(\dot{G},[\ ,\ ])$ oder einfach $\dot{G}$ als "die zu G gehörige Liealgebra" oder "die Liealgebra von G" .

(2) Sei A ein Vektorraum über dem Körper K , sei $[\ ,\ ]: A \times A \to A$ die triviale Abbildung mit $[x,y] = 0$ für alle $(x,y) \in A \times A$. Dann ist $(A,[\ ,\ ])$ eine Liealgebra. Liealgebren mit trivialem Kommutator heißen kommutativ.

(3) Sei K ein Körper. Dann ist die Algebra $F := K[x_1,\dots,x_n]$ der Polynome in den Unbestimmten $x_1,\dots,x_n$, zusammen mit dem Kommutator $[a,b] = ab - ba$ für $a , b \in F$ eine Liealgebra. Ebenso ist der Untervektorraum LF (s. 3.4.1 Def. 2) zusammen mit der Einschränkung des Kommutators eine Liealgebra.

(4) Allgemeiner: Sei A eine assoziative Algebra. Wir definieren $[\ ,\ ]: A \times A \to A$ durch $[a,b] = ab - ba$ für alle $(a,b) \in A \times A$. Nach dem Lemma 1 in 3.4.1 ist dann $(A,[\ ,\ ])$ eine Liealgebra. Es sei $A_L := (A,[\ ,\ ])$. Ohne Beweis vermerken wir an dieser Stelle, daß sich jede Liealgebra B homomorph in ein A_L einbetten läßt, wo A eine assoziative Algebra ist (Begriff der universellen einhüllenden Algebra, [Jac] , Ch. V).

4.2. Formulierung der Lieschen Sätze

In 4.2 , 4.3 und 4.4 bezeichnet $\mathbb{K}$ wieder den Körper der reellen oder der komplexen Zahlen. Analytisch bedeutet dementsprechend reell analytisch oder komplex analytisch.

Satz 1

Vor.: Seien G und H analytische Gruppen, $\dot{G}$ und $\dot{H}$ die zugehörigen Liealgebren. Sei $\dot{\varphi}: \dot{G} \to \dot{H}$ ein Homomorphismus der Liealgebren.

Beh.: (1) Dann existiert ein lokaler (analytischer) Homomorphismus φ von G nach H , so daß $d\varphi_{|e} = \dot{\varphi}$ ist.
D.h.: Es gibt eine offene Umgebung U der Eins in G und eine analytische Abbildung $\varphi: U \to H$ mit den folgenden Eigenschaften:

(i) Für alle $x , y , z \in U$ mit $xy = z$ gilt $\varphi(x)\varphi(y) = \varphi(xy)$.

(ii) $d\varphi_{|e} = \dot{\varphi}: \dot{G} \to \dot{H}$

(2) Der lokale Homomorphismus aus (1) ist lokal eindeutig, d.h. sind U_1 , φ_1 und U_2 , φ_2 wie in (1) , so gibt es eine Umgebung W der Eins in G , auf der φ_1 und φ_2 übereinstimmen.

(3) Ist $\dot{\varphi}$ ein Isomorphismus, so definiert φ einen lokalen Isomorphismus von G in H , d.h. ein $W \subset V$ kann so gewählt werden, daß die Einschränkung von φ auf W einen analytischen Isomorphismus von W auf $\varphi(W)$ definiert.

Bemerkung

Aus (2) folgt insbesondere: Ein lokaler Isomorphismus $\varphi: G \to G$ mit $d\varphi_{|e} = 1_{\dot{G}}$ ist lokal gleich der Identität.

Korollar 1

Ist G einfach zusammenhängend, so gibt es genau einen Homomorphismus $\varphi': G \to H$, der lokal übereinstimmt mit jedem lokalen Homomorphismus φ von G in H mit $d\varphi = \dot{\varphi}$. (Insbesondere ist auch $d\varphi' = \dot{\varphi}$). Ist auch H einfach zusammenhängend und $\dot{\varphi}$ ein Isomorphismus, so ist φ' ein Isomorphismus von G nach H.

Korollar 2

Sei G eine analytische Gruppe, $\dot{G}$ die zugehörige Liealgebra. Sei $\mathrm{Aut}(G)$ die Gruppe der Automorphismen von G, $\mathrm{Aut}(\dot{G})$ die Gruppe der Automorphismen von $\dot{G}$. Sei $d: \mathrm{Aut}(G) \to \mathrm{Aut}(\dot{G})$ der durch $\alpha \longmapsto d\alpha_{|e}$ definierte Homomorphismus. Dann gilt:

(i) d ist injektiv, falls G zusammenhängend ist.

(ii) d ist bijektiv, also ein Isomorphismus, falls G einfach zusammenhängend ist.

Bezeichnung

Sei V ein endlich dimensionaler Vektorraum über $\mathbb{K}$, $[\ ,\ ]_V: V \times V \to$ $\longrightarrow V$ sei eine Abbildung. Wir nennen $[\ ,\ ]_V$ den Kommutator einer Gruppe, wenn $(V,[\ ,\ ]_V)$ eine Liealgebra ist und wenn es eine analytische Gruppe G gibt, so daß die Liealgebren $\dot{G}$ und $(V,[\ ,\ ]_V)$ isomorph sind.

Satz 2

Vor.: Sei $\dot{G}$ ein endlich dimensionaler Vektorraum über $\mathbb{K}$. Es sei eine Abbildung $[\ ,\ ]: \dot{G} \times \dot{G} \to \dot{G}$ gegeben.

Beh.: Die Abbildung $[\ ,\ ]$ ist der Kommutator einer Gruppe $\Longleftrightarrow$ $(\dot{G},[\ ,\ ])$ ist eine Liealgebra.

Die Richtung "$\Longrightarrow$" ist als Satz 2 in 3.1 bereits bekannt bzw. mit in die Bezeichnung aufgenommen. Zu beweisen bleibt "$\Longleftarrow$".

Sei M eine analytische Mannigfaltigkeit, X ein analytisches Vektorfeld auf M und es sei $p \in M$. Sei $f_p^X: I_p^X \to M$, $0 \in I_p^X \subset \mathbb{K}$, die maximale Integralkurve von X mit der Anfangsbedingung p. Ist

$1 \in I_p^X$, so definieren wir $\exp(X)(p)$ durch $\exp(X)(p) := f_p^X(1)$.

Satz 3

Vor.: Sei M eine analytische Mannigfaltigkeit, L ein endlich dimensionaler Vektorraum von analytischen Vektorfeldern auf M .

Beh.: Dann sind folgende Aussagen äquivalent:

(i) Es gibt eine analytische, lokale Gruppenstruktur auf L , deren Produkt wir mit " $\circ$ " bezeichnen, mit der O als neutralem Element, so daß gilt: Für alle $p \in M$ gibt es eine Umgebung U der O in L , so daß für alle $X , Y \in U$ $\exp(X)(\exp(Y)(p))$, $X \circ Y$ und $\exp(X \circ Y)(p)$ definiert sind und daß gilt:

$$\exp(X)(\exp(Y)(p)) = \exp(X \circ Y)(p) .$$

(ii) Für alle $X , Y \in L$ liegt $XY - YX = [X,Y]$ in L . D.h. $(L,[\ ,\ ])$ ist eine Liealgebra.

4.3. Beweise der Lieschen Sätze

Zu Satz 1 werden wir zwei Beweise angeben. Der zweite Beweis beruht auf dem Campbell-Hausdorff-Formel. Der erste ist unabhängig davon und zeigt mit einer neuen direkten Methode, daß lokal um O in $\dot{G}$ das "Produkt" $u \cdot v = \exp^{-1}(\exp(u) \cdot \exp(v))$ vollständig durch den Kommutator in $\dot{G}$ bestimmt ist.

1. Beweis von Satz 1

(i) Notation

Seien V , W endlich dimensionale Vektorräume, seien $U_1, \dots, U_n$ offene Umgebungen von O in V . Sei $P: U_1 \times \dots \times U_n \longrightarrow W$ eine analytische Abbildung mit $P(O) = O$. Für $(x_1, \dots, x_n) \in U_1 \times \dots \times U_n$ bezeichnen wir mit $(P(x_1, \dots, x_n))_{\mathrm{Ord}(x_i, x_j) \leq k}$ die Summe aller Glieder einer Potenzreihe von P im Punkte O , die in x_i und in x_j jeweils von der Ordnung $\leq k$ sind, mit $(P(x_1, \dots, x_n))_{\mathrm{Ord}(x_i, x_j) = k}$ die Summe aller Glieder, die in x_i und in x_j von der Ordnung k sind.

(ii) Sei U' eine offene Umgebung der O in $\dot{G}$, V' eine offene Umgebung der O in $\dot{H}$, so daß gilt: Es sind $\exp(U')$ und $\exp(V')$ offen in G bzw. H und die Einschränkungen $\exp|U'$ und $\exp|V'$ der Exponentialabbildungen von G und H definieren analytische Isomorphismen zwischen U' und $\exp(U')$ und zwischen V' und $\exp(V')$.

Außerdem gelte $\dot{\varphi}(U') \subset V'$. Ist $\dot{\varphi}$ ein Isomorphismus, so sei $\dot{\varphi}(U') = V'$.

Um die nötigen Rechnungen optisch zu vereinfachen, identifizieren wir U' mit $\exp(U')$ und V' mit $\exp(V')$ vermöge der entsprechenden Exponentialabbildungen. Sind u , $v \in U'$ mit $\exp(u)\cdot\exp(v) \in \exp(U')$, so schreiben wir also insbesondere $u\cdot v$ für das Element $z \in U'$ mit $\exp(z) = \exp(u)\cdot\exp(v)$. Die Tangentialräume an U' in $u \in U'$ bzw. an V' in $v \in V'$ identifizieren wir auf kanonische Weise mit $\dot{G}$ bzw. $\dot{H}$.

Wir wählen nun eine offene Umgebung $U \subset U'$ der 0 , so daß alle im Verlaufe des Beweises auftretenden Produkte von Elementen aus U bzw. aus $\dot{\varphi}(U)$ in U' bzw. in V' liegen. Im Laufe des Beweises kommen noch weitere Voraussetzungen über U hinzu.

(iii) Beweisidee:
Wir betrachten die Abbildung $\varphi := \dot{\varphi}|U : U' \to V'$. Es ist $d\varphi_0 = \dot{\varphi}$. Wir wollen die Behauptung des Satzes beweisen, indem wir zeigen, daß $\varphi(u\cdot v) = \varphi(u)\cdot\varphi(v)$ ist für u , $v \in U$. Nun ist das Produkt $u\cdot v$ bekannt, wenn man die Integralkurve $t \longmapsto u\cdot tv$ von L^v mit Anfangsbedingung u für $t = 1$ kennt. Die Integralkurve ist durch den Wert von $L^v(u)$ eindeutig bestimmt. Bei unseren Identifikationen ist $L^v(u) \in \dot{G}$ und $L(u): \dot{G} \to \dot{G}$, $v \longmapsto L^v(u)$, ist eine lineare Abbildung. Wir werden einen expliziten Ausdruck für $L(u)$ erhalten. Dazu werden wir $L(tu) =: L(t)$ betrachten und eine Differentialgleichung für $L(t)$ in Abhängigkeit von t herleiten, für die wir eine explizite Lösung angeben können. Es wird sich herausstellen, daß $L^v(u)$ vollständig durch den Kommutator in $\dot{G}$ bestimmt ist. Die Aussage des Satzes folgt daraus (siehe (ix) unten). Nun zum ausführlicheren Beweis:

(iv) Wir fassen die Glieder der Taylorreihe im Punkte 0 des Produktes $u\cdot v$, die linear in v sind, zu $L(u,v)$, die quadratisch in v sind, zu $M(u,v,v)$ zusammen, wo $M(u,v,v)$ linear und symmetrisch in den beiden letzten Argumenten ist. Zu den folgenden Rechnungen sei an 3.2 erinnert.

(v) Es ist $L(u,v) = L^v(u)$, denn $L^v(u) = \frac{d}{dt}\big|_0(u\cdot tv) = L(u,v)$.

Ist v proportional zu u , so ist $u\cdot v = u + v$, also $L(u,v) = v$.

(vi) Seien u , v , $w \in U$. Man hat die Gleichungen:

$$(u\cdot v)\cdot w = u\cdot v + L(u\cdot v,w) + M(u\cdot v,w,w) + \ldots$$

$$u\cdot v = u + L(u,v) + M(u,v,v) + \ldots$$

Es folgt:

$$((u\cdot v)\cdot w)_{\mathrm{Ord}(v,w)\leq 1} = u + L(u,v) + (L(u + L(u,v),w))_{\mathrm{Ord}(v)\leq 1}$$

Andererseits hat man die Gleichungen:

$$u\cdot(v\cdot w) = u + L(u,v\cdot w) + M(u,v\cdot w,v\cdot w) + \ldots$$

$$v\cdot w = v + w + \frac{1}{2}[v,w] + \ldots$$

Daraus folgt:

$$(u\cdot(v\cdot w))_{\mathrm{Ord}(v,w)\leq 1} = u + L(u,v) + L(u,w) + \frac{1}{2}L(u,[v,w]) + 2M(u,v,w)$$

Es ist $(u\cdot v)\cdot w = u\cdot(v\cdot w)$. Also hat man:

$$2M(u,v,w) = (L(u + L(u,v),w))_{\mathrm{Ord}(v)\leq 1} - L(u,w) - \frac{1}{2}L(u,[v,w])$$

Durch Vertauschen von v und w erhält man:

$$2M(u,w,v) = (L(u + L(u,w),v))_{\mathrm{Ord}(w)\leq 1} - L(u,v) + \frac{1}{2}L(u,[v,w])$$

Da M in den beiden letzten Variablen symmetrisch ist, ergibt sich durch Gleichsetzen:

$$(1)\quad \begin{aligned} &(L(u + L(u,v),w))_{\mathrm{Ord}(v)\leq 1} - L(u,w) - L(u,[v,w]) + L(u,v) - \\ &- (L(u + L(u,w),v))_{\mathrm{Ord}(w)\leq 1} = 0 \end{aligned}$$

Sei $\Delta t \neq 0$ ein "Inkrement" in t . Für $u = tx$, $w = \Delta tx$ ist nach (v) $L(u,w) = \Delta tx$, und man erhält aus (1):

$$(2)\quad \begin{aligned} &(L(tx + L(tx,v),\Delta tx))_{\mathrm{Ord}(v)\leq 1} - \Delta tx - \Delta t L(tx,[v,x]) - \\ &- (L((t + \Delta t)x,v))_{\mathrm{Ord}(\Delta t)\leq 1} + L(tx,v) = 0 \end{aligned}$$

Der erste Term ist in dieser Form noch unbrauchbar für unseren Zweck. Für $t \neq 0$ gilt nach (v):

$$L(tx + L(tx,v),\Delta tx + \frac{\Delta t}{t}L(tx,v)) = \Delta tx + \frac{\Delta t}{t}L(tx,v)$$

Wir erhalten:

$$\begin{aligned} (L(tx + L(tx,v),\Delta tx))_{\mathrm{Ord}(v)\leq 1} &= \Delta tx + \frac{\Delta t}{t}L(tx,v) - \\ &- \frac{\Delta t}{t}(L(tx + L(tx,v),L(tx,v))_{\mathrm{Ord}(v)\leq 1} = \\ &= \Delta tx + \frac{\Delta t}{t}L(tx,v) - \frac{\Delta t}{t}L(tx,L(tx,v)) \end{aligned}$$

Wir setzen das in (2) ein:

$$\frac{\Delta t}{t}L(tx,v) - \frac{\Delta t}{t}L(tx,L(tx,v)) - \Delta t L(tx,[v,x]) -$$

$$- (L((t+\Delta t)x,v))_{Ord(\Delta t)\leq 1} + L(tx,v) = 0$$

Wir multiplizieren mit $\frac{t}{\Delta t}$:

$$L(tx,v) - L(tx,L(tx,v)) - tL(tx,[v,x]) -$$

(3)

$$- t\frac{(L((t+\Delta t)x,v))_{Ord(\Delta t)\leq 1} - L(tx,v)}{\Delta t} = 0$$

Es ist

$$\lim_{\Delta t\to 0} \frac{(L((t+\Delta t)x,v))_{Ord(\Delta t)\leq 1} - L(tx,v)}{\Delta t} = \frac{dL(tx,v)}{dt}$$

Aus (3) erhält man also im Limes $\Delta t \to 0$ die folgende Formel:

(4) $$L(tx,v) - L(tx,L(tx,v)) + tL(tx,[x,v]) - t\frac{dL(tx,v)}{dt} = 0$$

Diese Gleichung gilt dann auch für $t = 0$.

Für $x \in U$ seien $L(tx)$ bzw. $A_x\colon \dot{G} \to \dot{G}$ die linearen Abbildungen $v \longmapsto L(tx,v)$ bzw. $v \longmapsto A_x(v) = [x,v]$. Da (4) für alle v aus einer Umgebung der 0 in $\dot{G}$ gilt, liefert (4) die Gleichung:

$$L(tx) - L^2(tx) + tL(tx)\circ A_x = t\frac{dL(tx)}{dt}$$

(vii) Sei E die identische Abbildung von $\dot{G}$ bzw. die Einheitsmatrix. Da $L(0) = E$ ist, kann man annehmen, daß ein reelles $\alpha > 1$ gegeben ist und daß die Umgebung U von 0 in $\dot{G}$ so gewählt ist, daß gilt:

Für alle $x \in U$ und alle $t \in \mathbb{K}$ mit $|t| < \alpha$ ist $tx \in U'$ und $L(tx)$ ist invertierbar.

Wir halten jetzt ein $x \in U$ fest und schreiben $L(t)$ statt $L(tx)$ und A statt A_x. Für $|t| < \alpha$ folgt durch Multiplikation von links mit L^{-2} aus der zuletzt genannten Differentialgleichung die Differentialgleichung

$$tL^{-2}\circ\frac{dL}{dt} = L^{-1} - E + tL^{-1}\circ A\ .$$

Setzen wir $N := tL^{-1}$, so ist $\frac{dN}{dt} = L^{-1} - t\cdot L^{-2}\frac{dL}{dt}$. Also wird diese Differentialgleichung zu folgender Differentialgleichung für N:

(6) $$\frac{dN}{dt} = E - N\circ A\ .$$

Die Gleichung (6) hat genau eine Lösung $t \longmapsto N(t)$ mit $N(0) = 0$, und diese ist analytisch. Für $|t| < \alpha$ ist also $tL^{-1}(t) = N(t)$, d.h.

$$L(t) = \begin{cases} tN^{-1}(t) & t \neq 0 \\ E & t = 0 \end{cases}$$

(viii) Wir geben nun eine explizite Lösung für (6) und erhalten daraus eine explizite Lösung für L. Sei $a \in \mathbb{R}$ und $n\colon \mathbb{R} \to \mathbb{R}$ sei die Funktion $n(t) = t$ falls $a = 0$ und

$$n(t) = \begin{cases} \dfrac{1 - \exp(-ta)}{a} & ta \neq 0 \\ 0 & ta = 0 \end{cases} \qquad \text{für } a \neq 0 .$$

Dann ist n analytisch und $\frac{dn}{dt} = 1 - na$.

Sei $P(t) = t - \frac{t^2}{2}a + \frac{t^3}{3!}a^2 - \frac{t^4}{4!}a^3 \pm \ldots$ die Taylorreihe von n im Punkt 0. Dann ist $N(t) := tE - \frac{t^2}{2}A + \frac{t^3}{3!}A^2 - \frac{t^4}{4!}A^3 \pm \ldots$ für alle t konvergent und erfüllt die Differentialgleichung (6). Schreiben wir $N(t) = tE$ für $A = 0$ und

$$N(t) = \begin{cases} \dfrac{E - \exp(-tA)}{A} & tA \neq 0 \\ 0 & tA = 0 \end{cases} \qquad \text{für } A \neq 0 ,$$

so können wir für $|t| < \alpha$ auch schreiben:

$$L(t) = \begin{cases} \dfrac{tA}{E - \exp(-tA)} & tA \neq 0 \\ E & tA = 0 \end{cases}$$

Die Taylorreihe von $L(t)$ erhält man, indem man formal die Reihe tA durch die Reihe $E - \exp(-tA)$ dividiert.

(ix) Für $y \in \varphi(U)$ und $|t| < \alpha$ seien $L(ty)$ bzw. A_y die linearen Abbildungen $\dot{H} \to \dot{H}$, $w \longmapsto L(ty,w)$ bzw. $w \longmapsto [y,w]$. (Wir gebrauchen der Einfachheit halber dieselben Bezeichnungen $[\ ,\ ]$ und L sowohl bei $\dot{G}$ als auch bei $\dot{H}$.) Es sei nun angenommen, daß die Umgebung U von 0 in $\dot{G}$ zusätzlich zu allen bisherigen Eigenschaften noch so gewählt ist, daß $L(t\varphi(x))$ invertierbar ist für alle $x \in U$ und alle $|t| < \alpha$. Dann gilt für $x, v \in U$:

$$L^v(x) = L(x,v) = \frac{A_x}{E - \exp(-A_x)}(v) = v + \frac{1}{2}[x,v] + \frac{1}{12}[x,[x,v]] + \ldots$$

und

$$L^{\varphi(v)}\varphi(x)) = L(\varphi(x),\varphi(v)) = \frac{A_{\varphi(x)}}{E - \exp(-A_{\varphi(x)})}(\varphi(v)) .$$

D.h. für $x , v \in U$ ist $\dot{\varphi}(L^v(x)) = L^{\dot{\varphi}(v)}(\varphi(x))$. Daraus folgt schließlich, daß die Kurven $\varphi(x\cdot tv)$ und $\varphi(x)\cdot t\varphi(v)$ in V' für $|t| < \alpha$ gleich sind, daß also insbesondere gilt: $\varphi(x\cdot v) = \varphi(x)\cdot\varphi(v)$ für alle $x , v \in U$.

(x) Die restlichen Aussagen von Satz 1 sind klar. Die Eindeutigkeit des lokalen Homomorphismus folgt z.B. aus 2.2 Satz 3 .

2. Beweis von Satz 1

Wie im ersten Beweis von Satz 1 wähle man offene Umgebungen U' von 0 in $\dot{G}$ und V' von 0 in $\dot{H}$ und identifiziere U' mit $\exp(U')$ und V' mit $\exp(V')$. Sei $U \subset U'$ eine weitere Umgebung der 0 in $\dot{G}$, so daß gilt:

Für alle $g_1 , g_2 \in U$ und alle $h_1 , h_2 \in \varphi(U)$ seien die Reihen $\sum_1^\infty h_n(g_1,g_2)$ bzw. $\sum_1^\infty h_n(h_1,h_2)$ konvergent und für die Summen $g_1 \circ g_2$ bzw. $h_1 \circ h_2$ gelte: $g_1\cdot g_2 = g_1\circ g_2$ und $h_1\cdot h_2 = h_1\circ h_2$ (siehe den Satz in 3.5) . Dann folgt sofort, daß $\varphi := \dot{\varphi}|U: U \to \dot{H}$ ein lokaler Homomorphismus mit $d\varphi_{|e} = \dot{\varphi}$ ist.

Beweis von Satz 2

Zum zweiten Lieschen Satz skizzieren wir einen Beweis der Existenz einer lokalen Gruppe zu gegebener Liealgebra (siehe Bemerkung 2 in 3.1) . Die Existenz einer globalen Gruppe wird in IV , 3.7 gezeigt. Die folgende Beweisskizze benutzt die Ergebnisse aus 3.4 und 3.5 .

" $\Rightarrow$ " des Satzes ist trivial.

" $\Leftarrow$ " Für alle $u , v \in \dot{G}$, für die $\sum_1^\infty h_n(u,v)$ konvergiert, setzen wir $u \circ v := \sum h_n(u,v)$.

(i) Beh.: Zusammen mit dem Produkt " $\circ$ " ist $\dot{G}$ eine lokale Gruppe.

Bew.: (1) Es ist $-u$ invers zu u bezüglich " $\circ$ " . Die $0 \in \dot{G}$ ist das Einselement der lokalen Gruppe.

(2) Sind alle Reihen in $(u\circ v)\circ w$ und $u\circ(v\circ w)$ absolut konvergent, so ist $(u\circ v)\circ w = u\circ(v\circ w)$. Dies folgt folgendermaßen. In der Potenzreihenalgebra $\overline{\mathbb{K}[x,y,z]}$ gilt:

$$\sum_1^\infty h_n(\sum_1^\infty h_m(x,y),z) = \log(\exp(\log(\exp(x)\cdot\exp(y)))\cdot\exp(z)) =$$
$$= \log((\exp(x)\cdot\exp(y))\cdot\exp(z)) =$$
$$= \log(\exp(x)\cdot(\exp(y)\cdot\exp(z))) = \sum_1^\infty h_n(x, \sum_1^\infty h_m(y,z)).$$

Mit Hilfe der in der Bemerkung in 3.4.2 erwähnten universellen Eigenschaft von $\mathbb{K}[x,y,z]$ (sie besagt, daß $L\mathbb{K}[x,y,z]$ "freie Liealgebra" über $\{x,y,z\}$ ist) leitet man dann her, daß nach dem Einsetzen von u,v,w an die Stelle von x,y,z ebenfalls noch $(u\circ v)\circ w = u\circ(v\circ w)$ gilt.

(ii) Ist $T_2(u,v)$ der Term 2. Ordnung von $u\circ v$, so ist $T_2(u,v) - T_2(v,u) = [u,v]$. Nach Satz 1 in 3.1 stimmen also die Kommutatoren in G und in der definierten lokalen Gruppe überein.

Beweis von Satz 3

Der folgende Beweis benutzt die Abschnitte 3.4 und 3.5. Wir argumentieren "lokal", d.h. wir lassen es dabei bewenden, von "genügend kleinen" Umgebungen zu sprechen, ohne alle einschränkenden Anforderungen an diese Umgebungen aufzuzählen.

(ii) ⇒ (i) In L sei eine Norm eingeführt. Für $X, Y \in L$ sei $X\circ Y := \sum h_n(X,Y)$, dort wo die Reihe konvergiert, also sicher in einer bestimmten Umgebung der 0 in L nach Lemma 1 in 3.5. Als lokale Gruppenstruktur in L nehmen wir $(L,"\circ")$ (siehe Beweis von Satz 2). Sei $p \in M$. Sei W eine offene Umgebung von p, $a: W \to \mathbb{K}$ eine analytische Funktion. Sei U eine genügend kleine Kugelumgebung der 0 in L, so daß insbesondere für alle $X, Y \in U$ die Elemente $\exp(Y)(\exp(X)(p))$, $X\circ Y$, $\exp(X\circ Y)(p)$ definiert sind und in W liegen. Wie im Satz in 3.5, Gleichung (3) im Beweis, zeigt man dann, daß $a(\exp(Y)(\exp(X)(p)) = a(\exp(X\circ Y)(p))$ ist. Es folgt die Behauptung.

(i) ⇒ (ii) Es sei "$\circ$" das lokal definierte Produkt in L, $p \in M$. Zu p sei eine genügend kleine Umgebung U wie eben gewählt. Es sei a eine analytische Abbildung der offenen Umgebung W von p in $\mathbb{K}$. Für $X, Y \in U$ sei $X\circ Y = T_1(X,Y) + T_2(X,Y) + \ldots + T_n(X,Y) + \ldots$ die Taylorreihe des Produktes "$\circ$", wobei $T_n(X,Y)$ der Term n-ter Ordnung ist.

(1) Es ist $T_1(X,Y) = X + Y$. Denn es ist $T_1(X,Y)(a)(p) =$

$$= \frac{d}{dt}\Big|_{t=0} a(\exp(tX\circ tY)(p)) = \frac{d}{dt}\Big|_{t=0} a(\exp(tY)(\exp(tX)(p))) =$$

$= (X + Y)(a)(p)$. Es folgt: $T_1(X,Y)(p) = (X + Y)(p)$. Das gilt für jedes p.

(2) Es ist $(T_2(X,Y) + \frac{1}{2}X^2 + \frac{1}{2}Y^2 + \frac{1}{2}XY + \frac{1}{2}YX)(a)(p) =$

$= \frac{d^2}{dt^2}\Big|_{t=0} a(\exp(tX \circ tY)(p)) = \frac{d^2}{dt^2}\Big|_{t=0} a(\exp(tY)(\exp(tX)(p))) =$

$= (\frac{1}{2}X^2 + \frac{1}{2}Y^2 + XY)(a)(p)$. Daraus folgt, es ist $T_2(X,Y)(a)(p) =$

$= \frac{1}{2}(XY - YX)(a)(p)$ und, da dies für alle p gilt, es ist $XY - YX =$

$= 2T_2(X,Y)$. Also liegt $XY - YX$ in L .

4.4. Über die Bedeutung der Lieschen Sätze für die Klassifikation der analytischen Gruppen

Aus dem Satz 1 in 5.1 unten folgt, daß isomorphe analytische Gruppen isomorphe Liealgebren besitzen. Man erhält also eine wohldefinierte Abbildung von der Menge der Isomorphieklassen der einfach zusammenhängenden analytischen Gruppen in die Menge der Isomorphieklassen der endlich dimensionalen Liealgebren über $\mathbb{K}$, wenn man der Isomorphieklasse einer Gruppe G die Isomorphieklasse von $\dot{G}$ zuordnet. Satz 1 , Korollar 1 und Satz 2 von 4.2 besagen nun, daß diese Abbildung bijektiv ist. In diesem Sinne ist die Klassifikation der einfach zusammenhängenden analytischen Gruppen zurückgeführt auf die Klassifikation der endlich dimensionalen Liealgebren über $\mathbb{K}$. Die folgende Überlegung macht deutlich, daß dadurch die Klassifikation entscheidend vereinfacht wird.

Sei V ein endlich dimensionaler Vektorraum über $\mathbb{K}$ und $(c_1,\dots,c_n)$ sei eine Basis in V . Eine Liealgebrenstruktur auf V ist eindeutig festgelegt durch die Angabe der Konstanten α_{ij}^k , $i,j,k = 1,\dots,n$, in den Gleichungen

$$[c_i,c_j] = \sum_{k=1}^{n} \alpha_{ij}^k \cdot c_k \quad , \quad i,j = 1,\dots,n .$$

Eine Liealgebra liegt vor, wenn diese α_{ij}^k noch gewisse, die Antikommutativität und die Jacobi-Identität garantierende Bedingungen erfüllen, also $\alpha_{ij}^k = -\alpha_{ji}^k$ und eine Reihe quadratischer Gleichungen. Die α_{ij}^k nennt man auch Strukturkonstanten der Liealgebra.

Sei andererseits G eine analytische Gruppe, $x \longmapsto (x_1,\dots,x_n)$ eine Karte im neutralen Element. Dann ist lokal die Gruppenstruktur gegeben durch Funktionen $(x\cdot y)_i =: f_i(x_1,\dots,x_n,y_1,\dots,y_n)$, die ebenfalls bestimmte, die Assoziativität usw. gewährleistende Bedingungen erfüllen müssen. Die Klassifikation analytischer Gruppen zurückführen auf die Klassifikation von Liealgebren bedeutet also in diesem Sinne, das Problem, gewisse Funktionen mehrerer Variablen zu finden, zurückführen auf die Aufgabe, eine feste endliche Anzahl von Konstanten anzugeben.

In 4.6 des II. Kapitels wurde ausgeführt, wie man von der Kenntnis der einfach zusammenhängenden reell analytischen Gruppen zu einer Klassifikation der zusammenhängenden reell analytischen Gruppen kommt. Jede zusammenhängende Gruppe G ist nämlich lokal isomorph zu ihrer universellen Überlagerungsgruppe $\tilde{G}$. Die Quotienten $\tilde{G}/D$ von $\tilde{G}$ durch diskrete, zentrale Normalteiler D sind gerade die zu $\tilde{G}$ lokal isomorphen zusammenhängenden reell analytischen Gruppen. Auf das analoge Problem für komplex analytische Gruppen wollen wir hier nicht eingehen.

Als Demonstration der bisherigen Überlegungen geben wir zwei Beispiele einer Klassifikation.

<u>Klassifikation der zusammenhängenden zweidimensionalen reell analytischen Gruppen</u>

(i) Aufzählung der zweidimensionalen Liealgebren über dem (beliebigen) Körper K.

(a) Es sei L ein zweidimensionaler Vektorraum über K mit Basis (x,y) gegeben. Die Relationen $[x,x] = [y,y] = 0$, $[x,y] = -[y,x] = x$ definieren eine nicht kommutative Liealgebra, die wir ebenfalls mit L bezeichnen.

(b) Sei nun $(A,[\ ,\ ])$ eine zweidimensionale Liealgebra über K, sei (e_1,e_2) eine Basis von A. Sei A' der von $[e_1,e_2]$ aufgespannte Vektorraum $\{[a_1,a_2] \mid a_1, a_2 \in A\} \subset A$.

1. Fall:

Es ist $A' = 0$. Dann ist A kommutativ und isomorph zur kommutativen Liealgebra K^2.

2. Fall:

Es ist $A' \neq 0$, d.h. A ist nicht kommutativ. Dann ist $x := [e_1,e_2] \neq 0$ und $A' = K\cdot x$. Sei $y' \in A$, so daß (x,y') eine Basis von A ist. Dann ist $[x,y'] = \alpha x$ mit $\alpha \neq 0$. Sei nun $y := \frac{1}{\alpha}y'$. Dann ist (x,y) eine Basis von A und es ist $[x,y] = x$. Also ist A isomorph zu L.

<u>Ergebnis:</u> Die kommutative Liealgebra K^2 und L sind bis auf Isomorphie die einzigen zweidimensionalen Liealgebren.

(ii) Sei nun $K = \mathbb{R}$. Die additive Gruppe $(\mathbb{R}^2,+)$ ist die zur Liealgebra $\mathbb{R}^2$ gehörige einfach zusammenhängende Gruppe. Die bis auf Isomorphie einzige nicht kommutative einfach zusammenhängende zweidimensionale reell analytische Gruppe ist die Gruppe $SAF(1,\mathbb{R})$ der

Affinitäten der reellen Geraden mit positiver Determinante (Beispiel (b) in II , 4.6). Ihr Zentrum besteht nur aus dem Einselement.

(iii) Wir können also die zusammenhängenden zweidimensionalen reell analytischen Gruppen aufzählen. Jede solche Gruppe ist isomorph zu einer der kommutativen Gruppen $\mathbb{R}^2$, $(\mathbb{R}/\mathbb{Z}) \times \mathbb{R}$, $(\mathbb{R}/\mathbb{Z})^2$ oder zu $SAF(1,\mathbb{R})$.

Klassifikation der zusammenhängenden kommutativen reell analytischen Gruppen

Eine kommutative Liealgebra über $\mathbb{K}$ ist nichts anderes als ein $\mathbb{K}$ - Vektorraum. Die Klassifikation der zusammenhängenden kommutativen reell analytischen Gruppen wurde schon im Satz 5 in 2.2 gegeben. Sie ergibt sich aus den Ausführungen im Beispiel (a) in II , 4.6 .

§ 5. DAS ZUSAMMENSPIEL VON LIEALGEBRA UND LIEGRUPPE

In diesem Paragraphen sei $\mathbb{K}$ wieder der Körper der komplexen oder der reellen Zahlen, analytisch bedeute wieder reell oder komplex analytisch.

5.1. Unteralgebren. Homomorphismen

Zur Definition der Liealgebren und der Homomorphismen von Liealgebren sehe man in 4.1 nach.

Definition

Sei $(L,[\ ,\ ])$ eine Liealgebra. Sind $A , B \subset L$, dann sei $[A,B]$ der von $\{ [a,b] \mid a \in A , b \in B \}$ erzeugte Untervektorraum von L . Eine (Lie-) Unteralgebra von L ist ein Untervektorraum A von L , der stabil ist bezüglich $[\ ,\ ]$, d.h. für den $[A,A] \subset A$ ist.

Satz 1

Seien G und H analytische Gruppen, $\dot{G}$ und $\dot{H}$ ihre Liealgebren und $f: G \to H$ sei ein analytischer Homomorphismus. Dann ist $df_{|e} =:$ $=: df: \dot{G} \to \dot{H}$ ein Homomorphismen der Liealgebren und es gilt $\exp \circ df =$ $= f \circ \exp$.

Bew.: Die beiden Abbildungen $G \times G \to H$, $(x,y) \longmapsto f(xyx^{-1}y^{-1})$ und $(x,y) \longmapsto f(x)f(y)(f(x))^{-1}(f(y))^{-1}$ sind gleich, folglich auch ihre Hauptteile, d.h. es ist $df([x,y]) = [df(x),df(y)]$. Der zweite Teil der Behauptung wurde schon als Satz 3 (2) in 2.2 registriert.

Satz 2

Sei G eine analytische Gruppe. Dann gilt:

(1) Ist H eine analytische Untergruppe von G, so ist $\dot{H}$ eine Unteralgebra von $\dot{G}$.

(2) Sei $\dot{H}$ eine Unteralgebra von $\dot{G}$, sei $H := \langle \exp(\dot{H}) \rangle$ die von $\exp(\dot{H})$ erzeugte Untergruppe von G. Dann gibt es auf H eine eindeutig bestimmte analytische Struktur, so daß H eine zusammenhängende analytische Untergruppe von G ist und so daß $\dot{H}$ die Liealgebra von H ist.

Bew.: (1) folgt aus Satz 1. Als f nehme man die Inklusion von H in G.

(2) (i) Wir nehmen Bezug auf Bezeichnungsweisen und Ergebnisse im ersten Beweis des Satzes 1 in 4.3 und übernehmen auch die dortigen Identifikationen. Sei U' eine offene Umgebung der O in $\dot{G}$, die man vermöge $\exp$ mit $\exp(U')$ identifizieren kann. Für $u \in \dot{G}$ sei $ad(u) : \dot{G} \to \dot{G}$ die Abbildung $v \longmapsto [u,v]$. Sei U' so klein gewählt, daß für alle $u, v \in U'$ gilt:

$$L^v(u) = \frac{ad(u)}{1 - \exp(-ad(u))}(v) .$$

Es folgt sofort, daß $L^v(u)$ aus $\dot{H}$ ist für alle u und v aus $U' \cap \dot{H} =: V'$. Sei U eine offene Kugelumgebung der O in $\dot{G}$ mit $U \cdot U \subset U'$. Für $u, v \in V := U \cap \dot{H}$ gilt dann: $u \cdot tv \in V'$ falls $|t| < 1 + \varepsilon$ für ein gewisses $\varepsilon > O$. Insbesondere liegt also $u \cdot v \in V'$.
Als offene Teilmenge von $\dot{H}$ trägt V eine analytische Struktur. Die Abbildung $\mu_V : V \times V \to V'$ sei definiert durch $\mu_V(v_1, v_2) = v_1 \cdot v_2^{-1}$. Es ist $\mu_V^{-1}(V)$ offen in $V \times V$ und μ_V ist analytisch. Multiplikativ wird H von V erzeugt, denn V erzeugt $(\dot{H},+)$. Nach dem Satz in I, 3.2 gibt es auf H eine eindeutig bestimmte analytische Struktur, die in einer Umgebung W von e, $W \subset V$, mit der in V vorgegebenen übereinstimmt. In unserem Fall kann man ganz V für W nehmen, weil die auf V vorgegebene Struktur bereits invariant gegenüber Translationen ist.

(ii) Mit der so definierten Struktur ist H eine analytische Untergruppe von G. Es ist nämlich H eine analytische Untermannigfaltigkeit von G. Denn V ist analytische Untermannigfaltigkeit von U und für jedes $a \in H$ ist $a \cdot V$ Untermannigfaltigkeit von $a \cdot U$.

Daß die Liesche Algebra von H gleich $\dot{H}$ ist, folgt aus der Tatsache, daß der Kommutator in der Untergruppe H gleich der Einschränkung des Kommutators in G ist. Die Einschränkung von $\exp: \dot{G} \to G$ auf H ergibt die Exponentialabbildung von H. Die nochmalige Einschränkung auf V definiert einen analytischen Isomorphismus von V auf $\exp(V)$. Daraus sieht man, daß jede analytische Untergruppenstruktur auf H, bezüglich der die Liealgebra von H gleich $\dot{H}$ ist, mit der in (i) definierten Struktur übereinstimmt.

Korollar

Mit der in (i) des vorausgehenden Beweises definierten Struktur ist H die einzige zusammenhängende analytische Untergruppe von G, die $\dot{H}$ als Liealgebra hat.

5.2. Automorphismen und Derivationen

5.2.1. Derivationen. Die analytische Gruppe der Automorphismen einer endlich dimensionalen Algebra

Bezeichnung

In diesem Abschnitt verstehen wir ganz allgemein unter einer Algebra über dem kommutativen Körper K einen Vektorraum A über K zusammen mit einer bilinearen Abbildung "$\cdot$": $A \times A \to A$, $(a,a') \longmapsto a\cdot a'$, Produkt in A genannt.
Wenn klar ist, welches Produkt gemeint ist, bezeichnen wir die Algebra auch einfach mit A.

Unter diese Bezeichnung fallen insbesondere assoziative Algebren mit oder ohne Einselement und Liealgebren mit dem Kommutator als Produkt.

Sei A eine Algebra über K. Unter einem Algebrenautomorphismus α von A versteht man einen Vektorraumisomorphismus mit $\alpha(a\cdot b) = \alpha(a)\cdot\alpha(b)$. Die Algebrenautomorphismen bilden eine Untergruppe $\mathrm{Aut}(A) \subset GL(A)$.

Definition 1

Eine lineare Abbildung $D: A \to A$ heißt Derivation, wenn gilt:
$D(a\cdot a') = D(a)\cdot a' + a\cdot D(a')$ für alle a, $a' \in A$.

Bezeichnung

Sei V ein Vektorraum. Mit $E(V)$ bezeichnen wir die assoziative Algebra der Endomorphismen von V und mit $gl(V)$ die durch $E(V)$ definierte Liealgebra mit Kommutator $[\ ,\ ]$ (siehe 4.1 Beispiel 4). D.h. sind f , g Endomorphismen von V , dann ist $[f,g] = f\circ g - g\circ f$.

Lemma 1

Die Derivationen der Algebra A bilden eine Unteralgebra $Der(A)$ der Lieschen Algebra $gl(A)$.

Bew.: Seien E , D Derivationen von A , x , y beliebig aus A . Dann gilt: $[D,E](x\cdot y) = D\circ E(x\cdot y) - E\circ D(x\cdot y) = D(E(x)\cdot y + x\cdot E(y)) -$
$- E(D(x)\cdot y + x\cdot D(y)) = D\circ E(x)\cdot y + x\cdot D\circ E(y) - E\circ D(x)\cdot y - x\cdot E\circ D(y) =$
$= (D\circ E - E\circ D)(x)\cdot y + x\cdot(D\circ E - E\circ D)(y) = [D,E](x)\cdot y + x\cdot[D,E](y)$.

Anschaulich ist eine Derivation ein "infinitesimaler" Automorphismus. Sei nämlich I die Identität von A , $I + D$ sei ein Algebrenautomorphismus. Dann folgt: $D(x\cdot y) = x\cdot D(y) + D(x)\cdot y + D(x)\cdot D(y)$ für alle x , $y \in A$. D.h. D ist eine Derivation bis auf das Glied $D(x)\cdot D(y)$. Sei nun A eine Algebra über $\mathbb{K} \in \{\mathbb{R}, \mathbb{C}\}$. Dann schlägt sich das eben Erwähnte in folgendem Lemma nieder.

Lemma 2

(i) Sei $\varepsilon \in \mathbb{R}$ und $\varepsilon > 0$, sei $\varphi: \{t \mid t \in \mathbb{K} , |t| < \varepsilon\} \longrightarrow GL(A)$ eine differenzierbare Kurve mit $\varphi(0) = 1_A$ und $\varphi(t) \in Aut(A)$ für jedes t . Dann ist $\frac{d\varphi}{dt}\big|_{t=0}$ eine Derivation.

(ii) Sei D eine Derivation. Dann ist $\exp(D) \in Aut(A)$.

Bew.: (i) Nach der Produktregel für die Ableitung einer Funktion ist $\frac{d}{dt}(\varphi(x\cdot y)) = \frac{d}{dt}(\varphi(x)\cdot\varphi(y)) = \frac{d\varphi}{dt}(x)\cdot\varphi(y) + \varphi(x)\cdot\frac{d\varphi}{dt}(y)$ für x , $y \in A$. Die Behauptung folgt für $t = 0$.

(ii) Es sei D eine Derivation von A . Durch Induktion zeigt man die Leibnitz-Regel:

$D^k(x\cdot y) = \sum_{p=0}^{k} \binom{k}{p} D^p(x)\cdot D^{k-p}(y)$ für alle x , $y \in A$. Daher ist

$$\exp(D)(x\cdot y) = \sum_{i=0}^{\infty} \frac{D^i}{i!}(x\cdot y) = \sum_{p\geq 0} \sum_{q\geq 0} \frac{1}{(p+q)!} \binom{p+q}{p} D^p(x)\cdot D^q(y) =$$

$$= \sum_{p=0}^{\infty} \sum_{q=0}^{\infty} \frac{1}{p!q!} D^p(x)\cdot D^q(y) = \left(\sum_{p=0}^{\infty} \frac{D^p}{p!}(x)\right)\cdot\left(\sum_{q=0}^{\infty} \frac{D^q}{q!}(y)\right) =$$

$$= \exp(D)(x)\cdot\exp(D)(y) .$$

Folgerung

Ist L eine Liealgebra von Derivationen von A und V ein Untervektorraum von A, so ist V genau dann invariant unter L, wenn V invariant unter $< \exp(L) >$ ist.

Satz

Sei A eine endlich dimensionale Algebra über $\mathbb{K}$. Dann ist $\mathrm{Aut}(A)$ eine abgeschlossene analytische Untergruppe von $GL(A)$ mit der Liealgebra $\mathrm{Der}(A)$.

Bew.: Es ist klar, daß $\mathrm{Aut}(A)$ eine abgeschlossene Untergruppe von $GL(A)$ ist. Also ist $\mathrm{Aut}(A)$ mit der induzierten Topologie eine reell analytische Untergruppe von $GL(A)$. Nach Lemma 2 (ii) ist $\exp(\mathrm{Der}(A)) \subset \mathrm{Aut}(A)$. Ist umgekehrt $\dot{g} \in \dot{\widehat{GL(A)}}$ (im komplexen Fall ist dann $\dot{g}$ ein komplexer Endomorphismus von A), so daß $\exp(t\dot{g}) \in \mathrm{Aut}(A)$ für alle $t \in \mathbb{R}$, so ist nach Lemma 2 (i) $\dot{g}$ eine Derivation von A. Als Menge ist also $\dot{\widehat{\mathrm{Aut}(A)}} = \mathrm{Der}(A)$. Im reellen Fall ist man damit schon fertig. Ist A eine komplexe Algebra, so ist $\dot{\widehat{\mathrm{Aut}(A)}}$ ein komplexer Untervektorraum von $\dot{\widehat{GL(A)}}$. Daraus folgt dann, daß $\mathrm{Aut}(A)$ mit der induzierten Topologie eine komplex analytische Untergruppe mit Liealgebra $\mathrm{Der}(A)$ ist.

5.2.2. Innere Derivationen. Darstellungen

Definition 1

Sei L eine Liesche Algebra über K, $a \in L$. Dann heißt die lineare Abbildung $\mathrm{ad}(a): L \to L$, $x \longmapsto [a,x]$, die Adjungierte von a.

Lemma 1

Für $a \in L$ ist $\mathrm{ad}(a)$ eine Derivation der Liealgebra L.

Bew.: Jacobi-Identität

Definition 2

Eine Derivation D von L heißt innere Derivation, wenn D gleich $\mathrm{ad}(a)$ ist für ein $a \in L$.

Definition 3

Sei V ein Vektorraum über dem (kommutativen) Körper K, sei G eine Gruppe, L eine Liealgebra über K und A eine assoziative Algebra über K. Dann definieren wir: Eine Darstellung von G in V ist ein

Gruppenhomomorphismus $G \to GL(V)$, eine Darstellung von L in V ist ein Homomorphismus von Liealgebren $L \to gl(V)$, eine Darstellung von A in V ist ein Algebrenhomomorphismus $A \to E(V)$. Eine injektive Darstellung heißt treu.

Lemma 2

Sei L eine Liealgebra. Die Abbildung $L \to gl(L)$, $a \longmapsto ad(a)$, ist eine Darstellung der Liealgebra L in dem Vektorraum L .

Bew.: Es ist $ad([a,b])(x) = [[a,b],x] = [a,[b,x]] - [b,[a,x]] =$
$= [ad(a),ad(b)](x)$ wegen der Jacobi-Identität.

Definition 4

Die Abbildung $L \to gl(L)$, $a \longmapsto ad(a)$, heißt adjungierte Darstellung der Liealgebra L .

5.2.3. Innere Automorphismen. Adjungierte Darstellung

Lemma

Seien L , M , N analytische Mannigfaltigkeiten, $p \in M$ und $q \in N$ seien feste Punkte. Sei $f: L \times M \to N$ eine analytische Abbildung mit $f(x,p) = q$ für jedes $x \in L$. Es sei $i^x: M \to L \times M$ die Injektion $y \longmapsto (x,y)$. Dann ist die Abbildung $D_M: L \to \mathrm{Hom}_{\mathbb{K}}(M_p,N_q)$, $x \longmapsto d(f \circ i^x)_{|p}$, analytisch. ($\mathrm{Hom}_{\mathbb{K}}(M_p,N_q)$ ist der Vektorraum der $\mathbb{K}$-linearen Abbildungen $M_p \to M_q$.)

Bew.: Man wählt Koordinatensysteme. Dann folgt die Behauptung sofort aus der Analytizität der partiellen Ableitung einer analytischen Abbildung.

Folgerung

Seien F und H analytische Gruppen, $s: F \to Aut(H)$ ein Homomorphismus (abstrakter Gruppen), so daß die Abbildung $F \times H \to H$, $(x,y) \longmapsto s(x)(y)$, analytisch ist. Sei $d: Aut(H) \to Aut(\dot{H})$ die Abbildung, die dem Automorphismus α von H sein Differential in e zuordnet. Dann ist die Zusammensetzung von Homomorphismen

$$F \xrightarrow{s} Aut(H) \xrightarrow{d} Aut(\dot{H}) \subset GL(\dot{H}) \quad \text{analytisch.}$$

Beispiel

Sei G eine analytische Gruppe, $\rho: G \to Aut(G)$ die Abbildung, die jedem $g \in G$ den inneren Automorphismus $x \longmapsto gxg^{-1}$ von G zuordnet.

Die Abbildung $G \times G \to G$, $(g,x) \longmapsto gxg^{-1}$, ist analytisch. Sei $\mathrm{Ad}\colon G \to GL(\dot{G})$ die Zusammensetzung der Homomorphismen

$$G \xrightarrow{\ \rho\ } \mathrm{Aut}(G) \xrightarrow{\ d\ } \mathrm{Aut}(\dot{G}) \subset GL(\dot{G}) \ .$$

Dann ist Ad analytisch.

Definition 1

Die Abbildung $\mathrm{Ad}\colon G \to GL(\dot{G})$ heißt adjungierte Darstellung von G .

Satz 1

Es ist $d\mathrm{Ad}_{|e} = \mathrm{ad}\colon \dot{G} \to gl(\dot{G})$, in Worten: Das Differential der adjungierten Darstellung einer Gruppe in e ist die adjungierte Darstellung ihrer Lieschen Algebra.

Bew.: Wir identifizieren G lokal mit $\dot{G}$ vermöge exp . Ist die Kugelumgebung U der 0 in $\dot{G}$ genügend klein gewählt, so gilt für x , $g \in U$ die Reihendarstellung: $gxg^{-1} = gx - g + \frac{1}{2}[gx,-g] + \ldots =$
$= g + x + \frac{1}{2}[g,x] + \ldots - g + \frac{1}{2}[g + x + \frac{1}{2}[g,x] + \ldots ,-g] + \ldots$

Es ist $\mathrm{Ad}(g)(x)$ gleich dem in x linearen Bestandteil der Reihe, also

$$(*) \qquad \mathrm{Ad}(g)(x) = x + \frac{1}{2}[g,x] - \frac{1}{2}[x,g] - \frac{1}{4}[[g,x],g] + $$
$$+ \text{ Glieder der Ordnung } \geq 2 \text{ in } g \ .$$

Die Reihe $(*)$ gilt für alle $x \in U$ und folglich für alle $x \in \dot{G}$. Es ist dann aber $d\mathrm{Ad}_{|e}(g)(x)$ gleich dem in g linearen Teil der Reihe $(*)$. Also ist für alle $x \in \dot{G}$ und alle $g \in U$ und somit auch für alle $g \in \dot{G}$

$$d\mathrm{Ad}_{|e}(g)(x) = [g,x] = \mathrm{ad}(g)(x) \ .$$

Korollar

Für jedes $\dot{g} \in \dot{G}$ ist $\mathrm{Ad}(\exp(\dot{g})) = \exp(\mathrm{ad}(\dot{g}))$ (siehe Satz 1 in 5.1).

Definition 2

Sei L eine Liealgebra über $\mathbb{K} \in \{\mathbb{R}, \mathbb{C}\}$. Ein Automorphismus $\varphi\colon L \to L$ heißt innerer Automorphismus, wenn es endlich viele innere Derivationen D_i , $i = 1,\ldots,m$, von L gibt, so daß

$$\varphi = \prod_{i=1}^{m} \exp(D_i) \ .$$

Die inneren Automorphismen bilden eine Untergruppe $\mathrm{Int}(L)$ von $\mathrm{Aut}(L)$.

Satz 2

Sei G eine analytische Gruppe. Die Untergruppe $\mathrm{Int}(\dot{G})$ der inneren Automorphismen von $\dot{G}$ liegt im Bild von $\mathrm{Ad}: G \to \mathrm{Aut}(\dot{G})$. Wenn G zusammenhängend ist, so gilt die Gleichheit $\mathrm{Ad}(G) = \mathrm{Int}(\dot{G})$, d.h. in diesem Falle sind die inneren Automorphismen von $\dot{G}$ gerade die von inneren Automorphismen von G induzierten Automorphismen.

Bew.: Nach Definition 2 und dem Korollar gilt für jeden inneren Automorphismus $\dot{\alpha}$ von $\dot{G}$, $\dot{\alpha} = \exp(\mathrm{ad}(\dot{g}_1))\circ\ldots\circ\exp(\mathrm{ad}(\dot{g}_m)) =$ $= \mathrm{Ad}(\exp(\dot{g}_1) \ldots \exp(\dot{g}_m))$. Wenn G zusammenhängend ist, läßt sich jedes $g \in G$ als $\exp(\dot{g}_1) \ldots \exp(\dot{g}_m)$ darstellen (siehe Lemma 2 in I, 3.2).

Satz 3

Ist die analytische Gruppe G zusammenhängend und das Zentrum $Z(G)$ von G gleich $\{e\}$, so ist $\mathrm{Ad}: G \to GL(\dot{G})$ ein Isomorphismus von G auf die Gruppe der inneren Automorphismen der Liealgebra $\dot{G}$.

Bew.: (1) Nach Satz 2 ist Ad surjektiv, weil G zusammenhängend ist.

(2) Da das Zentrum von G gleich $\{e\}$ ist, ist $\rho: G \to \mathrm{Aut}(G)$, $\rho(g) = (x \longmapsto gxg^{-1})$, injektiv. Nach dem Korollar 2 des Satzes 1 in 4.2 ist aber auch $d: \mathrm{Aut}(G) \longrightarrow \mathrm{Aut}(\dot{G})$, $\alpha \longmapsto d\alpha_{|e}$, injektiv, da G zusammenhängend ist. Also ist auch die Komposition $\mathrm{Ad} = d\circ\rho$ injektiv.

5.3. Ideale. Quotienten

Definition 1

Sei A eine Liesche Algebra über K. Ein Ideal in A ist ein Untervektorraum B, für den $[A,B] \subset B$ ist. Ideale sind insbesondere Unteralgebren.

Wir werden sehen, daß die Ideale in Liealgebren den Normalteilern in Gruppen entsprechend. Unter diesem Gesichtspunkt entspricht die vorangehende Definition folgendem Satz in der Gruppentheorie: Sei G eine Gruppe, H eine Untergruppe von G. Dann gilt: H ist genau dann Normalteiler, wenn $(G,H) = \langle\{ ghg^{-1}h^{-1} \mid g \in G, h \in H \}\rangle \subset H$. (Dabei bedeutet $\langle M \rangle$ die von $M \subset G$ erzeugte Untergruppe von G.)

Lemma

Ein linearer Unterraum einer Liealgebra über $\mathbb{K} \in \{\mathbb{R}, \mathbb{C}\}$ ist genau dann ein Ideal, wenn er invariant unter allen inneren Automorphismen ist.

Bew.: Bemerkung in 5.2.1. Das Lemma entspricht der Definition des Normalteilers in der Gruppentheorie.

Sei A eine Liealgebra, $B \subset A$ ein Ideal in A. Der Restklassenraum (der Vektorräume) A/B zusammen mit dem Kommutator $[a+B, a'+B] := := [a,a']+B$ ist eine Liealgebra. Die natürliche Projektion $\pi: A \to A/B$ ist ein Liealgebrenhomomorphismus.

Definition 2

Diese Liealgebra A/B heißt Faktoralgebra von A nach B.

Satz 1

Sei $h: A \to B$ ein Homomorphismus von Liealgebren. Dann ist $\mathrm{Kern}(h)$ ein Ideal in A und es ist $\mathrm{Bild}(h) \cong A/\mathrm{Kern}(h)$ (isomorph als Liealgebren).

Bew.: klar.

Satz 2

Sei G eine analytische Gruppe. Dann gilt:

(1) Ist H ein analytischer Normalteiler von G, so ist $\dot{H}$ ein Ideal in $\dot{G}$.

(2) Ist G zusammenhängend und ist $\dot{H}$ ein Ideal in $\dot{G}$, so ist $H := \langle \exp(\dot{H}) \rangle$ ein Normalteiler von G.

Bew.: Sei $\mathrm{Int}(\dot{G})$ die Gruppe der inneren Automorphismen von $\dot{G}$. Nach dem Satz 2 in 5.2.3 ist $\mathrm{Int}(\dot{G}) \subset \mathrm{Ad}(G)$ und für zusammenhängendes G gilt die Gleichheit.

(1) Es ist H invariant unter allen $\rho(g)$ (zu ρ siehe das Beispiel vor Definition 1). Dann ist $\dot{H}$ invariant unter $\mathrm{Ad}(G)$, insbesondere also unter $\mathrm{Int}(\dot{G})$, also ein Ideal nach dem Lemma oben.

(2) Aus der Definition von Ad und Satz 3 (2) in 2.2 ergibt sich für alle $\dot{h} \in \dot{G}$ und alle $g \in G$:

$$\exp(\mathrm{Ad}(g)(\dot{h})) = \exp(d\rho(g)_{|e}(\dot{h})) = \rho(g)(\exp(\dot{h})) = g \cdot \exp(\dot{h}) \cdot g^{-1} .$$

Aus dieser Gleichung folgt, daß $\dot{H}$ genau dann unter allen $\mathrm{Ad}(g)$ invariant ist, wenn $H = \langle \exp(\dot{H}) \rangle$ unter allen inneren Automorphismen von G invariant ist, also Normalteiler ist. Ist also $\dot{H} \subset \dot{G}$ ein

Ideal, so ist $\dot{H}$ invariant unter $\mathrm{Int}(\dot{G})$ nach dem Lemma oben, also invariant unter $\mathrm{Ad}(G)$, weil G zusammenhängend ist. Also ist $< \exp(\dot{H}) >$ ein Normalteiler.

Bemerkung

Die Behauptung (2) gilt i.a. nicht mehr, wenn G nicht zusammenhängend ist. Wir geben als Beispiel eine Gruppe G und einen Normalteiler H von G_0 (der Zusammenhangskomponente der Eins) an, der kein Normalteiler von G ist. Sei G das semidirekte Produkt $\mathbb{Z}_2 \cdot \mathbb{R}^2$, das entsteht, wenn das nicht triviale Element von $\mathbb{Z}_2$ auf $\mathbb{R}^2$ als $\mathbb{R}^2 \to \mathbb{R}^2$, $(x,y) \longmapsto (y,x)$, operiert. Es ist $G_0 \cong \mathbb{R}^2$. Dann ist $H := \{ (x,0) \mid x \in \mathbb{R} \} \subset \mathbb{R}^2$ ein Normalteiler von G_0 , der nicht Normalteiler von G ist.

Sei G eine reell analytische Gruppe, sei H ein abgeschlossener Normalteiler von G . Nach 2.5 Satz 2 (c) ist dann G/H mit dem unter der kanonischen Projektion $p: G \to G/H$ identifizierten lokalen Funktionensystem eine analytische Gruppe. Im folgenden habe die Faktorgruppe einer reell analytischen Gruppe nach einem abgeschlossenen Normalteiler immer diese analytische Struktur.

Satz 3

Die Liealgebra von G/H ist $\dot{G}/\dot{H}$.

Bew.: Sei p die kanonische Projektion $G \to G/H$. Das Differential $dp_{|e}$ ist surjektiv, und sein Kern ist $\dot{H}$. Also ist $\dot{\widehat{G/H}} \cong \dot{G}/\dot{H}$.

Satz 4

Seien G , F reell analytische Gruppen und $f: G \to F$ ein surjektiver analytischer Homomorphismus. Die Topologie von F sei die Identifizierungstopologie unter f . Sei F' ein abgeschlossener Normalteiler von F und $G' = f^{-1}(F')$. Dann ist der kanonische Isomorphismus (abstrakter Gruppen) $G/G' \cong F/F'$ ein Isomorphismus analytischer Gruppen.

Bew.: Sei $H = \mathrm{Kern}(f)$ und sei p die kanonische Projektion $G \to G/H$. Man hat wohldefinierte Homomorphismen $f\circ p^{-1}: G/H \to F$ und $p\circ f^{-1}$: $F \longrightarrow G/H$, die stetig sind, weil die Topologien von G/H bzw. F die Identifizierungstopologien unter p bzw. f sind. Es folgt dann, daß f auch eine Identifizierung lokaler Funktionensysteme ist (siehe die Definition in 2.5) .
Sei π_1 die Projektion $F \to F/F'$ und π_2 die Projektion $G \to G/G'$. Dann sind $\pi_1 \circ f$ und π_2 Identifizierungen lokaler Funktionensysteme.

Aus der Eigenschaft (2) des Lemmas in 2.5 folgt nun die Behauptung.

Spezialfall

Sei $f: G \to H$ ein surjektiver analytischen Homomorphismus reell analytischer Gruppen, und die Topologie von H sei die Identifizierungstopologie unter f. Dann ist der kanonische Isomorphismus $G/\mathrm{Kern}(f) \cong H$ ein Isomorphismus reell analytischer Gruppen.

5.4. Charakteristische Gruppen und Ideale

Derjenige Teil der Aussagen, der sich auf Gruppen bezieht, ist schon einmal in I , 4.3 formuliert worden.

Definition 1

Eine Untergruppe einer Gruppe heißt charakteristisch, wenn sie invariant unter allen Automorphismen ist.
Ein Ideal einer Liealgebra heißt charakteristisch, wenn es invariant unter allen Derivationen ist.

Satz

(1) Ein charakteristisches Ideal eines charakteristischen Ideals ist charakteristisch.

(2) Ein charakteristisches Ideal eines Ideals ist ein Ideal.

(3) Das Urbild eines charakteristischen Ideals bei einem surjektiven Homomorphismus ist charakteristisch, wenn der Kern des Homomorphismus charakteristisch ist.

Das Entsprechende gilt für Gruppen.

(4) Ein Untervektorraum einer Liealgebra, der invariant ist unter allen Derivationen, ist ein charakteristisches Ideal.

Bew.: klar.

Definition 2

Sei A eine Liealgebra. Das Zentrum $Z(A)$ von A ist definiert als die Menge $\{ a \mid a \in A , [a,b] = 0 \text{ für alle } b \in A \} \subset A$.

Das Zentrum ist ein charakteristisches Ideal.

5.5. Erweiterungen und semidirekte Erweiterungen von Liealgebren

Zu den Begriffen "Erweiterung" und "semidirekte Erweiterung" in der Kategorie der Gruppen sehe man in I , 3.3 nach. Wir übertragen sie hier auf Liealgebren.

Seien A , B und C Liealgebren über K .

Definition 1

Die Liealgebra C heißt Erweiterung von B durch A , wenn eine exakte Sequenz $0 \longrightarrow A \xrightarrow{j} C \xrightarrow{p} B \longrightarrow 0$ von Algebren und Homomorphismen existiert.
Die Liealgebra C heißt semidirekte Erweiterung von B durch A , wenn zudem die Sequenz spaltet, d.h. wenn es einen Homomorphismus $f: B \to C$ gibt mit $p \circ f = 1_B$. Identifiziert man im letzten Fall $j(A)$ mit A , $f(B)$ mit B , so erhält man:

(1) A ist ein Ideal in C , B ist eine Unteralgebra von C . Es ist $C = A + B$ und $A \cap B = 0$.

(2) Durch $\sigma(b)(a) := [b,a]$ für alle $a \in A$, $b \in B$ wird ein Homomorphismus $\sigma: B \to \mathrm{Der}(A)$ definiert. Es gilt dann für alle $a_1 + b_1$, $a_2 + b_2 \in A + B = C$:
$[a_1 + b_1, a_2 + b_2] = [a_1,a_2] + \sigma(b_1)(a_2) - \sigma(b_2)(a_1) + [b_1,b_2]$

Umgekehrt:

Satz

Vor.: Seien A und B Liealgebren und sei $\sigma: B \to \mathrm{Der}(A)$ ein Homomorphismus.

Beh.: Die Verknüpfung $[a_1 + b_1, a_2 + b_2] :=$
$= [a_1,a_2] + \sigma(b_1)(a_2) - \sigma(b_2)(a_1) + [b_1,b_2]$ definiert auf der direkten Summe $C := A \oplus B$ der Vektorräume A und B die Struktur einer Liealgebra. Identifizieren wir $A \oplus \{0\} \subset A \oplus B$ mit A und $\{0\} \oplus B \subset$ $\subset A \oplus B$ mit B in kanonischer Weise, so ist A ein Ideal, B eine Unteralgebra von C und für $a \in A$, $b \in B$ ist $[b,a] = \sigma(b)(a)$.

Bew.: klar.

Definition 2

Seien A und B Liealgebren, sei $\sigma: B \to \mathrm{Der}(A)$ ein Homomorphismus und sei C die wie im Satz durch σ definierte Liealgebra. Dann heißt C semidirektes Produkt von A mit B (bezüglich σ). Wir schreiben $C =: A +_\sigma B$.

Beispiele

(1) Das direkte Produkt

Seien A und B Liealgebren. Die direkte Summe $C := A \oplus B$ der Vektorräume A und B zusammen mit dem Kommutator $[a_1 + b_1, a_2 + b_2] := = [a_1, a_2] + [b_1, b_2]$ ist eine Liealgebra. Diese heißt direktes Produkt der Liealgebren A und B. Wir schreiben $C = A + B$. Die Algebra C ist semidirektes Produkt von A und B bezüglich des trivialen Homomorphismus $\sigma: B \to \mathrm{Der}(A)$, $b \longmapsto 0$.

(2) Wir betrachten $\mathbb{K}^n$ ($\mathbb{K} = \mathbb{C}$ oder $\mathbb{R}$) als kommutative Liealgebra. Die Liealgebra $\mathrm{Der}(\mathbb{K}^n)$ der Derivationen von $\mathbb{K}^n$ ist dann gleich $gl(\mathbb{K}^n)$. Sei $id: gl(\mathbb{K}^n) \longrightarrow gl(\mathbb{K}^n)$ die Identität. Dann ist $\mathbb{K}^n +_{id} gl(\mathbb{K}^n)$ ein semidirektes Produkt. Der Kommutator ist gegeben durch

$[x_1 + \alpha_1, x_2 + \alpha_2] = \alpha_1(x_2) - \alpha_2(x_1) + [\alpha_1, \alpha_2]$ für alle $x_1, x_2 \in \mathbb{K}^n$, $\alpha_1, \alpha_2 \in gl(\mathbb{K}^n)$.

(3) Sei A eine Liealgebra über dem Körper K. Wir fassen K als kommutative Liealgebra auf. Sei D eine Derivation von A. Die Abbildung $\sigma: K \to \mathrm{Der}(A)$, $x \longmapsto xD$, ist ein Liealgebrenhomomorphismus. Der Kommutator in dem semidirekten Produkt $A +_\sigma K$ wird durch die folgende Formel gegeben:

$[a_1 + x_1, a_2 + x_2] = [a_1, a_2] + x_1 D(a_2) - x_2 D(a_1)$ für alle $x_1, x_2 \in K$, $a_1, a_2 \in A$.

5.6. Zusammenhang zwischen semidirekten Produkten von Liealgebren und semidirekten Produkten von analytischen Gruppen

Seien F und H analytische Gruppen, $s: F \to \mathrm{Aut}(H)$ ein Homomorphismus, so daß die induzierte Abbildung $F \times H \to H$, $(x,y) \longmapsto s(x)(y)$, analytisch ist. Dann ist nach der Folgerung in 5.2.3 die Abbildung $\varphi: F \to \mathrm{Aut}(\dot{H})$, die Zusammensetzung $F \xrightarrow{s} \mathrm{Aut}(H) \xrightarrow{d} \mathrm{Aut}(\dot{H})$, ein analytischer Homomorphismus (d ordnet einem Automorphismus α sein Differential $d\alpha$ im Einselement zu). Das Differential $d\varphi$ von φ im Einselement e ist ein Liealgebrenhomomorphismus $d\varphi: \dot{F} \to \widehat{\mathrm{Aut}(\dot{H})} = \mathrm{Der}(\dot{H})$.

Im folgenden bezeichnen wir das durch s definierte semidirekte Produkt der Gruppen H und F mit $H \times_s F$.

Satz 1

Das semidirekte Produkt $H \times_s F$ der analytischen Gruppen H und F hat als Liealgebra das semidirekte Produkt $\dot{H} +_{d\varphi} \dot{F}$ der Lieschen Algebren $\dot{H}$ und $\dot{F}$.

Bew.: Als Vektorraum kann $H \times_s F$ kanonisch identifiziert werden mit dem direkten Produkt $\dot{H} \oplus \dot{F}$ der Vektorräume $\dot{H}$ und $\dot{F}$. Wir bezeichnen die Liealgebra $\widehat{H \times_s F}$ mit $(\dot{H} + \dot{F})_s$. Es bleibt zu zeigen, daß der Kommutator $[\ ,\ ]_s$ in $(\dot{H} + \dot{F})_s$ gleich dem Kommutator in $\dot{H} +_{d\varphi} \dot{F}$ ist, daß also gilt:

$$[x + y, x' + y']_s = [x,x'] + d\varphi(y)(x') - d\varphi(y')(x) + [y,y']$$

für alle $x, x' \in \dot{H}$, $y, y' \in \dot{F}$.

Wir denken uns H und F in $H \times_s F$ als $H \equiv H \times \{e_F\}$ bzw. $F \equiv \{e_H\} \times F$ eingebettet, ebenso $\dot{H}$ und $\dot{F}$ in $\dot{H} +_{d\varphi} \dot{F}$ und in $(\dot{H} + \dot{F})_s$ als $\dot{H} + \{0\}$ bzw. $\{0\} + \dot{F}$. Weil H und F Untergruppen von $H \times_s F$ sind, folgt sofort: Für alle $x, x' \in \dot{H}$ und $y, y' \in \dot{F}$ gilt $[x,x']_s = [x,x']$ bzw. $[y,y']_s = [y,y']$. Es bleibt noch zu zeigen:

(*) $$[y,x]_s = d\varphi(y)(x) \quad \text{für alle } x \in \dot{H},\ y \in \dot{F}.$$

Für $z \in (\dot{H} + \dot{F})_s$ sei $ad^{\dot{H}}(z)$ die Einschränkung der Derivation $ad(z): (\dot{H} + \dot{F})_s \longrightarrow (\dot{H} + \dot{F})_s$, $ad(z)(x + y) = [z, x + y]_s$, auf das Ideal $\dot{H}$. Die Behauptung (*) ist dann gleichbedeutend mit

(**) $$ad^{\dot{H}}(y) = d\varphi(y) \quad \text{für alle } y \in \dot{F}.$$

Nach der Definition 1 und dem Korollar in 5.3.2 induziert für $z \in (\dot{H} + \dot{F})_s$ der innere Automorphismus $\widehat{\exp(z)}$, $(h \cdot f) \longmapsto \exp(z) \cdot (h \cdot f) \cdot (\exp(z))^{-1}$, von $H \times_s F$ in der Liealgebra $(\dot{H} + \dot{F})_s$ den Automorphismus $Ad(\exp(z)) = \exp(ad(z))$, die Einschränkung $\widehat{\exp(z)} \mid H$ in $\dot{H}$ also den Automorphismus $Ad(\exp(z)) \mid \dot{H} = \exp(ad^{\dot{H}}(z))$. Sei nun $z = y \in \dot{F}$. Dann ist $Ad(\exp(y)) \mid \dot{H} = \varphi(\exp(y)) = \exp(d\varphi(y))$, d.h. $\exp(ad^{\dot{H}}(y)) = \exp(d\varphi(y))$. In einer genügend kleinen Umgebung der 0 in $gl(\dot{H})$ ist exp injektiv. Für genügend kleine $y \in \dot{F}$ ist also $ad^{\dot{H}}(y) = d\varphi(y)$. Dann gilt diese Gleichung aber auch für alle $y \in \dot{F}$.

Satz 2

Es seien die einfach zusammenhängenden analytischen Gruppen H und F gegeben. Die Liesche Algebra C sei ein semidirektes Produkt von $\dot{H}$ mit $\dot{F}$, wobei $\dot{H}$ ein Ideal in C sei. Dann gibt es eine analytische Gruppe G, die semidirektes Produkt von H mit F ist mit H als Normalteiler, und so daß $\dot{G} = C$ ist.

Bew.: (1) Sei $C = \dot{H} +_\sigma \dot{F}$ bezüglich des Homomorphismus $\sigma: \dot{F} \to \mathrm{Der}(\dot{H})$. Nach dem Satz in 5.2.1 ist $\mathrm{Der}(\dot{H})$ die Liesche Algebra von $\mathrm{Aut}(\dot{H})$. Nach dem Satz 1 in 4.2 und da F einfach zusammenhängend ist, gibt es einen analytischen Homomorphismus $\varphi: F \to \mathrm{Aut}(\dot{H})$ mit $d\varphi_{|e} = \sigma$. Weil H einfach zusammenhängend ist, ist $d: \mathrm{Aut}(H) \to \mathrm{Aut}(\dot{H})$ ein Gruppenisomorphismus (siehe Korollar 2 in 4.2). Man definiert $s := d^{-1} \circ \varphi: F \to \mathrm{Aut}(H)$. Die durch s induzierte Abbildung $r: F \times H \to H$ ist analytisch (das beweisen wir in Teil (2) des Beweises), so daß das semidirekte Produkt $H \times_s F$ eine analytische Gruppe ist. Nach Satz 1 hat $H \times_s F$ die Liealgebra $C = \dot{H} +_\sigma \dot{F}$.

(2) Wir haben noch zu beweisen, daß r analytisch ist. Es genügt, die Behauptung lokal zu beweisen. Wir identifizieren lokal $\dot{H}$ mit H und $\dot{F}$ mit F vermöge der Exponentialabbildungen. Wählt man dann die Umgebungen U der O in $\dot{H}$ und V der O in $\dot{F}$ genügend klein, so gilt für $r|V \times U$: $r(v,u) = \exp(\sigma(v))(u)$ für $(v,u) \in V \times U$, d.h. $r|V \times U$ ist analytisch.

IV. Kapitel: Einige Struktursätze

§ 1. AUFLÖSBARE GRUPPEN

1.1. Die abgeleitete Reihe

Bezeichnungen

(1) Sei A eine Liealgebra. Sind B, C Untervektorräume von A, so bezeichnen wir im folgenden mit $[B,C]$ den Untervektorraum, der von allen Elementen der Form $[b,c]$ ($b \in B$, $c \in C$) erzeugt wird.

(2) Sei G eine Gruppe. Sind H, K Untergruppen von G, so bezeichnen wir mit (H,K) die Untergruppe von G, die von allen Elementen der Form $hkh^{-1}k^{-1}$ ($h \in H$, $k \in K$) erzeugt wird.

(3) Ist A eine Liealgebra, so vereinbaren wir: $A \triangleright B$ (oder auch $B \triangleleft A$) $:\Longleftrightarrow$ B ist ein Ideal in A.
Ist G eine Gruppe, so bedeute $H \triangleleft G$, daß H Normalteiler von G ist. Sind $A_1, A_2, A_3, \ldots$ Liealgebren, so bedeute $A_1 \triangleright A_2 \triangleright A_3 \triangleright \ldots$, daß A_{i+1} jeweils Ideal ist in A_i für $i = 1,2,3,\ldots$ Entsprechendes sei für Gruppen und Normalteiler vereinbart.

Lemma

(1) Sind B, C (charakteristische) Ideale der Liealgebra A, so ist $[B,C]$ ein (charakteristisches) Ideal von A.

(2) Sind H, K Normalteiler (charakteristische Untergruppen) der Gruppe G, so ist (H,K) ein Normalteiler (eine charakteristische Untergruppe) von G.

Bew.: klar

Definition

(1) Sei A eine Liealgebra. Wir definieren rekursiv: $A' = A^{(1)} :=$ $= [A,A]$ und für $i \geq 2$ $A^{(i)} := [A^{(i-1)}, A^{(i-1)}]$. Das charakteristische Ideal A' von A heißt abgeleitetes Ideal oder abgeleitete Algebra, die Reihe $A \triangleright A' \triangleright A'' \triangleright \ldots \triangleright A^{(i)} \ldots$ von charakteristischen Idealen von A heißt die abgeleitete Reihe von A.

(2) Ist G eine Gruppe, so definiert man rekursiv: $G' := (G,G)$, $G^{(i)} := (G^{(i-1)},G^{(i-1)})$. Die charakteristische Untergruppe G' heißt die Kommutatoruntergruppe von G , die Reihe $G \rhd G' \rhd G'' \rhd \ldots$ von charakteristischen Untergruppen von G heißt abgeleitete Reihe von G .

(3) Ist G eine topologische Gruppe, so definiert man rekursiv:

$\tilde{G}' := \overline{(G,G)}$, $\tilde{G}^{(i)} := \overline{(\tilde{G}^{(i-1)},\tilde{G}^{(i-1)})}$. Dann heißt die Reihe $G \rhd \tilde{G}' \rhd \tilde{G}'' \rhd \ldots$ von topologisch charakteristischen Untergruppen die topologisch abgeleitete Reihe von G . (Für $X \subset G$ bedeutet dabei $\overline{X}$ die abgeschlossene Hülle von X in G .)

Bemerkung

Sei A eine Liealgebra (bzw. eine Gruppe), $B \subset A$ eine Unteralgebra (bzw. eine Untergruppe). Dann gilt:

$A' \subset B \iff B$ ist Ideal (bzw. Normalteiler) und A/B ist kommutativ.

1.2. Definition der Auflösbarkeit

Wir wollen den Begriff der Auflösbarkeit in sechs verschiedenen Kategorien definieren, und zwar in der Kategorie

(1) der abstrakten Gruppen und Homomorphismen,

(2) der endlich dimensionalen Liealgebren und Liealgebrenhomomorphismen,

(3) der hausdorffschen topologischen Gruppen und stetigen Homomorphismen,

(4) der hausdorffschen zusammenhängenden topologischen Gruppen und stetigen Homomorphismen,

(5) der reell analytischen Gruppen und analytischen Homomorphismen,

(6) der zusammenhängenden reell analytischen Gruppen und analytischen Homomorphismen.

Im folgenden bezeichne (n) eine der Kategorien (1) - (6) .
Ein Objekt in einer der Kategorien (1) - (6) heißt kommutativ, wenn es als abstrakte Gruppe bzw. als Liealgebra kommutativ ist.

Definition 1

Seien A , B , C Objekte der Kategorie (n) und sei E das Objekt, das aus der trivialen Gruppe bzw. der trivialen Liealgebra besteht. Wir nennen A Erweiterung von C durch B , wenn in der jeweiligen Kategorie (n) gilt:

(a) Für (n) = (1),(2) : Es existiert eine exakte Sequenz $E \longrightarrow B \longrightarrow A \longrightarrow C \longrightarrow E$ von Objekten und Morphismen.

(b) Für (n) = (3),(4) : Die Gruppe B ist isomorph zu einem abgeschlossenen Normalteiler H von A und A/H (mit Identifizierungstopologie) ist isomorph zu C .

(c) Für (n) = (5),(6) : Die Gruppe B ist isomorph zu einem abgeschlossenen analytischen Normalteiler H von A , der die induzierte analytische Struktur trägt, und A/H , mit der kanonischen Struktur einer Faktorgruppe nach einem abgeschlossenen Normalteiler versehen, ist isomorph zu C .

In (b) und (c) identifizieren wir H mit B und A/H mit C .

Wir definieren in der Kategorie (n) :

Definition 2

Die Klasse der auflösbaren Objekte ist die kleinste Klasse von Objekten, die alle kommutativen Objekte enthält und abgeschlossen ist gegenüber Erweiterungen. Ein Objekt aus dieser Klasse heißt auflösbar.

In den folgenden Abschnitten werden wir die Auflösbarkeit in den einzelnen Kategorien auf verschiedene Weisen charakterisieren.

1.3. Charakterisierung der auflösbaren abstrakten Gruppen

Satz

Sei G eine (abstrakte) Gruppe. Dann sind folgende Aussagen äquivalent:

(i) Die Gruppe G ist auflösbar.

(ii) Die abgeleitete Reihe ist endlich, d.h. es existiert ein n , so daß gilt: $G \triangleright G' \triangleright G'' \triangleright \dots \triangleright G^{(n)} = \{e\}$.
Das kleinste n dieser Art nennen wir die Länge von G. Wir sagen, G ist auflösbar von der Länge n .

(iii) Es gibt eine endliche Reihe $G = G_0 \triangleright G_1 \triangleright G_2 \triangleright \dots \triangleright G_s = \{e\}$ von Untergruppen von G , so daß G_i/G_{i+1} kommutativ ist für $i = 0,\dots,s-1$. Man kann G_i so wählen, daß G_i Normalteiler in G ist für alle i .

(iv) Es gibt eine endliche Sequenz
$G \xrightarrow{h_1} G_1 \xrightarrow{h_2} G_2 \xrightarrow{h_3} \dots \xrightarrow{h_t} G_t = \{e\}$ von Gruppen und Homo-

morphismen, bei der alle Kerne kommutativ sind. Man kann die G_i so wählen, daß alle h_i surjektiv sind.

Bew.: (i) ⇒ (ii)

(a) Die Klasse von Gruppen, für die (ii) gilt, enthält die kommutativen Gruppen. Denn für kommutatives G ist $G' = \{e\}$.

(b) Die Klasse von Gruppen, für die (ii) gilt, ist abgeschlossen gegenüber Erweiterungen. Dazu:
Seien G und F Gruppen und $h: G \to F$ ein Homomorphismus. Dann ist $h(G') \subset F'$. Nun seien H und F zwei Gruppen, für die (ii) gilt. Sei H Normalteiler in einer Gruppe G und $G/H = F$. Sei $\pi: G \to G/H = F$ die natürliche Projektion. Man hat dann das folgende Diagramm (π steht auch für die entsprechenden Einschränkungen):

$$
\begin{array}{ccccccccccccc}
F & \rhd & F' & \rhd & \dots & \rhd & F^{(p)} & = \{e\} & & & & & \\
\uparrow\pi & & \uparrow\pi & & & & \uparrow\pi & & & & & & \\
G & \rhd & G' & \rhd & \dots & \rhd & G^{(p)} & \rhd & G^{(p+1)} & \rhd \dots \rhd & G^{(p+q)} & = \{e\} & (*) \\
 & & & & & & \cap & & \cap & & \cap & & \\
 & & & & & & H & \rhd & H' & \rhd \dots \rhd & H^{(q)} & = \{e\} &
\end{array}
$$

Daraus liest man die Behauptung (b) sofort ab. Man sieht auch, daß die Länge von G höchstens gleich der Summe der Längen von F und H ist.

(ii) ⇒ (iv)

Wir bilden die folgende Sequenz:

$$G = G/\{e\} \xrightarrow{h_n} G/G^{(n-1)} \xrightarrow{h_{n-1}} G/G^{(n-2)} \longrightarrow \dots \xrightarrow{h_2} G/G' \xrightarrow{h_1} G/G = e \; .$$

Dabei sei $h_i: G/G^{(i)} \longrightarrow G/G^{(i-1)}$ die Abbildung $g\cdot G^{(i)} \longmapsto g\cdot G^{(i-1)}$.
Es ist $\text{Kern}(h_i) = G^{(i-1)}/G^{(i)}$. Also ist $\text{Kern}(h_i)$ kommutativ, weil $G^{(i)}$ die Kommutatoruntergruppe von $G^{(i-1)}$ ist. Ferner sind die h_i surjektiv.

(iv) ⇒ (iii)

Wir wählen eine Sequenz nach (iv) . Wir können die Wahl so treffen, daß alle h_i surjektiv sind, indem wir unter Umständen sukzessive G_i durch Bild h_i ersetzen. Dann ist $G = \text{Kern}(h_t\circ\dots\circ h_1) \rhd \text{Kern}(h_{t-1}\circ\dots\circ h_1) \rhd \text{Kern}(h_{t-2}\circ\dots\circ h_1) \rhd \dots \rhd \text{Kern}(h_1) \rhd \{e\}$ eine Reihe von Normalteilern von G der Art (iii) . Denn es ist $\text{Kern}(h_s\circ\dots\circ h_1)/\text{Kern}(h_{s-1}\circ\dots\circ h_1) \cong \text{Kern}(h_s)$ für $s = 2,\dots,t$.

(iii) $\Rightarrow$ (i)

Die Gruppe $G_s = \{e\}$ ist auflösbar. Die Gruppe G_{s-1} ist Erweiterung der kommutativen Gruppe G_{s-1}/G_s durch G_s, also auflösbar. Durch Induktion folgt, daß G Erweiterung der kommutativen Gruppe G/G_1 durch die auflösbare Gruppe G_1, also auflösbar ist.

Korollar

(a) Untergruppen einer auflösbaren Gruppe sind auflösbar.

(b) Faktorgruppen einer auflösbaren Gruppe sind auflösbar.

Bew.: (a) Sei H eine Untergruppe von G und sei G auflösbar. Es ist $H^{(i)} \subset G^{(i)}$ für jedes $i > 0$, also ist H auflösbar.

(b) Sei H ein Normalteiler von G und G auflösbar. Sei $p: G \to G/H$ die kanonische Projektion. Dann ist $(G/H)^{(i)} = p(G^{(i)})$. Es folgt, daß G/H auflösbar ist.

Lemma

(a) Die Gruppe G sei auflösbar von der Länge n, H sei Normalteiler in G. Dann ist G/H auflösbar von einer Länge $\leq n$.

(b) Seien G, F, H Gruppen. Sei F auflösbar von der Länge n, H auflösbar von der Länge m und G sei Erweiterung von F durch H. Dann ist G auflösbar von einer Länge $p \leq n + m$.

Bew.: Die beiden Behauptungen folgen sofort aus dem Diagramm (*).

1.4. Charakterisierung der auflösbaren Lieschen Algebren

Satz

Sei A eine endlich dimensionale Liesche Algebra. Dann sind folgende Aussagen äquivalent.

(i) Die Liealgebra A ist auflösbar.

(ii) Es gibt eine natürliche Zahl n, so daß für die abgeleitete Reihe gilt: $A \triangleright A' \triangleright \ldots \triangleright A^{(n)} = \{0\}$
Das kleinste solche n heißt Länge von A, und A heißt auflösbar von der Länge n.

(iii) Es gibt eine endliche Reihe $A = A_0 \triangleright A_1 \triangleright \ldots \triangleright A_s = \{0\}$ von Unteralgebren von A, so daß A_i/A_{i+1} kommutativ ist für $i = 0,\ldots,s-1$. Man kann A_i so wählen, daß A_i ein Ideal in A für alle i ist.

(iv) Es gibt eine endliche Sequenz von Liealgebren und Homomorphismen $A \xrightarrow{h_1} A_1 \xrightarrow{h_2} A_2 \longrightarrow \ldots \xrightarrow{h_l} A_l = \{0\}$, so daß $\mathrm{Kern}(h_j)$ kommutativ ist für $j = 1,\ldots,l$. Man kann die A_i so wählen, daß alle h_i surjektiv sind.

(v) Es gibt eine endliche Reihe $A = A_0 \triangleright A_1 \triangleright \ldots \triangleright A_d = \{0\}$ von Unteralgebren von A, so daß A_i ein Ideal von der Kodimension 1 in A_{i-1} ist für $i = 1,\ldots,d$.
(Im allgemeinen ist A_i kein Ideal in A, sondern nur in A_{i-1}.)

Bew.: Die Äquivalenz von (i), (ii), (iii) und (iv) wird mit analogen Argumenten wie im Beweis vom Satz in 1.2 gezeigt.

(v) ⇒ (ii)

Sei $A = A_0 \triangleright A_1 \triangleright A_2 \triangleright \ldots \triangleright A_d = \{0\}$ eine Reihe wie in (v). Nach der Bemerkung in 1.1 ist klar, daß $A_i \supset A^{(i)}$ für $i = 1,\ldots,d$. Damit ist diese Implikation bewiesen.

(iii) ⇒ (v)

Sei $A = A_0 \triangleright A_1 \triangleright A_2 \triangleright \ldots \triangleright A_s = \{0\}$ eine Reihe von Idealen von A, so daß A_i/A_{i+1} kommutativ ist für $i = 0,\ldots,s-1$, d.h. $[A_i,A_i] \subset \subset A_{i+1}$. Jeder Untervektorraum von A_i, der A_{i+1} enthält, ist also ein Ideal von A_i. Zwischen A_i und A_{i+1} kann man aber eine Folge von Untervektorräumen jeweils von der Kodimension 1 einschieben. Daraus folgt die Implikation.

Korollar

Unteralgebren und Faktoralgebren auflösbarer Algebren sind auflösbar. Über die Längen gelten die Abschätzungen wie im Lemma in 1.4.

1.5. Charakterisierung der auflösbaren Objekte der Kategorien (3) - (6)

Alle auftretenden topologischen Gruppen seien hausdorffsch. Sei G eine topologische Gruppe.

Satz 1

(a) Die folgenden Aussagen sind äquivalent:

(i) Die Gruppe G ist topologisch auflösbar, d.h. auflösbar in der Kategorie (3).

(ii) Die Gruppe G ist als abstrakte Gruppe auflösbar.

(iii) Die topologisch abgeleitete Reihe von G ist endlich, d.h. es gibt ein m, so daß gilt:

$$G \rhd \tilde{G}' \rhd \tilde{G}'' \rhd \ldots \rhd \tilde{G}^{(m)} = e .$$

Das kleinste m mit dieser Eigenschaft heißt die <u>topologische Länge</u> von G.

(iv) Es gibt eine endliche Reihe $G = G_0 \rhd G_1 \rhd G_2 \rhd \ldots \rhd G_s = \{e\}$ abgeschlossener Untergruppen von G, so daß G_i/G_{i+1} kommutativ ist für $i = 0,1,\ldots,s-1$. Die G_i können so gewählt werden, daß sie Normalteiler in G sind.

(v) Es gibt eine endliche Sequenz von hausdorffschen Gruppen und stetigen Homomorphismen $G = G_0 \xrightarrow{h_1} G_1 \xrightarrow{h_2} G_2 \longrightarrow \ldots$ $\ldots \xrightarrow{h_r} G_r = \{e\}$, wo alle Kerne kommutativ und alle h_j surjektiv sind und wo jedes h_j, $j = 1,\ldots,r$, einen topologischen Isomorphismus $G_{j-1}/\mathrm{Kern}(h_j) \cong G_j$ induziert.

(b) Die topologische Länge von G ist gleich der abstrakten Länge.

<u>Bew.:</u> Zum Beweis der Äquivalenz von (i), (iii), (iv) und (v) in (a) läßt sich der Beweis des Satzes in 1.3 übertragen (man beachte I, 4.3). Es bleibt noch zu zeigen, daß G genau dann abstrakt auflösbar ist, wenn es topologisch auflösbar ist, und daß topologische und abstrakte Länge übereinstimmen.

Seien m die topologische Länge und n die abstrakte Länge von G.

Beh.: (i) ⇒ (ii) und $n \leq m$
Bew.: Es ist $G^{(i)} \subset \tilde{G}^{(i)}$. Gemäß der Charakterisierung der Auflösbarkeit über die abgeleiteten Reihen folgt daraus die Behauptung.

Beh.: (ii) ⇒ (iv) und $n \geq m$
Bew.: Sei $G \rhd G' \rhd G'' \rhd \ldots \rhd G^{(n)} = \{e\}$ die abstrakte abgeleitete Reihe von G. Sei $G_0 := G$ und $G_i = \overline{G^{(i)}}$ für $i = 1,\ldots,n$. Dann ist $G = G_0 \rhd G_1 \rhd \ldots \rhd G_n = \{e\}$ eine Reihe von abgeschlossenen Normalteilern von G, so daß G_i/G_{i+1} kommutativ ist für $i = 0,\ldots,n-1$.

Denn sei p_i die kanonische Projektion $G \to G/G_{i+1}$. Dann ist $p_i(G^{(i)})$ kommutativ und damit auch $\overline{p_i(G^{(i)})}$. Da p_i stetig ist, gilt: $p_i(\overline{G^{(i)}}) \subset \overline{p_i(G^{(i)})}$. Also ist auch $p_i(\overline{G^{(i)}}) = G_i/G_{i+1}$ kommutativ.
Es ist $G_1 = \tilde{G}^1$. Durch Induktion zeigt man, daß $\tilde{G}^{(i)} \subset G_i$ für alle $i = 1,\ldots,n$. Daraus folgt $m \leq n$.

Satz 2

Ist die topologische Gruppe G zusammenhängend, so kann man zu (i) - (v) in Satz 1 noch folgende äquivalente Aussagen hinzufügen:

$(i)_z$ Die Gruppe G ist topologisch zusammenhängend auflösbar, d.h. auflösbar in der Kategorie (4) .

$(iv)_z$ Es gilt (iv) , und die auftretenden Gruppen sind zusammenhängend.

$(v)_z$ Es gilt (v) , und die G_i und die Kerne der h_i sind zusammenhängend.

Bew.: klar

Satz 3

Ist G eine reell analytische Gruppe, dann sind zu (i) - (v) noch die folgenden Aussagen äquivalent:

$(i)_a$ Die Gruppe G ist analytisch auflösbar, d.h. auflösbar in der Kategorie (5) .

$(iv)_a$ Es gilt (iv) , und alle Gruppen in (iv) sind analytisch.

$(v)_a$ Es gilt (v) , und alle in (v) auftretenden Gruppen, Homomorphismen und Isomorphismen sind analytisch.

(vi) Es existiert eine endliche Reihe abgeschlossener analytischer Untergruppen $G = G_0 \triangleright G_1 \triangleright G_2 \triangleright \ldots \triangleright G_p = \{e\}$, so daß für $i = 0,\ldots,p-1$ gilt: G_i/G_{i+1} ist kommutativ diskret oder zusammenhängend eindimensional.

Satz 4

Ist G reell analytisch und zusammenhängend, so sind zu (i) - (v) , $(i)_a$, $(iv)_a$, $(v)_a$ und (vi) noch die folgenden Aussagen äquivalent:

$(i)_{az}$ Die Gruppe G ist analytisch zusammenhängend auflösbar, also auflösbar in der Kategorie (6) .

$(iv)_{az}$ Es gilt $(iv)_a$, und alle auftretenden Gruppen sind zusammenhängend.

$(v)_{az}$ Es gilt $(v)_a$ mit zusammenhängenden Gruppen.

$(vi)_z$ Es gilt (vi) , und alle Quotienten sind zusammenhängend eindimensional.

(vii) Die Liealgebra $\dot{G}$ ist auflösbar.

Beweis von Satz 3 und Satz 4:

Aus den Sätzen in III , 2.3 und III , 2.4 und den folgenden Behauptungen (1) - (4) ergeben sich alle behaupteten Implikationen.

(1) Ist die analytische Gruppe G abstrakt auflösbar, dann ist ihre Liealgebra $\dot{G}$ auflösbar.

Bew.: Die Gruppe G ist topologisch auflösbar. Sei $G = G_0 \triangleright G_1 \triangleright G_2 \triangleright \dots \triangleright G_n = \{e\}$ eine Reihe von abgeschlossenen Normalteilern von G, so daß G_i/G_{i+1} kommutativ ist für $i = 0,\dots,n-1$. Dann ist $\dot{G} = \dot{G}_0 \triangleright \dot{G}_1 \triangleright \dot{G}_2 \triangleright \dots \triangleright \dot{G}_n = \{0\}$ eine Reihe von Idealen von $\dot{G}$, so daß $\dot{G}_i/\dot{G}_{i+1}$ kommutativ ist.

(2) Ist G zusammenhängend, so gilt: (vii) $\Rightarrow$ (i)

Bew.: Wir beweisen die Behauptung durch Induktion über die Länge von $\dot{G}$. Sei $\dot{G} \triangleright \dot{G}' \triangleright \dots \triangleright \dot{G}^{(n)} = \{0\}$ die abgeleitete Reihe von $\dot{G}$. Die abgeschlossene Hülle H der von $\exp(\dot{G}^{(n-1)})$ erzeugten Untergruppe von G ist ein Normalteiler von G. Die Liealgebra $\dot{H}$ ist ein kommutatives Ideal in $\dot{G}$. Weil $\dot{G}^{(n-1)} \subset \dot{H}$, gilt: $\dot{G}/\dot{H} = (\dot{G}/\dot{G}^{(n-1)})/(\dot{H}/\dot{G}^{(n-1)})$. Da $\dot{G}/\dot{G}^{(n-1)}$ auflösbar ist von einer Länge $\leq n-1$, ist $\dot{G}/\dot{H}$ auflösbar von einer Länge $\leq n-1$ (Korollar in 1.4). Die Gruppe G/H ist also nach Induktionsannahme auflösbar. Dann ist aber G als Erweiterung der auflösbaren Gruppe G/H durch die kommutative Gruppe H auflösbar.

(3) Ist G zusammenhängend, so gilt: (iii) $\Rightarrow$ $(vi)_z$

Bew.: Die kommutative Gruppe $\tilde{G}^{(i)}/\tilde{G}^{(i+1)}$ ist isomorph zum Produkt eines Vektorraumes $\mathbb{R}^{p_i}$ mit einem Torus $(\mathbb{R}/\mathbb{Z})^{q_i}$ (siehe III , 2.2 Satz 5).

Die Gruppe $\tilde{G}^{(i)}/\tilde{G}^{(i+1)}$ ist also ein Produkt von zusammenhängenden eindimensionalen Untergruppen. Sei $p_i\colon \tilde{G}^{(i)} \longrightarrow \tilde{G}^{(i)}/\tilde{G}^{(i+1)} \equiv$
$\equiv \mathbb{R}^{p_i} \times (\mathbb{R}/\mathbb{Z})^{q_i}$ die kanonische Projektion. Ersetzt man in der topologisch abgeleiteten Reihe von G jedes $\tilde{G}^{(i)}$ $(i = 1,\dots,m-1)$ durch die Reihe $p_i^{-1}(\mathbb{R}^{p_i} \times (\mathbb{R}/\mathbb{Z})^{q_i}) \triangleright p_i^{-1}(\mathbb{R}^{p_i-1} \times (\mathbb{R}/\mathbb{Z})^{q_i}) \triangleright \dots \triangleright$
$\triangleright\, p_i^{-1}(\mathbb{R} \times (\mathbb{R}/\mathbb{Z})^{q_i}) \triangleright p_i^{-1}((\mathbb{R}/\mathbb{Z})^{q_i}) \triangleright p_i^{-1}((\mathbb{R}/\mathbb{Z})^{q_i-1}) \triangleright \dots \triangleright$
$\triangleright\, p_i^{-1}(\mathbb{R}/\mathbb{Z})$, so erhält man eine Reihe, wie sie in $(vi)_z$ verlangt ist.

(4) Für beliebiges G gilt: $(iv)_a \Rightarrow$ (vi)

Bew.: Sei $G = G_0 \rhd G_1 \rhd G_2 \rhd \ldots \rhd G_r = \{e\}$ eine Reihe wie in $(iv)_a$. Die Gruppen G_i/G_{i+1} sind kommutativ. Sei H_i die Zusammenhangskomponente von e in G_i/G_{i+1}. Dann läßt sich G_i/G_{i+1} schreiben als direktes Produkt $H_i \times D_i$ von H_i mit einer diskreten (kommutativen) Gruppe D_i.

Nun ist $H_i = \mathbb{R}^{r_i} \times (\mathbb{R}/\mathbb{Z})^{s_i}$. Sei $p_i\colon G_i \longmapsto G_i/G_{i+1}$ wieder die kanonische Projektion. Ersetzt man in der Reihe von $(iv)_a$ jedes G_i durch die Reihe $p_i^{-1}(\mathbb{R}^{r_i} \times (\mathbb{R}/\mathbb{Z})^{s_i} \times D_i) \rhd p_i^{-1}(\mathbb{R}^{r_i-1} \times (\mathbb{R}/\mathbb{Z})^{s_i} \times D_i) \rhd \ldots$
$\ldots \rhd p_i^{-1}((\mathbb{R}/\mathbb{Z})^{s_i} \times D_i) \rhd p_i^{-1}((\mathbb{R}/\mathbb{Z})^{s_i-1} \times D_i) \rhd \ldots \rhd p_i^{-1}(D_i)$, so erhält man eine Reihe wie in (vi).

1.6. Satz von Lie

1.6.1. Eigenwerte und Eigenvektoren

Definition und Bezeichnungen

Sei V ein Vektorraum über einem Körper K, sei $\lambda \in K$ und f ein Endomorphismus von V. Dann sei $V_\lambda := \{x \mid f(x) = \lambda x\}$ und $V^\lambda := \{x \mid$ es gibt eine natürliche Zahl $n > 0$ mit $(f - \lambda E)^n(x) = 0\}$. Ist $V_\lambda \neq \{0\}$, so heißt λ Eigenwert von f in K. Die $x \in V_\lambda$ heißen dann Eigenvektoren von f zum Eigenwert λ, die $x \in V^\lambda$ Eigenvektoren im schwächeren Sinne zum Eigenwert λ.

Ist V endlich dimensional, so sind die Eigenwerte die Lösungen der Gleichung $\mathrm{Det}(f - \mu E) = 0$ in μ. Diese Gleichung ist bekanntermaßen äquivalent zur polynomialen Gleichung $p_f(\mu) = 0$, wo p_f das charakteristische Polynom von f ist. Liegen alle Lösungen dieser Gleichung in K, so sagt man, alle Eigenwerte von f liegen in K.

Sei M eine Menge von Endomorphismen von V, $\varphi\colon M \to K$ eine Funktion. Sei $V_\varphi := \{x \in V \mid f(x) = \varphi(f)\cdot x$ für alle $f \in M\}$ und $V^\varphi := \{x \in V \mid$ für alle $f \in M$ gibt es ein natürliches $n > 0$, so daß $(f - \varphi(f)\cdot E)^n(x) = 0\}$. Ist $V_\varphi \neq \{0\}$, so heißt φ eine Eigenfunktion von M, $x \in V_\varphi$ ein Eigenvektor von M zur Eigenfunktion φ und $x \in V^\varphi$ ein Eigenvektor im schwächeren Sinne zur Eigenfunktion φ.

Ist V endlich dimensional und liegen für jedes $f \in M$ alle Eigenwerte von f in K, so sagt man, alle Eigenwerte von M liegen in K.

Lemma 1

Sei V ein endlich dimensionaler Vektorraum über dem Körper K, f ein Endomorphismus von V, dessen Eigenwerte alle in K liegen. Seien $\lambda_1,\dots,\lambda_m$ die verschiedenen Eigenwerte von f. Dann ist V die direkte Summe $V = V^{\lambda_1} + \dots + V^{\lambda_m}$.

Bew.: Lineare Algebra

Lemma 2

Sei M eine Menge von Endomorphismen eines endlich dimensionalen Vektorraumes. Seien $\varphi_1,\dots,\varphi_n$ verschiedene Eigenfunktionen von M. Dann ist $V^{\varphi_1} + \dots V^{\varphi_n}$ eine direkte Summe.

Bew.: Für alle $f \in M$ und alle i ist $V^{\varphi_i} \subset V^{\varphi_i(f)}$. Seien $f \in M$ und k mit $1 \leqq k < n$ so, daß $\varphi_i(f) = \varphi_k(f)$ für $i \leqq k$ und $\varphi_i(f) \neq \varphi_k(f)$ für $i > k$. Sei $V_1 := V^{\varphi_1} + \dots + V^{\varphi_k}$ und $V_2 :=$ $:= V^{\varphi_{k+1}} + \dots + V^{\varphi_n}$. Aus Lemma 1 folgt dann, daß $V_1 + V_2$ eine direkte Summe ist. Durch Induktion nach der Anzahl n der Eigenfunktionen erhält man also die Behauptung.

Lemma 3

Sei V ein endlich dimensionaler Vektorraum über $\mathbb{C}$, G eine reell analytische Untergruppe von $GL(V)$ und $\varphi: G \to \mathbb{C}$ eine Eigenfunktion von G. Dann ist $\varphi(G) \subset \mathbb{C}^* = \mathbb{C} - \{0\}$ und die Abbildung $G \to \mathbb{C}^*$, $g \longmapsto \varphi(g)$, ist ein analytischer Homomorphismus von G in die multiplikative Gruppe $\mathbb{C}^*$.

Bew.: (1) Es ist klar, daß $\varphi(G) \subset \mathbb{C}^*$ und daß $G \to \mathbb{C}$, $g \longmapsto \varphi(g)$, ein Homomorphismus ist.

(2) Man wähle eine Basis $\{x_1,\dots,x_n\}$ von V, so daß x_1 ein Eigenvektor von G zur Eigenfunktion φ ist. Man betrachte die Abbildungen $p: V \to \mathbb{C}$, $(\sum_{i=1}^{n} \lambda_i x_i) \longmapsto \lambda_1$, und $j: G \to V$, $g \longmapsto g(x_1)$. Dann folgt, daß die Abbildung $\varphi = p \circ j$ analytisch ist.

1.6.2. Satz von Lie

Lemma 1

Sei G eine hausdorffsche topologische Gruppe, H eine Untergruppe. Ist H auflösbar, so ist $\bar{H}$ auflösbar.

Bew.: Sei $H \triangleright H' \triangleright H'' \triangleright \ldots \triangleright H^{(n)} = \{e\}$ die abgeleitete Reihe von H. Sei $k: G \times G \to G$, $(x,y) \longmapsto xyx^{-1}y^{-1}$. Da k stetig ist, ist $k(\overline{H^{(m)} \times H^{(m)}}) \subset \overline{H^{(m+1)}}$ für $1 \leq m \leq n-1$. Also ist $\bar{H} \triangleright \overline{H'} \triangleright \overline{H''} \triangleright \ldots$ $\ldots \triangleright \overline{H^{(n)}} = \{e\}$ eine Reihe von abgeschlossenen Untergruppen von $\bar{H}$, so daß für $i < n$ $\overline{H^{(i)}}/\overline{H^{(i+1)}}$ kommutativ ist. Nach 1.5 Satz 1 ist $\bar{H}$ also auflösbar.

Sei V ein endlich dimensionaler komplexer Vektorraum. Die Differentialelemente der Gruppe $GL(V)$ werden im Sinne der Bemerkungen (5) - (8) in 1.1 kanonisch mit den Endomorphismen von V identifiziert.

Lemma 2

Sei W ein komplexer Untervektorraum von V. Sei G eine reell analytische zusammenhängende Untergruppe von $GL(V)$ und sei $\dot{g}$ ein Differentialelement von $GL(V)$. Dann gilt:

(a) W ist invariant unter $G \Longleftrightarrow W$ ist invariant unter $\dot{G}$.

(b) x ist Eigenvektor von $\dot{g}$ zum Eigenwert $\lambda \Longleftrightarrow x$ ist Eigenvektor von $\{\exp(t\dot{g}) \mid t \in \mathbb{R}\}$ zur Eigenfunktion $\exp(t\dot{g}) \longmapsto e^{t\lambda}$

Bew.: Nach III, 2.2 ist die Exponentialabbildung von G gleich der Einschränkung der Exponentialreihe auf $\dot{G}$.

(a) " $\Rightarrow$ "

Sei $\dot{g} \in \dot{G}$, $x \in W$. Dann ist $\exp(t\dot{g})(x) \in W$ für $t \in \mathbb{R}$, daher ist $\frac{d}{dt}\big|_{t=0} (\exp(t\dot{g})(x)) = \dot{g}(x) \in W$.

" $\Leftarrow$ "

Zunächst einmal ist W auch invariant unter $\exp(\dot{G})$. Jedes Element von G ist aber ein Produkt von Elementen aus $\exp(\dot{G})$, also ist W invariant unter G.

(b) " $\Rightarrow$ " klar

" $\Leftarrow$ " ist klar nach (a).

Satz

Sei V ein endlich dimensionaler Vektorraum über $\mathbb{C}$, sei G eine zuzusammenhängende auflösbare Gruppe von Automorphismen von V. Dann hat G mindestens einen von 0 verschiedenen Eigenvektor.

Bew.: Nach Lemma 1 ist $\bar{G}$ auflösbar und $\bar{G}$ ist ebenfalls zusammenhängend. Es genügt also, die Behauptung für abgeschlossene zusammenhängende auflösbare Gruppen G zu zeigen. Die Gruppe G ist dann eine reell analytische Untergruppe von $GL(V)$. Wir führen nun einen Induktionsbeweis nach der (reellen) Dimension von G.

(1) Sei G eindimensional, $0 \neq \dot{g} \in \dot{G}$. Dann hat $\dot{g}$ einen Eigenvektor $x \neq 0$. Nach Lemma 2 ist x auch Eigenvektor von G.

(2) Sei n die Dimension von G und nehmen wir an, die Behauptung sei für Gruppen kleinerer Dimension bewiesen. Da G zusammenhängend und auflösbar ist, besitzt G einen zusammenhängenden abgeschlossenen Normalteiler H der Dimension $(n - 1)$ (nach 1.5 Satz 4 $(vi)_z$). Nach Induktionsvoraussetzung gibt es eine Eigenfunktion $\varphi: H \to \mathbb{C}$. Nach 1.6.1 Lemma 3 ist φ stetig.

Beh.: Der Vektorraum V_φ ist invariant unter G.

Bew.: Sei $x \in V_\varphi$, $h \in H$, $g \in G$. Dann ist $h \circ g(x) = g \circ (g^{-1} \circ h \circ g)(x) = \varphi(g^{-1} \circ h \circ g) g(x)$. Die Zahl $\varphi(g^{-1} \circ h \circ g)$ ist ein Eigenwert von h und die Funktion $\psi: G \to \mathbb{C}$, $g \longmapsto \varphi(g^{-1} \circ h \circ g)$ ist stetig. Da G zusammenhängend ist und die Eigenwerte von h diskret sind, ist $\psi(g) = \psi(e) = \varphi(h)$. Also ist V_φ invariant unter G.
Nach Lemma 2 (a) ist V_φ auch invariant unter $\dot{G}$. Ist $\dot{g} \in \dot{G}$ und $\dot{g} \notin \dot{H}$, so hat $\dot{g}$ in V_φ einen Eigenvektor $x \neq 0$. Dieser ist Eigenvektor von ganz $\dot{G}$ und folglich Eigenvektor von G.

Korollar 1 (Satz von Lie)

Eine zusammenhängende auflösbare Gruppe von Projektivitäten eines komplexen Raumes $P^m(\mathbb{C})$ hat mindestens einen Fixpunkt.

Bew.:

$$\text{Sei } \mathbb{Z}_n := \left\{ A \in SL(n,\mathbb{C}) \;\middle|\; A = \begin{pmatrix} k & & 0 \\ & \ddots & \\ 0 & & k \end{pmatrix},\ k^n = 1 \right\}$$

Sei $PSL(n,\mathbb{C}) := SL(n,\mathbb{C})/\mathbb{Z}_n$. Sei $p: SL(n,\mathbb{C}) \to PSL(n,\mathbb{C})$ die kanonische Projektion und $G \subset PSL(n,\mathbb{C})$ eine zusammenhängende auflösbare Gruppe. Dann ist $p^{-1}(G)$ auflösbar. Ist H die zusammenhängende Komponente des Einselementes in $p^{-1}(G)$, dann hat H einen Eigenvektor $x \in \mathbb{C}^n$. Die von x erzeugte Gerade in $\mathbb{C}^n$ ist ein Punkt des $P^{n-1}(\mathbb{C})$. Dieser ist dann ein Fixpunkt von G.

Definition

Sei V ein n-dimensionaler Vektorraum über dem Körper K. Eine Reihe von Untervektorräumen $\{0\} \subset V_1 \subset V_2 \subset \ldots \subset V_n = V$ mit $\mathrm{Dim}(V_i) = i$ für $i = 1,\ldots,n$ heißt Fahne in V. Ist M eine Menge von Endomorphismen von V, so sagen wir, M läßt die Fahne invariant, wenn für jedes $f \in M$ und jedes $i \in \{1,\ldots,n\}$ gilt: $f(V_i) \subset V_i$.

Korollar 2

Sei V ein n-dimensionaler komplexer Vektorraum, G eine zusammenhängende Gruppe von Automorphismen von V. Dann sind die folgenden Aussagen äquivalent:

(1) G ist auflösbar.

(2) Es gibt eine unter G invariante Fahne.

(3) Es gibt eine Basis von V, so daß die Matrizen der Elemente von G bezüglich dieser Basis obere Dreiecksmatrizen sind, d.h. die Einträge unter der Hauptdiagonalen dieser Matrizen sind 0.

Bew.: (1) $\Rightarrow$ (2) Induktion über die Dimension von V:
Nach dem Satz gibt es in V eine unter G invariante Gerade V_1. Ein Element $g \in G$ induziert einen Automorphismus $\bar{g}$ von V/V_1 und $g \longmapsto \bar{g}$ ist ein stetiger Homomorphismus von G in die Automorphismengruppe von V/V_1. Also ist $\bar{G} := \{\bar{g} \mid g \in G\}$ eine zusammenhängende auflösbare Gruppe von Automorphismen von V/V_1. Nach der Induktionsvoraussetzung gibt es in V/V_1 eine unter $\bar{G}$ invariante Fahne $\{0\} \subset \subset \bar{V}_2 \subset \bar{V}_3 \subset \ldots \subset \bar{V}_n = V/V_1$. Es sei $V_i := p^{-1}(\bar{V}_i)$, wobei $p: V \to V/V_1$ die kanonische Projektion ist. Dann ist $\mathrm{Dim}(V_i) = i$, V_i ist invariant unter G für $i = 2,\ldots,n$, und $\{0\} \subset V_1 \subset V_2 \subset \ldots \subset V_n = V$ ist eine unter G invariante Fahne.

(2) $\Rightarrow$ (3) Man nehme eine an die Fahne adaptierte Basis.

(3) $\Rightarrow$ (1)
Sei G die Gruppe der oberen Dreiecksmatrizen in $GL(n,\mathbb{C})$. Sei G_1 die Gruppe der Matrizen der Gestalt

$$\begin{pmatrix} 1 & & * \\ & \ddots & \\ 0 & & 1 \end{pmatrix},$$

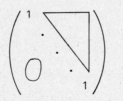

sei G_2 die Gruppe der Matrizen der Gestalt

$$\begin{pmatrix} 1 & 0 & & & * \\ & \ddots & \ddots & & \\ & & \ddots & \ddots & \\ & 0 & & \ddots & 0 \\ & & & & 1 \end{pmatrix} \quad , \text{ usw.}$$

Dann ist $G \rhd G_1 \rhd G_2 \rhd \ldots \rhd G_n = \{E\}$ und G_i/G_{i+1} ist abelsch. D.h. G ist auflösbar und damit auch jede Untergruppe von G .

Korollar 3

Sei V ein endlich dimensionaler komplexer Vektorraum und $\dot{G}$ eine auflösbare reelle (oder komplexe) Liesche Algebra von Endomorphismen von V . Dann gibt es eine unter $\dot{G}$ invariante Fahne in V .

Bew.: Die Algebra $\dot{G}$ ist eine reelle Unteralgebra der Lieschen Algebra von $GL(V)$. Die Gruppe $< \exp(\dot{G}) >$ ist also eine auflösbare zusammenhängende Gruppe von Automorphismen von V . Ist $\{0\} \subset V_1 \subset V_2 \subset \ldots \subset \subset V_n = V$ eine unter $< \exp(\dot{G}) >$ invariante Fahne, so ist sie nach Lemma 2 (a) auch unter $\dot{G}$ invariant.

Anmerkung

Man kann direkt und allgemeiner folgendes beweisen: Sei A eine Liealgebra über dem Körper K der Charakteristik 0 , sei V ein Vektorraum über dem algebraischen Abschluß $\bar{K}$ von K und sei $\rho: A \to gl(V)$ ein K-Liealgebren-Homomorphismus. Ist A auflösbar, so besitzt V eine unter $\rho(A)$ invariante Fahne.
Zum Beweis siehe [Hel] , III , Theorem 2.2 bzw. Corollary 2.3.

Korollar 4

Ist A eine komplexe auflösbare Liesche Algebra, dann gibt es eine Fahne $\{0\} \subset A_1 \subset A_2 \subset \ldots \subset A_n = A$, so daß A_i ein Ideal von A ist für $i = 1,\ldots,n$ (vgl. mit (v) des Satzes in 1.4).

Bew.: Die Algebra $ad(A)$ ist eine auflösbare komplexe Liesche Algebra von Endomorphismen von A . Sei $\{0\} \subset A_1 \subset \ldots \subset A_n = A$ eine unter $ad(A)$ invariante Fahne. Dann ist jedes A_i ein Ideal in A .

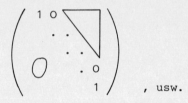

1.7. Konstruktion von auflösbaren Lieschen Algebren und Gruppen mit Hilfe von semidirekten Produkten

Satz 1

Eine auflösbare n-dimensionale Liesche Algebra A über einem Körper K ist ein semidirektes Produkt eines $(n-1)$-dimensionalen Ideals B mit einer 1-dimensionalen Algebra C.

Bew.: Sei B ein Ideal in A von der Kodimension 1 (siehe (v) des Satzes in 1.4), C ein 1-dimensionaler Untervektorraum von A, so daß $A = B + C$ eine direkte Summe ist. Der Vektorraum C ist eine Unteralgebra von A, also ist A ein semidirektes Produkt von B mit C.

Korollar 1

Eine n-dimensionale auflösbare reelle (bzw. komplexe) Liesche Algebra ist die Liesche Algebra einer reellen (bzw. komplexen) analytischen Gruppe, die als Mannigfaltigkeit isomorph zu $\mathbb{R}^n$ (bzw. $\mathbb{C}^n$) ist.

Bew.: Induktion über die Dimension mit Hilfe von Satz 1 und III, 5.6 Satz 2.

Korollar 2

Eine reell n-dimensionale auflösbare einfach zusammenhängende Liesche Gruppe ist als Mannigfaltigkeit zum $\mathbb{R}^n$ isomorph.

Bew.: Korollar 1 und 1. Liescher Satz.

§ 2. NILPOTENTE GRUPPEN UND ALGEBREN

2.1. Nilpotente Gruppen

Definitionen

(1) Sei G eine (abstrakte) Gruppe. Man definiert rekursiv: $C^0G := G$, $C^iG := (G, C^{i-1}G)$ und $C_0G := \{e\}$, $C_iG := p^{-1}(Z(G/C_{i-1}G))$, wobei $Z(G/C_{i-1}G)$ das Zentrum von $G/C_{i-1}G$ und $p: G \to G/C_{i-1}G$ die kanonische Projektion ist. Man erhält so zwei Reihen von charakteristischen Untergruppen von G. Die Reihe $G = C^0G \rhd C^1G \rhd C^2G \rhd \dots$ heißt absteigende Zentralreihe, die Reihe $\{e\} = C_0G \lhd C_1G \lhd \dots$ aufsteigende Zentralreihe von G.

(2) Sei G eine topologische Gruppe. Man definiert rekursiv: $C^0G :=$ $:= G$, $\bar{C}^iG := \overline{(G,\bar{C}^{i-1}G)}$. Man erhält die Reihe $G = \bar{C}^0G \triangleright \bar{C}^1G \triangleright \ldots$ von abgeschlossenen topologisch charakteristischen Untergruppen von G. Diese Reihe nennt man die <u>topologisch absteigende Zentralreihe</u> von G.

Satz 1

(a) Sei G eine (abstrakte) Gruppe. Dann sind die folgenden drei Aussagen äquivalent:

(1) Es gibt eine endliche Reihe $G = G_0 \triangleright G_1 \triangleright \ldots > G_r = \{e\}$ von Normalteilern von G mit $(G,G_i) \subset G_{i+1}$.

(2) Es gibt ein $m \in \mathbb{N}$, so daß gilt: $G \triangleright C^1G \triangleright \ldots \triangleright C^mG = \{e\}$.

(3) Es gibt ein $p \in \mathbb{N}$, so daß gilt: $\{e\} < C_1G \triangleleft \ldots \triangleleft C_pG = G$.

(b) Sei G eine topologische Gruppe. Dann sind die folgenden Aussagen äquivalent:

(1T) Es gibt eine endliche Reihe $G = G_0 \triangleright G_1 \triangleright \ldots \triangleright G_s = \{e\}$ von abgeschlossenen Normalteilern von G mit $(G,G_i) \subset G_{i+1}$.

(2T) Es gibt $n \in \mathbb{N}$ mit $G \triangleright \bar{C}^1G \triangleright \ldots \triangleright \bar{C}^nG = \{e\}$.

(c) Ist G eine hausdorffsche topologische Gruppe, so sind die Aussagen unter (a) und (b) äquivalent.

(d) Sind m, n, p die kleinsten Zahlen mit $C^mG = \{e\}$ bzw. $\bar{C}^nG = \{e\}$ bzw. $C_pG = G$, dann ist $m = n = p$.

Bew.: (a) (1) $\Rightarrow$ (2)
Durch Induktion zeigt man, $G_i \supset C^iG$.

(2) $\Rightarrow$ (1) ist klar.

(1) $\Rightarrow$ (3)
Es ist $G_r \subset C_0G$. Sei $G_{r-i} \subset C_iG$. Dann gilt: $(G/C_iG, G_{r-i-1}/C_iG) \subset$ $\subset G_{r-i}/C_iG \subset C_iG/C_iG$. Also ist $G_{r-i-1} \subset p^{-1}(Z(G/C_iG)) = C_{i+1}G$, wobei p die kanonische Projektion $G \to G/C_iG$ ist.

(3) $\Rightarrow$ (1)
$(G,C_iG)/C_{i-1}G \subset (G/C_{i-1}G, C_iG/C_{i-1}G) = \{e\}$, also ist $(G,C_iG) \subset C_{i-1}G$.

(b) Man beweist (1T) $\Longleftrightarrow$ (2T) analog zu (a) (1) $\Longleftrightarrow$ (2).

(c) (1) $\Rightarrow$ (1T)
Es ist $(G,\bar{G}_i) \subset \overline{G_{i+1}}$, also ist $G = \bar{G}_0 \triangleright \bar{G}_1 \triangleright \ldots \triangleright \bar{G}_r = \{e\}$ eine Reihe wie gesucht.

(1T) $\Rightarrow$ (1) ist klar.

(d) Seien r, m, n, p minimal gewählt. Die obigen Beweise für (1) $\Longleftrightarrow$ (2) und (1) $\Longleftrightarrow$ (3) liefern auch $r = m = p$. A priori ist $n \geqq m = r$. Der Beweis von (c) zeigt jedoch, daß auch $n \leqq r$.

Definition 3

Eine (abstrakte) Gruppe, für die alle Aussagen von Satz 1 (a) gelten, heißt nilpotent. Eine topologische Gruppe, für welche die Aussagen von Satz 1 (b) gelten, heißt topologisch nilpotent.

Bemerkungen

(1) Eine topologisch nilpotente topologische Gruppe ist nilpotent.

(2) Eine hausdorffsche topologische Gruppe, die (als abstrakte Gruppe) nilpotent ist, ist topologisch nilpotent (Satz 1 (c)).

Beispiel

Sei V ein endlich dimensionaler Vektorraum und $G \subset GL(V)$ die Gruppe der oberen Dreiecksmatrizen $((a_{ik}))$ mit $a_{11} = a_{22} = \ldots = a_{nn}$. Dann ist G nilpotent.

Bew.:

$$\text{Sei } G_1 := \begin{pmatrix} 1 & 0 & & * \\ & \ddots & \ddots & \\ & & \ddots & 0 \\ 0 & & & 1 \end{pmatrix}, \quad G_2 := \begin{pmatrix} 1 & 0 & 0 & & * \\ & \ddots & \ddots & \ddots & \\ & & \ddots & \ddots & 0 \\ & & & \ddots & 0 \\ 0 & & & & 1 \end{pmatrix} \quad \text{usw.}$$

Dann ist $G \triangleright G_1 \triangleright \ldots \triangleright G_{n-1} = \{E\}$ und $(G, G_i) \subset G_{i+1}$ für $i = 1, \ldots, n-2$.

Definition 4

Sei $\{e\} \longrightarrow N \xrightarrow{j} G \xrightarrow{p} H \longrightarrow \{e\}$ (bzw. $\{0\} \longrightarrow N \xrightarrow{j} G \longrightarrow$ $\xrightarrow{p} H \longrightarrow \{0\}$) eine exakte Sequenz von Gruppen (bzw. Lieschen Algebren) und Homomorphismen. Dann heißt G Zentralerweiterung von H durch N $:\Longleftrightarrow$ $j(N)$ ist zentral in G.

Satz 2

Untergruppen, Zentralerweiterungen, Faktorgruppen und endliche direkte Produkte von nilpotenten Gruppen sind nilpotent. Eine Faktorgruppe einer nilpotenten hausdorffschen topologischen Gruppe ist genau dann topologisch nilpotent, wenn sie Faktorgruppe nach einem abgeschlossenen Normalteiler ist.

<u>Bew.:</u> Sei G eine Gruppe, H eine Untergruppe, N ein Normalteiler von G. Ist G nilpotent, dann ist für ein n $C^nG = \{e\}$, also ist $C^nH = \{e\}$ und $C^n(G/N) = C^nG/N = \{e\}$. Ist N zentral in G und G/N nilpotent, so gibt es k mit $C^k(G/N) = \{e\}$, d.h. $C^kG \subset N$. Dann ist aber $C^{k+1}G = \{e\}$.

Sei G das direkte Produkt der nilpotenten Gruppen $G_1,\dots,G_r$, sei $n_i \in \mathbb{N}$ mit $C^{n_i}G_i = \{e\}$ für $i = 1,\dots,r$ und sei n das Maximum der Zahlen n_i. Dann ist $C^nG = \{e\}$.

Ist G eine topologische Gruppe, dann gilt: N ist abgeschlossen in $G \Longleftrightarrow G/N$ ist hausdorffsch. Nach Bemerkung 2 ist die Behauptung damit bewiesen.

<u>Bemerkung 3</u>

In Anlehnung an die Definition eines auflösbaren Objektes in 1.2 sei noch folgende Tatsache vermerkt: Die Klasse der nilpotenten Gruppen läßt sich charakterisieren als die kleinste Klasse von Gruppen, welche die kommutativen Gruppen enthält und welche abgeschlossen ist gegenüber Zentralerweiterungen.

2.2. Nilpotente Liesche Algebren

<u>Definition 1</u>

Sei G eine Liesche Algebra. Man definiert rekursiv: $C^0G := G$, $C_0G := \{0\}$, $C^iG := [G,C^{i-1}G]$ und $C_iG := p^{-1}(Z(G/C_{i-1}G))$, wobei $Z(G/C_{i-1}G)$ das Zentrum von $G/C_{i-1}G$ und p die kanonische Projektion von G auf $G/C_{i-1}G$ ist. Man erhält zwei Reihen von charakteristischen Idealen von G, die <u>absteigende Zentralreihe</u> $G = C^0G \triangleright C^1G \triangleright \dots$ und die <u>aufsteigende Zentralreihe</u> $\{0\} \triangleleft C_1G \triangleleft C_2G \triangleleft \dots$.

<u>Satz 1</u>

Sei G eine Liesche Algebra, dann sind die folgenden Aussagen äquivalent:

(1) Es gibt eine endliche Reihe von Idealen $G = G_0 \triangleright G_1 \triangleright \dots \triangleright G_r = \{0\}$ mit $[G,G_i] \subset G_{i+1}$.

(2) Es gibt $m \in \mathbb{N}$, so daß gilt: $G = C^0G \triangleright C^1G \triangleright \dots \triangleright C^mG = \{0\}$.

(3) Es gibt $n \in \mathbb{N}$ mit $\{0\} = C_0G \triangleleft C_1G \triangleleft \dots \triangleleft C_nG = G$.

(4) Es gibt $k \in \mathbb{N}$, so daß gilt: Für alle $x_1,x_2,\dots,x_k \in G$ ist $\mathrm{ad}(x_1)\circ\mathrm{ad}(x_2)\circ\dots\circ\mathrm{ad}(x_k) = 0$.

<u>Zusatz:</u> Seien m , n , k die kleinsten Zahlen, so daß $C^m G = \{0\}$ bzw. $C_n G = G$ bzw. $\mathrm{ad}(x_1) \circ \ldots \circ \mathrm{ad}(x_k) = 0$ für alle $x_1, \ldots, x_k \in G$. Dann ist $m = n = k$.

<u>Bew.:</u> Für (1) $\Longleftrightarrow$ (2) $\Longleftrightarrow$ (3) vgl. man den Beweis von 2.1 Satz 1 (a).

(2) $\Longleftrightarrow$ (4)

Die Elemente $\mathrm{ad}(x_1) \circ \ldots \circ \mathrm{ad}(x_k)(y)$ mit $x_1, \ldots, x_k$, $y \in G$ erzeugen $C^k G$.

<u>Definition 2</u>

Eine Liesche Algebra, für die alle Aussagen von Satz 1 gelten, heißt <u>nilpotent</u>.

<u>Beispiel</u>

Die Liesche Algebra G der oberen Dreiecksmatrizen $((a_{ik}))$ mit $a_{11} = a_{22} = \ldots = a_{nn}$ ist nilpotent.

<u>Bew.:</u>

Sei $G_1 :=$ 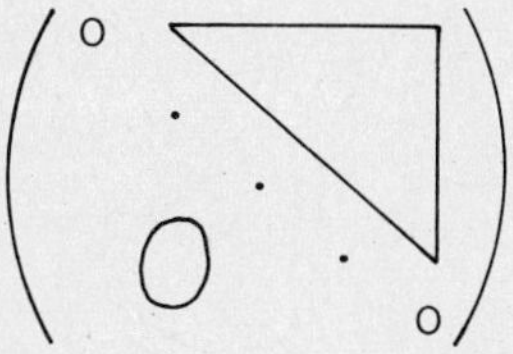 , $G_2 :=$ 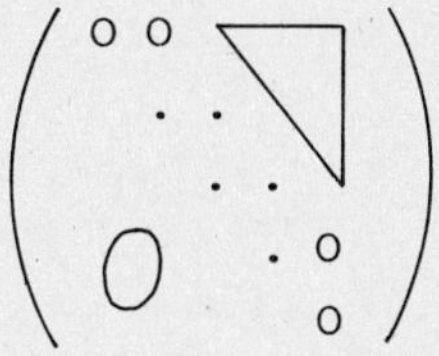 usw.

Dann ist $G \rhd G_1 \rhd \ldots \rhd G_n = \{0\}$ mit $[G, G_i] \subset G_{i+1}$.

<u>Satz 2</u>

Eine Unteralgebra, eine Faktoralgebra, eine Zentralerweiterung und ein endliches direktes Produkt von nilpotenten Lieschen Algebren sind nilpotent.

<u>Bew.:</u> Man vgl. den Beweis von 2.1 Satz 2 .

<u>Bemerkung 1</u>

Eine nilpotente Liesche Algebra ist auflösbar. Daß auflösbare Liealgebren i.a. nicht nilpotent sind, zeigt folgendes Beispiel.
Sei $G = K \cdot x + K \cdot y$ zweidimensional. Durch $[x,y] = x$ wird eine Liealgebrastruktur auf G definiert. Die Liealgebra G ist dann auflösbar, aber nicht nilpotent.

<u>Satz 3</u>

Sei G eine endlich dimensionale Liealgebra über $\mathbb{R}$ oder $\mathbb{C}$. Dann gilt: G ist auflösbar $\Longleftrightarrow$ $[G,G]$ ist nilpotent.

Bew.: " ⇒ "

(1) Sei G eine (reelle oder komplexe) Liesche Algebra von Endomorphismen eines endlich dimensionalen komplexen Vektorraumes V. Nach 1.5.1 Korollar 3 gibt es in V eine Basis, so daß die Matrizen der Elemente von G bezüglich dieser Basis obere Dreiecksmatrizen sind. Die Matrizen der Elemente von $[G,G]$ haben dann die Gestalt

$$\begin{pmatrix} 0 & & & * \\ & \cdot & & \\ & & \cdot & \\ 0 & & & 0 \end{pmatrix} .$$

Nach dem Beispiel ist $[G,G]$ also nilpotent.

(2) Sei G eine reelle Liesche Algebra von Endomorphismen eines reellen Vektorraumes W. Sei $\bar{G} := \{ f \otimes 1_{\mathbb{C}} \mid f \in G \}$, dann ist $\bar{G}$ mit dem Kommutator $[f \otimes 1_{\mathbb{C}}, g \otimes 1_{\mathbb{C}}] := [f,g] \otimes 1_{\mathbb{C}}$ $(f,g \in G)$ eine zu G isomorphe reelle Liesche Algebra von Endomorphismen von $W \otimes \mathbb{C}$. Die Behauptung folgt jetzt aus (1).

(3) Ist G eine beliebige endlich dimensionale Liesche Algebra über $\mathbb{R}$ oder $\mathbb{C}$, so ist nach (1) und (2) $[ad(G), ad(G)] = ad([G,G])$ nilpotent, und $[G,G]$ ist als Zentralerweiterung von $ad([G,G])$ nilpotent.

" ⇐ "

$[G,G]$ ist auflösbar und $G/[G,G]$ ist kommutativ. Also ist G auflösbar.

Bemerkung 2

Satz 3 gilt allgemeiner für endlich dimensionale Liesche Algebren über einem Körper der Charakteristik 0. Man vgl. [B] § 5 N° 3 Cor. 5.

Definition 3

Ein Endomorphismus f eines Vektorraumes heißt nilpotent, wenn es ein $n \in \mathbb{N}$ mit $f^n = 0$ gibt.

Satz 4 (Satz von Engel)

Sei G eine endlich dimensionale Liesche Algebra von nilpotenten Endomorphismen eines Vektorraumes V über einem beliebigen Körper. Ist $V \neq 0$, dann gibt es $u \in V$, $u \neq 0$, mit $x(u) = 0$ für alle $x \in G$.

Bew.: [B] § 4 N° 2 Théorème 1.

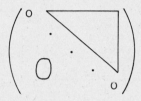

Korollar 1

Sei V ein endlich dimensionaler Vektorraum und G eine Liesche Algebra von nilpotenten Endomorphismen von V.

(a) Dann gibt es in V eine Basis, so daß die Matrizen der Elemente von G bezüglich dieser Basis die Gestalt

$$\begin{pmatrix} 0 & & * \\ & \ddots & \\ 0 & & 0 \end{pmatrix}$$

haben.

(b) G ist nilpotent.

Bew.: (a) Nach dem Satz von Engel gibt es eine Gerade V_1 in V mit $f(V_1) = 0$ für jedes $f \in G$. Jedes f induziert einen nilpotenten Endomorphismus von V/V_1, und G induziert eine Liesche Algebra von nilpotenten Endomorphismen von V/V_1. Durch Induktion folgt also die Behauptung.

(b) folgt aus (a) und dem Beispiel.

Korollar 2

Eine endlich dimensionale Liesche Algebra G ist genau dann nilpotent, wenn $ad(x)$ für alle $x \in G$ nilpotent ist.

Bew.: " $\Rightarrow$ " Satz 1 (4)

" $\Leftarrow$ " Nach Korollar 1 ist $ad(G)$ nilpontent. Daher ist G als Zentralerweiterung von $ad(G)$ nilpotent.

Lemma 1

Sei V ein Vektorraum, x ein nilpotenter Endomorphismus von V und $f: L(V,V) \to L(V,V)$, $y \longmapsto x \circ y - y \circ x$. Dann ist f nilpotent.

Bew.: Es ist $f^n(y) = \sum_{i=0}^{n} (-1)^i \binom{n}{i} x^{n-i} \circ y \circ x^i$. Ist $x^k = 0$ für ein $k \in \mathbb{N}$, so ist also $f^{2k-1} = 0$.

Korollar 3

Eine endlich dimensionale Liesche Algebra von nilpotenten Endomorphismen eines (nicht notwendigerweise endlich dimensional vorausgesetzten) Vektorraumes ist nilpotent.

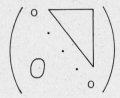

Bew.: Lemma 1 und Korollar 2 zu Satz 4 .

Satz 5

Sei G eine zusammenhängende reell analytische Gruppe. Dann gilt:
G ist nilpotent $\Longleftrightarrow$ $\dot{G}$ ist nilpotent.

Bew.: " $\Rightarrow$ "
Sei $G = G_0 \triangleright G_1 \triangleright \ldots \triangleright G_n = \{e\}$ eine Reihe von abgeschlossenen Normalteilern von G mit $(G,G_i) \subset G_{i+1}$ für $i = 0,\ldots,n-1$. Die Gruppen G_i sind mit der von G induzierten Topologie analytische Untergruppen von G . Daher ist $\dot{G} = \dot{G}_0 \triangleright \dot{G}_1 \triangleright \ldots \triangleright \dot{G}_n = \{0\}$ eine Reihe von Idealen von $\dot{G}$, und es gibt eine Umgebung $\dot{U}$ von 0 in $\dot{G}$ mit $\exp(\dot{U}) \cap G_i = \exp(U \cap \dot{G}_i)$ für $i = 0,\ldots,n$. Sei $\dot{g} \in \dot{G}$, $\dot{h} \in \dot{G}_i$. Ist $t \in \mathbb{R}$ nahe genug bei 0 , dann ist $[\dot{g},\dot{h}] = \lim_{t \to 0} \dfrac{(t\dot{g})\circ(t\dot{h})\circ(-t\dot{g})\circ(-t\dot{h})}{t^2}$ nach der Bemerkung (1) in III , 3.4 und es ist $(t\dot{g})\circ(t\dot{h})\circ(-t\dot{g})\circ(-t\dot{h}) \in \dot{G}_{i+1}$. Also ist $[\dot{g},\dot{h}] \in \dot{G}_{i+1}$ (zur Notation vgl. man III , 3.3).
" $\Leftarrow$ "
Diese Implikation erhalten wir als Korollar 1 zu Satz 2 im übernächsten Abschnitt 2.4 .

Lemma 2

Sei G eine hausdorffsche topologische Gruppe, H eine nilpotente Untergruppe. Dann ist auch $\bar{H}$ nilpotent.

Bew.: Ist $H \triangleright H_1 \triangleright \ldots \triangleright H_n = \{e\}$ eine Reihe von Normalteilern von H mit $(H,H_i) \subset H_{i+1}$, dann ist $\bar{H} \triangleright \bar{H}_1 \triangleright \ldots \triangleright \bar{H}_n = \{e\}$ eine Reihe von Normalteilern von $\bar{H}$ mit $(\bar{H},\bar{H}_i) \subset \bar{H}_{i+1}$. Das leitet man aus der Stetigkeit von $k: G \times G \to G$, $(g,h) \longmapsto ghg^{-1}h^{-1}$, ab.

Korollar 4

Sei G eine zusammenhängende Liesche Gruppe. Es ist G genau dann auflösbar, wenn $(G,G) = C^1G$ nilpotent ist.

Bew.: " $\Leftarrow$ "
Die Gruppe C^1G ist auflösbar und G/C^1G ist abelsch.
" $\Rightarrow$ "
Die Liealgebra $\dot{G}$ ist auflösbar, also ist $C^1\dot{G} = [\dot{G},\dot{G}]$ nilpotent, ebenso ist $< \exp(C^1\dot{G}) >$ nilpotent nach Satz 5 . Nach Lemma 2 ist $\overline{< \exp(C^1\dot{G}) >}$ nilpotent. Die Gruppe $G/\overline{< \exp(C^1\dot{G}) >}$ ist zusammenhän-

gend und hat eine kommutative Liealgebra, d.h. $G/\overline{< \exp(C^1\dot{G}) >}$ ist kommutativ. Also enthält $\overline{< \exp(C^1\dot{G}) >}$ die Gruppe $\bar{C}^1G$, und C^1G ist nilpotent.

2.3. Nilpotente Liesche Algebren und Gruppen von Endomorphismen eines Vektorraumes über einem algebraisch abgeschlossenen Körper

Definition

Sei V ein n-dimensionaler Vektorraum, f ein Automorphismus von V . Der Endomorphismus f heißt unipotent $:\Longleftrightarrow$ $\mathrm{Det}(f - \lambda E) = (1 - \lambda)^n$, d.h. der einzige Eigenwert von f ist 1 .

Satz 1

Sei V ein n-dimensionaler Vektorraum über einem algebraisch abgeschlossenen Körper, G eine Gruppe von unipotenten Automorphismen von V .

(a) Dann gibt es eine Basis in V , so daß die Matrizen der Elemente von G obere Dreiecksmatrizen sind, d.h. $g \in G$ hat dann die Matrix:

$$\begin{pmatrix} 1 & & * \\ & \ddots & \\ 0 & & 1 \end{pmatrix}$$

(b) Die Gruppe G ist nilpotent.

Bew.: (a) Wir geben den Induktionsbeweis über n in [Kol] wieder. Gibt es einen echten Untervektorraum $0 \neq V' \subset V$ von V , der invariant unter allen Elementen von G ist, dann nennen wir G "reduzibel", sonst "irreduzibel".

Für $n = 1$ oder die triviale Gruppe ist die Behauptung klar. Sei $n > 1$ und $A \in G$ mit $A \neq E$. In V wählen wir eine Basis, so daß die Matrix von A Jordansche Normalform hat. Dann ist

$$A = \begin{pmatrix} A_1 & & 0 \\ & \ddots & \\ 0 & & A_t \end{pmatrix} ,$$

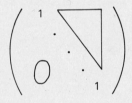

wobei A_i eine $(n_i \times n_i)$-Matrix der Gestalt

$$\begin{pmatrix} 1 & 1 & & & \\ & \cdot & \cdot & & O \\ & & \cdot & \cdot & \\ & O & & \cdot & 1 \\ & & & & 1 \end{pmatrix}$$

ist und $n_i \geq 1$, $\sum_{i=1}^{t} n_i = n$. Die Matrix B eines beliebigen Elementes von G schreiben wir in der Form

$$\begin{pmatrix} B_{11} & \dots & B_{1t} \\ \cdot & & \cdot \\ \cdot & & \cdot \\ B_{t1} & \dots & B_{tt} \end{pmatrix},$$

wobei B_{ij} eine Matrix mit n_i Reihen und n_j Spalten ist. Dann ist

$$A \cdot B = \begin{pmatrix} A_1 \cdot B_{11} & \dots & A_1 \cdot B_{1t} \\ \cdot & & \cdot \\ \cdot & & \cdot \\ A_t \cdot B_{t1} & \dots & A_t \cdot B_{tt} \end{pmatrix}.$$

Für eine beliebige $(m \times m)$-Matrix $(m \in \mathbb{N},\ m \geq 1)$ $C = ((c_{ij}))$ sei $\mathrm{Spur}(C) = \sum_{i=1}^{m} c_{ii}$ und $D(C) = \sum_{i=1}^{m-1} c_{i+1,i}$. Für $B \in G$ ist $\mathrm{Spur}(B) = n$. Es ist $A \cdot B \in G$, also $n = \mathrm{Spur}(AB) = \sum_{i=1}^{t} \mathrm{Spur}(A_i B_{ii}) = \Sigma\, \mathrm{Spur}(B_{ii}) + {} + \Sigma\, D(B_{ii}) = n + \sum_{i=1}^{t} D(B_{ii})$. Daraus folgt: $\sum_{i=1}^{t} D(B_{ii}) = 0$. Die Elemente von G liegen also alle in einer Hyperebene in $L(V,V)$, so daß G also weniger als n^2 linear unabhängige Elemente enthält. Der Satz von Burnside (siehe [Wae] § 162) besagt, eine irreduzible Gruppe von Automorphismen eines n-dimensionalen Vektorraumes über einem algebraisch abgeschlossenen Körper enthält n^2 linear unabhängige Elemente. Also ist G reduzibel. Sei $0 \neq V'$ ein echter m-dimensionaler Untervektorraum von V, der unter allen Elementen von G invariant ist. Dann kann man eine Basis von V so wählen, daß jedes Element von G eine Matrix der Gestalt

$$\begin{pmatrix} A' & \square \\ O & A'' \end{pmatrix}$$

hat, wobei A' eine $(m \times m)$- und A'' eine $(n-m \times n-m)$-Matrix ist. Die Matrizen A' bzw. A'' bilden Gruppen von unipotenten Automorphismen eines m-dimensionalen bzw. $(n-m)$-dimensionalen Vektorraumes. Nach der Induktionsvoraussetzung folgt also die Behauptung:

(b) Die Behauptung folgt aus (a) und 2.1 Beispiel.

Lemma 1

Sei V ein n-dimensionaler Vektorraum über einem Körper K, g ein Automorphismus von V, $\hat{g}: L(V,V) \to L(V,V)$, $f \longmapsto g \circ f \circ g^{-1}$. Seien $\lambda_1, \ldots, \lambda_n \in K$, so daß $\operatorname{Det}(g - \mu E) = \prod_{i=1}^{n} (\lambda_i - \mu)$.

Dann ist $\operatorname{Det}(\hat{g} - \mu E) = \prod_{i,j=1}^{n} (\lambda_i \lambda_j^{-1} - \mu)$.

Bew.: Man wählt in V eine Basis, so daß die Matrix von g bezüglich dieser Basis Jordansche Normalform hat. Dann läßt sich die Matrix von $\hat{g}$ berechnen. Aus dieser Matrix kann man die Behauptung ablesen.

Lemma 2

Sei V ein Vektorraum über einem Körper K, G eine nilpotente Gruppe von Automorphismen von V, sei $f \in G$, λ ein Eigenwert von f in K und für ein $n \in \mathbb{Z}$, $n \geq 0$, sei $W_n := \{x \in V \mid (f - \lambda E)^n(x) = 0\}$. Die Untervektorräume W_n von V sind dann invariant unter G.

Bew.: Sei $G \triangleright G_m \triangleright \ldots \triangleright G_0 = \{e\}$ eine Reihe von Normalteilern von G mit $(G, G_i) \subset G_{i-1}$. Wir zeigen dann durch Induktion über k, daß W_n invariant unter G_k ist. Für $k = 0$ ist das richtig. Sei W_n invariant unter G_k und sei $g \in G_{k+1}$. Dann ist $f^{-1} \circ g^{-1} \circ f \circ g(W_n) \subset W_n$, d.h. $f \circ g(W_n) \subset g \circ f(W_n)$. Ebenso ist $f^r \circ g(W_n) \subset g \circ f^r(W_n)$ für $r \in \mathbb{N}$. Da g und f mit λE vertauschbar sind, gilt: $(f - \lambda E)^n \circ g(W_n) \subset$ $\subset g \circ (f - \lambda E)^n(W_n) = 0$. Also ist $g(W_n) \subset W_n$.

Satz 2

Sei V ein n-dimensionaler Vektorraum über einem Körper K, sei G eine Gruppe von Automorphismen von V, deren Eigenwerte alle in K liegen. Genau dann, wenn jedes Element $g \in G$ nur einen Eigenwert λ_g hat, gibt es eine Basis in V, so daß die Matrizen der Elemente von G die folgende Gestalt haben:

$$\begin{pmatrix} \lambda_g & & * \\ & \ddots & \\ 0 & & \lambda_g \end{pmatrix}$$

<u>Bew.:</u> Die eine Richtung ist trivial. Die andere Richtung beweisen wir in drei Schritten:

(a) Die Gruppe G ist nilpotent.

Sei $\tilde{K}$ eine algebraisch abgeschlossene Erweiterung von K . Dann ist G eine Gruppe von Automorphismen von $W := V \otimes \tilde{K}$. Betrachten wir jetzt die Darstellung φ von G , $g \longmapsto (L(W,W) \longrightarrow L(W,W)\ ,\ f \longmapsto g \circ f \circ g^{-1})$. Nach Lemma 1 ist $\varphi(G)$ eine Gruppe von unipotenten Automorphismen von $L(W,W)$, also ist $\varphi(G)$ nilpotent. Es ist $\mathrm{Kern}(\varphi) \subset Z(G)$. Also ist G als Zentralerweiterung von $\varphi(G)$ nilpotent.

(b) Die Gruppe G hat einen Eigenvektor.

Wir wenden Induktion nach der Dimension n von V an. Für $n = 1$ ist die Behauptung richtig. Sei $n > 1$. Ist $g = \lambda_g E$ für alle $g \in G$, so ist man fertig. Anderenfalls wählt man $g \in G$, so daß $V_{\lambda_g} = \{ x \mid (g - \lambda_g E)(x) = 0 \} \neq V$. Nach (a) und Lemma 2 ist V_{λ_g} invariant unter G . Nach Induktionsvoraussetzung besitzt G also einen Eigenvektor $x \in V_{\lambda_g}$.

(c) Sei $x \in V$ ein Eigenvektor von G , V_1 der von x erzeugte Untervektorraum von V . Jedes $g \in G$ induziert einen Automorphismus $\bar{g}: V/V_1 \to V/V_1$. Dann ist $\bar{G} := \{ \bar{g} \mid g \in G \}$ eine nilpotente Gruppe von Automorphismen von V/V_1 und $\bar{g} \in \bar{G}$ hat als einzigen Eigenwert λ_g . Wenden wir Induktion nach der Dimension von V an, so folgt, in V/V_1 gibt es eine unter G invariante Fahne. Dann gibt es aber auch in V eine unter G invariante Fahne (vgl. in 1.6.2 Korollar 2 den Beweis zu (1) $\Rightarrow$ (2)). Damit ist die Behauptung bewiesen.

<u>Lemma 3</u>

Sei A eine assoziative Algebra, $a \in A$ und für $x \in A$ sei $x' = ax - xa$. Dann ist $a^k x = x a^k + \binom{k}{1} x' a^{k-1} + \binom{k}{2} x'' a^{k-2} + \ldots + \binom{k}{k} x^{(k)}$.

<u>Bew.:</u> Induktion nach k .

<u>Lemma 4</u>

Sei V ein Vektorraum über einem Körper K , sei G eine nilpotente Liesche Algebra von Endomorphismen von V , sei $a \in G$ und λ ein Eigenwert von a in K . Dann ist der Eigenraum im schwächeren Sinne V^λ invariant unter G .

<u>Bew.:</u> Der Vektorraum $G + K \cdot E$ ist eine nilpotente Liesche Algebra von Endomorphismen von V. Also gibt es eine ganze Zahl $n > 0$, so daß $(ad(a - \lambda E))^n = 0$. Für $x \in G$ sei $x' = ad(a - \lambda E)(x)$. Dann ist nach Lemma 3 für $k \in \mathbb{Z}$, $k > 0$, $(a - \lambda E)^k \circ x = \sum_{i=0}^{k} \binom{k}{i} x^{(i)} \circ (a - \lambda E)^{k-i}$.

Ist $v \in V^\lambda$ und $(a - \lambda E)^m(v) = 0$, so ist also $(a - \lambda E)^{n+m-1}(x(v)) =$ $= 0$.

<u>Satz 3</u>

Sei V ein endlich dimensionaler Vektorraum über dem Körper K.

Sei G

(a) eine Gruppe von Automorphismen von V, oder

(b) eine Liesche Algebra von Endomorphismen von V und sei die Charakteristik von K gleich 0.

Liegen alle Eigenwerte von G in K, dann sind die folgenden Aussagen äquivalent:

(1) G ist nilpotent.

(2) Es gibt Eigenfunktionen φ_i $(1 \leq i \leq m)$ von G, so daß

$$V = \sum_{i=1}^{m} V^{\varphi_i},$$ und jedes V^{φ_i} ist invariant unter G.

(3) Es gibt eine Basis in V, so daß die Matrizen der Elemente von G bezüglich dieser Basis die folgende Gestalt haben:

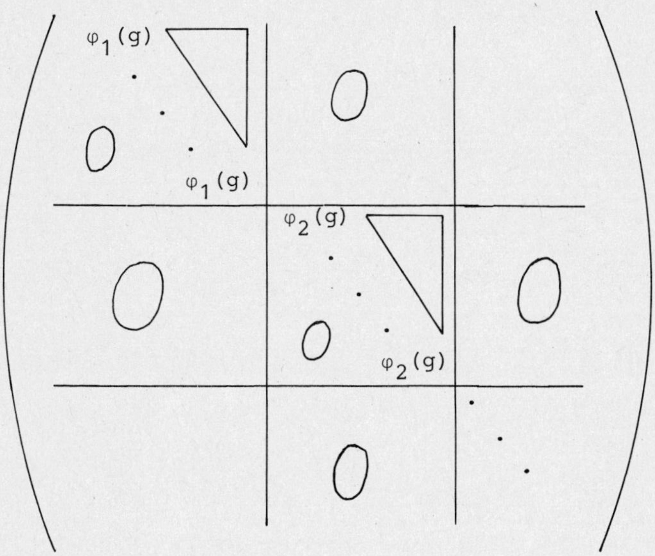

Bew.: Der Fall (a): (1) ⇒ (2)

Wir wenden Induktion nach der Dimension n von V an. Ist $n = 1$ oder hat jedes $f \in G$ nur einen Eigenwert, dann ist die Behauptung richtig. Sei $n > 1$ und nehmen wir an, es gibt $f \in G$ mit den verschiedenen Eigenwerten $\lambda_1, \ldots, \lambda_m$, wo $m \geq 2$. Dann ist V die direkte Summe $\sum_{i=1}^{m} V^{\lambda_i}$ (nach 1.6.1 Lemma 1) und jedes V^{λ_i} ist invariant unter G (Lemma 2). Nach Induktionsvoraussetzung folgt dann die Behauptung.

(2) ⇒ (3) Satz 2

(3) ⇒ (1) Beispiel nach Satz 1 in 2.1.

Der Fall (b): (1) ⇒ (2) ist analog zu (a) (1) ⇒ (2). Statt Lemma 2 benutzt man Lemma 4.

(2) ⇒ (3)

Sei $i \in \{1,\ldots,m\}$ fest gewählt. Für $g \in G$ sei $\bar{g}_i := g|V^{\varphi_i}$. Dann ist $\bar{g}_i = \varphi_i(g)E + g_i$ mit nilpotentem g_i. Seien $g, h \in G$, dann ist $\overline{[g,h]}_i = [g_i,h_i] = \varphi_i([g,h])E + [g,h]_i$. Sei $\mathrm{Dim}(V^{\varphi_i}) = r$, dann ist $\mathrm{Spur}([g_i,h_i]) = r\varphi_i([g,h]) = 0$. Also ist $\varphi_i([g,h]) = 0$ und $[g_i,h_i] = [g,h]_i$. Demnach ist $\{g_i \mid g \in G\}$ eine Liesche Algebra von nilpotenten Endomorphismen von V^{φ_i}. Nach 2.2 Satz 4 Korollar 1 folgt die Behauptung.

(3) ⇒ (1) Beispiel nach Satz 1 in 2.2.

2.4. Folgerungen aus der Formel von Campbell-Hausdorff bei nilpotenten Lieschen Gruppen

Definition

Seien V, W endlich dimensionale Vektorräume. Eine Abbildung $P: V \to W$ heißt Polynomialabbildung $:\Longleftrightarrow$ Es gibt eine Basis in V und eine Basis in W, so daß für $x \in V$ die Koordinaten von $P(x)$ Polynome in den Koordinaten von x sind.

Bemerkung 1

Ist $P: V \to W$ eine Polynomialabbildung, dann sind für jede Wahl der Basen in V und W die Koordinaten von $P(x)$ $(x \in V)$ Polynome in den Koordinaten von x.

Lemma (Prinzip der analytischen Fortsetzung)

Seien M, N analytische Mannigfaltigkeiten, sei M zusammenhängend und g, $f: M \to N$ seien analytische Abbildungen. Gibt es eine offene Menge $U \neq \emptyset$ in M mit $f|U = g|U$, dann ist $f = g$.

Bew.: Aus [Dd] 9.4.2

Satz 1

Sei $\dot{G}$ eine endlich dimensionale Liealgebra über $\mathbb{R}$. Dann sind äquivalent:

(1) Die Liesche Algebra $\dot{G}$ ist nilpotent.

(2) Es gibt eine Polynomialabbildung $P: \dot{G} \times \dot{G} \to \dot{G}$, so daß $\dot{G}$ mit der Verknüpfung $x \circ y := P(x,y)$ eine analytische Gruppe mit Liealgebra $\dot{G}$ ist und so daß für jede analytische Gruppe $(G,\cdot)$ mit Liealgebra $\dot{G}$ die Abbildung $\exp: \dot{G} \to G$ eine Gruppenüberlagerung $(\dot{G},\circ) \to (G,\cdot)$ ist.

Bew.: "(1) ⇒ (2)"
Sei G eine Liesche Gruppe mit Liealgebra $\dot{G}$ (nach 1.7 Korollar 1 gibt es ein solches G) und $\exp: \dot{G} \to G$ ihre Exponentialabbildung.

(1) Seien $x, y \in \dot{G}$ und sei $\sum_{n=1}^{\infty} h_n(x,y) = (x+y) + (\frac{1}{2}[x,y]) + \frac{1}{12}([[y,x],x] + [[x,y],y]) + \ldots$ die Reihe, wo x,y in die rechte Seite der Formel von Campbell-Hausdorff eingesetzt sind. Da $\dot{G}$ nilpotent ist, gibt es $k \in \mathbb{N}$, so daß $h_n(x,y) = 0$ für $n > k$ ist. Es ist daher $\sum_{n=1}^{\infty} h_n(x,y) = \sum_{n=1}^{k} h_n(x,y)$ eine endliche Summe von Kommutatormonomen, insbesondere also für alle x,y konvergent, und $P: \dot{G} \times \dot{G} \to \dot{G}$, $(x,y) \longmapsto \sum_{n=1}^{k} h_n(x,y)$, ist eine Polynomialabbildung.

(2) Für x, $y \in \dot{G}$ sei $x \circ y := P(x,y)$ und $\dot{G}$ sei mit der kanonischen analytischen Struktur versehen. Nach dem Satz in III, 3.5 gibt es eine offene Umgebung U von 0 in $\dot{G}$, so daß gilt:

(a) Für alle $x,y,z \in U$, $(x \circ y) \circ z = x \circ (y \circ z)$, $x \circ (-x) = 0$, $x \circ 0 = x$

(b) $\exp(x \circ y) = \exp(x) \cdot (\exp(y)$

(c) $\exp(U)$ ist offen in G und $\exp$ bildet U topologisch auf $\exp(U)$ ab.

Nach dem Prinzip der analytischen Fortsetzung gelten die Gleichungen in (a) und (b) für alle x, y, $z \in \dot{G}$. Daher ist $(\dot{G},\circ)$ nicht bloß eine lokale, sondern eine globale analytische Gruppe. Daß $(\dot{G},\circ)$ eine analytische Gruppe ist, kann man auch direkt rein algebraisch mit Hilfe von Lemma 1 in III , 3.4.2 und der universellen Eigenschaft von LF , die in der Anmerkung zu III , 3.4.2 erwähnt ist, beweisen.

(3) Nach kanonischer Identifizierung ist $\dot{G}$ der Raum der Differentialelemente von $(\dot{G},\circ)$ und id: $\dot{G} \to \dot{G}$ ist die Exponentialabbildung von $(\dot{G},\circ)$. Für $x , y \in \dot{G}$ ist $[x,y] = \lim_{t \to 0} \frac{(tx)\circ(ty)\circ(-tx)\circ(-ty)}{t^2}$.
Daraus folgt, daß die Liealgebra $\dot{G}$ gleich der Liealgebra von $(\dot{G},\circ)$ ist.

(4) Wegen (c) in (2) ist exp: $\dot{G} \to G$ eine Überlagerung und wegen (b) in (2) ein Homomorphismus von $(\dot{G},\circ)$ nach $(G,\cdot)$. Der Raum $\dot{G}$ ist einfach zusammenhängend. Ist G zusammenhängend, so ist exp also eine universelle Gruppenüberlagerung.

"(2) ⇒ (1)"
Sei U eine Umgebung von O in $\dot{G}$ mit der Eigenschaft (2) (c) in "(1) ⟹ (2)". Nach dem Satz in III , 3.5 gibt es eine Umgebung V von O in U , so daß $P(x,y) = \sum_{n=1}^{\infty} h_n(x,y)$ für $x , y \in V$. Summiert man die in y linearen Terme der Reihe $\sum_{n=1}^{\infty} h_n(x,y)$, so erhält man

$\frac{ad(x)}{1 - e^{-ad(x)}}(y)$. (Vergleiche III , 4.3 erster Beweis des 1. Lieschen Satzes.) Es ist

$$\frac{ad(x)}{1 - e^{-ad(x)}}(y) = y + \frac{1}{2}[x,y] + \ldots + \frac{B_n}{n!}(ad(x))^n(y) + \ldots$$

Dabei sind die B_n die Zahlen, die man aus der Gleichung $\frac{x}{1 - e^{-x}} = \sum_{n=0}^{\infty} \frac{B_n}{n!} x^n$ erhält, d.h. bis auf Vorzeichen die Bernoullischen Zahlen. Unendlich viele Bernoullische Zahlen sind $\neq 0$, andererseits ist $(x,y) \longmapsto \frac{ad(x)}{1 - e^{-ad(x)}}(y)$ eine Polynomialabbildung. Durch Koeffizientenvergleich folgt: Es gibt ein $n \in \mathbb{Z}$, $n > 0$, so daß $(ad(x))^n = 0$ für alle $x \in V$. Dann ist $(ad(x))^n = 0$ für alle $x \in \dot{G}$ und nach 2.2 Satz 4 Korollar 2 ist $\dot{G}$ nilpotent.

Satz 2

Sei $\dot{G}$ eine endlich dimensionale nilpotente Liesche Algebra über $\mathbb{R}$ und $(\dot{G},\circ)$ die analytische Gruppe von Satz 1 . Die Liealgebra von $(\dot{G},\circ)$ werde mit $\dot{G}$ identifiziert. Dann gilt:

(1) Die Exponentialabbildung von $(\dot{G},\circ)$ ist die Identität.

(2) Ist α ein Automorphismus der Gruppe $(\dot{G},\circ)$, dann ist $d\alpha_{|0} = \alpha$.

(3) Es ist H eine zusammenhängende analytische Untergruppe von $(\dot{G},\circ) \iff$ Es ist $\dot{H}$ eine Unteralgebra von $\dot{G}$.

Bew.: (1) ist klar und bereits erwähnt.

(2) Sei $x \in \dot{G}$. Dann ist wegen (1) und Satz 1 in III , 5.1 $d\alpha_{|O}(x) = \exp(d\alpha_{|O}(x)) = \alpha(\exp(x)) = \alpha(x)$.

(3) " $\Leftarrow$ "

Seien $x , y \in H$, dann ist $x \circ y \in H$ und $-x \in H$, also ist H eine analytische Untergruppe von $(\dot{G},\circ)$.

" $\Rightarrow$ "

Es ist $\dot{H}$ eine Unteralgebra von $\dot{G}$ und $H = \langle \exp(\dot{H}) \rangle = \dot{H}$.

Korollar 1

Sei G eine zusammenhängende Liesche Gruppe und sei $\dot{G}$ nilpotent. Dann ist G nilpotent.

Bew.: Es genügt zu zeigen, $(\dot{G},\circ)$ ist nilpotent. Sei $\dot{G} \triangleright \dot{G}_1 \triangleright \ldots \ldots \triangleright \dot{G}_n = \{O\}$ eine Reihe von Idealen von $\dot{G}$ mit $[\dot{G},\dot{G}_i] \subset \dot{G}_{i+1}$. Dann ist $\dot{G} \triangleright \dot{G}_1 \triangleright \ldots \triangleright \dot{G}_n = \{O\}$ gleichzeitig eine Reihe von Untergruppen von $(\dot{G},\circ)$. Sei $x \in \dot{G}$, $y \in \dot{G}_i$, dann ist $x \circ y \circ (-x) \circ (-y) = ([x,y] + \text{Terme höherer Ordnung})$ eine endliche Summe von Kommutatormonomen. Da in jedem dieser Monome y vorkommt, ist $x \circ y \circ (-x) \circ (-y) \in \dot{G}_{i+1}$, d.h. für die Gruppen hat man $(\dot{G},\dot{G}_i) \subset \dot{G}_{i+1}$.

Korollar 2

Sei G eine einfach zusammenhängende nilpotente Liesche Gruppe. Dann ist $\exp\colon \dot{G} \to G$ ein Isomorphismus analytischer Mannigfaltigkeiten.

Korollar 3

In einer einfach zusammenhängenden nilpotenten Lieschen Gruppe ist eine zusammenhängende analytische Untergruppe abgeschlossen. Der Durchschnitt von zusammenhängenden analytischen Untergruppen ist eine zusammenhängende analytische Untergruppe.

Korollar 4

In einer einfach zusammenhängenden nilpotenten Lieschen Gruppe ist die Fixpunktgruppe einer Menge von Automorphismen eine zusammenhängende analytische Untergruppe.

Bew. zu Korollar 2 , 3 , 4 :

Die Abbildung $\exp\colon (\dot{G},\circ) \to (G,\cdot)$ ist ein Isomorphismus analytischer Gruppen. Alle Behauptungen folgen dann aus Satz 2 .

Satz 3

Das Zentrum einer einfach zusammenhängenden nilpotenten Lieschen Gruppe G ist isomorph zu einem reellen Vektorraum.

Bew.: Das Zentrum $Z(G)$ ist die Fixpunktgruppe von $\{ G \to G\ ,\ x \longmapsto gxg^{-1}\ ,\ \mid g \in G \}$. Also ist $Z(G)$ eine zusammenhängende abelsche analytische Untergruppe von G. Aus Satz 2 folgt dann sofort die Behauptung.

Bemerkung 2

Ersetzt man in Korollar 4 "Automorphismus" durch "komplex analytischen Automorphismus" , dann sind alle Aussagen von 2.4 bis Satz 3 (einschließlich) auch im Falle komplexer Liescher Gruppen richtig. Das macht man sich mit Hilfe des Vergleichs der reellen und komplexen Exponentialabbildung in III , 2.2 klar.

Korollar (zu Satz 3)

Eine zusammenhängende nilpotente Liesche Gruppe ist Erweiterung einer einfach zusammenhängenden Lieschen Gruppe durch einen Torus, d.h. eine Gruppe der Art $(\mathbb{R}/\mathbb{Z})^m$ mit $m \geq 0$.

Bew.: Die Abbildung $\exp\colon (\dot{G},\circ) \to (G,\cdot)$ ist eine universelle Überlagerung. Also ist G isomorph zu einer Faktorgruppe von $(\dot{G},\circ)$ nach einer diskreten Untergruppe D des Zentrums. Sei V der Untervektorraum von $\dot{G}$, der von dieser Gruppe erzeugt wird. Es ist $V \subset Z(G)$. Dann ist $\exp(V)$ ein Torus, und man hat ein kommutatives Diagramm (ausgezogene Pfeile und Inklusionen) von topologischen Gruppen und stetigen Homomorphismen, in welchem die waagerechten und senkrechten Sequenzen exakt sind.

$$\begin{array}{ccccccccc}
 & & \{e\} & & \{e\} & & & & \\
 & & \downarrow & & \downarrow & & & & \\
 & & D & = & D & & & & \\
 & & \cap & & \cap & & & & \\
\{e\} & \longrightarrow & V & \subset & \dot{G} & \longrightarrow & \dot{G}/V & \longrightarrow & \{e\} \\
 & & \downarrow & & \downarrow{\scriptstyle \exp} & & \| & & \\
\{e\} & \longrightarrow & \exp(V) & \subset & G & \underset{p}{\dashrightarrow} & \dot{G}/V & \longrightarrow & \{e\} \\
 & & \downarrow & & \downarrow & & & & \\
 & & \{e\} & & \{e\} & & & &
\end{array}$$

Man findet einen Pfeil p , so daß das Diagramm kommutativ ergänzt wird.

Die untere waagerechte Sequenz ist exakt. Topologisch ist $\dot{G}/V$ ein Vektorraum, ist also einfach zusammenhängend.

Bemerkung 3

Die Gruppe der Affinitäten von $\mathbb{R}$ mit positiver Determinante (vgl. II , 4.6 Beispiel (b)) ist ein Beispiel für eine Liegruppe, die auflösbar, aber nicht nilpotent ist. Ihre Liealgebra ist isomorph zu der in der Bemerkung 1 in 2.2 angegebenen Liealgebra $\mathbb{R}x + \mathbb{R}y$ mit $[x,y] = x$.

§ 3. HALBEINFACHE ALGEBREN UND GRUPPEN

3.1. Darstellungen, zu Darstellungen assoziierte Bilinearformen und Moduln, invariante Bilinearformen

Vereinbarung: Im folgenden bezeichnet K einen kommutativen Körper. Ist M ein Vektorraum über K , so bezeichnen wir wie bisher mit $gl(M)$ die Liesche Algebra und mit $E(M)$ die assoziative Algebra der Endomorphismen von M .

Definition 1

Sei G eine Liesche Algebra über K , M ein K - Vektorraum, $\rho: G \to gl(M)$ eine Darstellung von G in M und E_ρ die assoziative Unteralgebra von $E(M)$, die von $\rho(G)$ erzeugt wird. Dann ist M ein E_ρ - Modul. Dieser heißt "zu ρ assoziierter Modul" .
Für $x \in G$ sei $x_\rho := \rho(x)$.
Unter der Dimension von ρ versteht man die Dimension des Vektorraumes M .

Definition 2

Sei G eine Liesche Algebra über K , M ein endlich dimensionaler K - Vektorraum, $\rho: G \to gl(M)$ eine Darstellung von G in M . Dann ist $G \times G \to K$, $(x,y) \longmapsto \mathrm{Spur}(x_\rho \circ y_\rho)$, eine symmetrische Bilinearform auf G . Man nennt sie "zu ρ assoziierte Bilinearform".
Sei G endlich dimensional. Die zur adjungierten Darstellung assoziierte Bilinearform heißt dann die Killing - Form von G .

Definition 3

Sei G eine Liesche Algebra über K, sei B eine Bilinearform auf dem Vektorraum G. Man definiert:

B ist invariant $:\Longleftrightarrow$ Für alle $x,y \in G$ und für alle inneren Derivationen D von G gilt $B(D(x),y) + B(x,D(y)) = 0$.

Gilt die rechte Seite für alle Derivationen D, so heißt B vollständig invariant.

Bemerkungen

(1) Folgende Bemerkung bringt einen Zusammenhang mit dem üblichen Invarianzbegriff. Sei M ein endlich dimensionaler Vektorraum über $\mathbb{R}$, α ein Endomorphismus von M, B eine Bilinearform auf M. Dann gilt: Für alle $x,y \in M$ ist $B(\alpha(x),y) + B(x,\alpha(y)) = 0 \Longleftrightarrow$ Für alle $x,y \in M$ und für alle $t \in \mathbb{R}$ ist $B(\exp(t\alpha)(x),\exp(t\alpha)(y)) = B(x,y)$.

Bew.: "$\Leftarrow$"

$$\frac{d}{dt}\Big|_0 B(\exp(t\alpha)(x),\exp(t\alpha)(y)) = B(\alpha(x),y) + B(x,\alpha(y)) = 0$$

"$\Rightarrow$"

Durch Induktion erhält man: $\sum_{\nu=0}^{n} \binom{n}{\nu} B((t\alpha)^{\nu}(x),(t\alpha)^{n-\nu}(y)) = 0$ für $n \in \mathbb{Z}$, $n > 0$. Es ist $B(\exp(t\alpha)(x),\exp(t\alpha)(y)) =$

$= \sum_{n=0}^{\infty} \frac{1}{n!} \sum_{\nu=0}^{n} \binom{n}{\nu} B((t\alpha)^{\nu}(x),(t\alpha)^{n-\nu}(y))$. Also ist

$B(\exp(t\alpha)(x),\exp(t\alpha)(y)) = B(x,y)$.

(2) Sei G eine endlich dimensionale Liesche Algebra über $\mathbb{R}$, sei Δ die Liesche Algebra der Derivationen von G, sei δ die Liesche Algebra der inneren Derivationen von G. Sei B eine Bilinearform auf G. Dann gilt nach (1):

B ist (vollständig) invariant $\Longleftrightarrow$ B ist invariant (im üblichen Sinn) unter allen Elementen von $< \exp(\delta) >$ (bzw. von $< \exp(\Delta) >$).

Satz 1

Sei G eine Liesche Algebra über K. Dann ist die zu einer endlich dimensionalen Darstellung ρ von G assoziierte Bilinearform invariant.

Bew.: Seien x, y, $z \in G$, dann ist $\mathrm{Spur}([x,y]_{\rho} \circ z_{\rho}) =$
$= \mathrm{Spur}(x_{\rho} \circ y_{\rho} \circ z_{\rho}) - \mathrm{Spur}(y_{\rho} \circ x_{\rho} \circ z_{\rho}) = \mathrm{Spur}(x_{\rho} \circ y_{\rho} \circ z_{\rho}) - \mathrm{Spur}(x_{\rho} \circ z_{\rho} \circ y_{\rho}) =$
$= \mathrm{Spur}(x_{\rho} \circ [y,z]_{\rho})$.

Bezeichnung

Sei M ein Vektorraum, N ein Untervektorraum, β eine symmetrische Bilinearform auf M. Dann heißt der Untervektorraum $N^{\perp} :=$ $:= \{ x \in M \mid \beta(x,n) = 0$ für alle $n \in N \}$ von M Orthogonalraum von N (bezüglich β).

Die Bilinearform β heißt "nicht entartet" $:\Longleftrightarrow M^{\perp} = 0$.

Satz 2

Sei G eine Liesche Algebra über K, β eine invariante Bilinearform auf G, A ein Ideal in G. Dann gilt:

(1) Der Orthogonalraum $A^{\perp}$ von A bezüglich β ist ein Ideal in G.

(2) Ist β nicht entartet, dann ist $A \cap A^{\perp}$ kommutativ.

Bew.: Vgl. [B], § 3, N° 6, Prop. 7.

(1) Sei D eine innere Derivation von G. Es ist A invariant unter D und $\beta(D(x),y) + \beta(x,D(y)) = 0$ für $x,y \in G$. Sei $z \in A^{\perp}$, dann ist für $t \in A$ $\beta(D(z),t) = -\beta(z,D(t)) = 0$, also ist $D(z) \in A^{\perp}$.

(2) Sei B ein Ideal von G und $\beta|B \times B = 0$, dann ist für $x,y \in B$, $z \in G$ $\beta([x,y],z) = \beta(x,[y,z]) = 0$, d.h. $[B,B]$ ist orthogonal zu G. Ist β nicht entartet, dann ist B also kommutativ. Setzt man $B := A \cap A^{\perp}$, so folgt die Behauptung (2).

Satz 3

Sei G eine endlich dimensionale Liesche Algebra über K, $\beta: G \times G \to K$, $(x,y) \longmapsto \mathrm{Spur}(\mathrm{ad}(x) \circ \mathrm{ad}(y))$, die Killing-Form von G, A ein Ideal in G. Für $b \in G$ sei $\mathrm{ad}_A(b) := \mathrm{ad}(b)|A$. Ist $a \in A$, $b \in G$, dann ist $\beta(a,b) = \mathrm{Spur}(\mathrm{ad}_A(a) \circ \mathrm{ad}_A(b))$. Ist β' die Killing-Form von A, dann ist $\beta' = \beta|A \times A$. Ist A kommutativ, dann ist A orthogonal zu G.

Bew.: Vgl. [B], § 3, N° 7, Prop. 9.

Sei u ein Endomorphismus des Vektorraumes G, der A invariant läßt. Sei $u_A := u|A$ und $\bar{u}$ sei der von u induzierte Endomorphismus $G/A \to G/A$. Dann ist $\mathrm{Spur}(u) = \mathrm{Spur}(u_A) + \mathrm{Spur}(\bar{u})$. Ist $a \in A$, $b \in G$ und ist $u = \mathrm{ad}(a) \circ \mathrm{ad}(b)$, dann ist $u_A = \mathrm{ad}_A(a) \circ \mathrm{ad}_A(b)$ und $\bar{u} = 0$. Daraus folgen alle Behauptungen des Satzes.

Satz 4

Sei G eine endlich dimensionale Liesche Algebra über dem Körper K. Dann ist die Killing-Form von G vollständig invariant.

Bew.: Vgl. [B], § 3, N° 7, Prop. 10.
Sei D eine Derivation von G. Nach III, 5.5 Beispiel (3) gibt es eine Liesche Algebra $\bar{G}$, die G als ein Ideal von der Kodimension 1 enthält und die ein Element x_0 enthält, so daß $[x,x_0] = D(x)$ für $x \in G$. D.h. $D: G \to G$ ist die Einschränkung einer inneren Derivation von $\bar{G}$ auf G. Die Killing-Form $\bar{\beta}$ von $\bar{G}$ ist invariant. Für $x, y \in G$ ist also $\bar{\beta}([x,x_0],y) = \bar{\beta}(x,[x_0,y])$, d.h. $\bar{\beta}(D(x),y) + \bar{\beta}(x,D(y)) = 0$. Die Killing-Form β von G ist $\bar{\beta}|G \times G$, also ist β vollständig invariant.

3.2. Das Radikal einer Lieschen Algebra bzw. einer Lieschen Gruppe

3.2.1. Das Radikal einer Lieschen Algebra

Sei G eine Liesche Algebra über dem Körper K, seien I, J auflösbare Ideale von G. Dann ist $I + J/J \cong I/I \cap J$ auflösbar, und $I + J$ ist als Erweiterung der auflösbaren Algebra $I + J/J$ durch die auflösbare Algebra J auflösbar. Besitzt also G ein maximales auflösbares Ideal, so enthält dieses jedes auflösbare Ideal von G. Es gibt also höchstens ein maximales auflösbares Ideal in G. Eine endlich dimensionale Liealgebra besitzt daher aus Dimensionsgründen genau ein maximales auflösbares Ideal.

Definition

Sei G eine endlich dimensionale Liealgebra. Das größte auflösbare Ideal von G heißt das Radikal von G.

Satz 1

Das Radikal R einer endlich dimensionalen Lieschen Algebra G ist das kleinste Ideal A von G, für welches das Radikal von G/A gleich $\{0\}$ ist.

Bew.: Vgl. [B], § 5, N° 2, Prop. 3.
Sei $A \lhd G$ und das Radikal von G/A sei $\{0\}$. Sei $p: G \to G/A$ die kanonische Projektion, dann ist $p(R)$ ein auflösbares Ideal von G/A, also ist $p(R) = 0$ und $R \subset A$. Sei jetzt $A := R$ und R' sei das Radikal von G/R. Dann ist $p^{-1}(R')$ auflösbar, also ist $p^{-1}(R') \subset R$ und $R' = 0$.

3.2.2. Das Radikal einer zusammenhängenden Lieschen Gruppe

Satz

Sei G eine zusammenhängende Liesche Gruppe, $\dot{R}$ das Radikal von $\dot{G}$. Dann ist $\langle \exp(\dot{R}) \rangle$ ein abgeschlossener Normalteiler von G.

Bew.: Die Gruppe $\langle \exp(\dot{R}) \rangle$ ist nach Satz 4 in 1.5 ein zusammenhängender auflösbarer Normalteiler von G. Dann ist $\overline{\langle \exp(\dot{R}) \rangle}$ nach 1.6.2 Lemma 1 auflösbar und ist ein zusammenängender Normalteiler von G. Die Liealgebra von $\overline{\langle \exp(\dot{R}) \rangle}$ ist also ein auflösbares Ideal von $\dot{G}$ und enthält $\dot{R}$. Es folgt, $\dot{R}$ ist die Liealgebra von $\overline{\langle \exp(\dot{R}) \rangle}$ und $\langle \exp(\dot{R}) \rangle = \overline{\langle \exp(\dot{R}) \rangle}$.

Definition

Sei G eine zusammenhängende Liesche Gruppe und $\dot{R}$ das Radikal von $\dot{G}$, dann heißt $\langle \exp(\dot{R}) \rangle$ das Radikal von G.

Bemerkung

Ist H eine komplexe Liesche Algebra, R das Radikal von H und $H^{\mathbb{R}}$ die reelle Liealgebra, die man aus H durch Einschränkung der Skalaren auf $\mathbb{R}$ erhält, dann ist $R^{\mathbb{R}}$ das Radikal von $H^{\mathbb{R}}$. Ist G eine zusammenhängende komplex analytische Gruppe, dann ist das Radikal von G also eine komplex analytische Untergruppe von G.

3.3. Cartans Kriterium für Auflösbarkeit

Definitionen

(1) Sei V ein Vektorraum, f ein Endomorphismus von V. Dann heißt f halbeinfach $:\Longleftrightarrow$ Zu jedem unter f invarianten Untervektorraum V' von V gibt es einen unter f invarianten Untervektorraum V'' mit $V' \cap V'' = \{0\}$ und $V = V' + V''$.

(2) Ist V endlich dimensional, so heißt das Polynom $\chi(\lambda) = \operatorname{Det}(f - \lambda E)$ in λ charakteristisches Polynom von f.

Lemma 1

Sei V ein n-dimensionaler Vektorraum über einem algebraisch abgeschlossenen Körper K und h ein halbeinfacher Endomorphismus von V.

Dann gibt es eine Basis $(e_1,\dots,e_n)$ von V, so daß $h(e_i) = \lambda_i e_i$ mit $\lambda_i \in K$ für $i = 1,\dots,n$.

Bew.: klar

Lemma 2 (Satz von Hamilton - Cayley)

Ist f ein Endomorphismus eines endlich dimensionalen Vektorraumes V und χ das charakteristische Polynom von f, dann ist $\chi(f) = 0$.

Bew.: Lineare Algebra, z.B. [B Alg], Ch. VII, § 5, N° 3.

Lemma 3

Sei V ein endlich dimensionaler Vektorraum über einem algebraisch abgeschlossenen Körper, f ein Endomorphismus von V. Dann läßt sich f auf genau eine Weise in der Form $f = n + h$ schreiben, wobei n ein nilpotenter, h ein halbeinfacher Endomorphismus von V ist und n, h Polynome in f ohne konstanten Term sind. Die Endomorphismen n und h sind vertauschbar.

Bew.: Seien $\lambda_1,\dots,\lambda_r$ die verschiedenen Eigenwerte und $\chi(\lambda) = (\lambda - \lambda_1)^{n_1} \dots (\lambda - \lambda_r)^{n_r}$ das charakteristische Polynom von f.

(1) Eindeutigkeit:

Da n und h Polynome in f sind, ist V^{λ_i} invariant unter h und n für $i = 1,\dots,r$. Es ist dann klar, daß $h|V^{\lambda_i} = \lambda_i E$ und $n|V^{\lambda_i} = (f - \lambda_i E)|V^{\lambda_i}$ ist.

(2) (Man vgl. [Jac L], Vol. II, Ch. IV 8)

Die Polynome $\mu_i(\lambda) := \dfrac{\chi(\lambda)}{(\lambda - \lambda_i)^{n_i}}$ sind relativ prim zueinander. Es gibt also Polynome $\varphi_i(\lambda)$ mit $\sum_{i=1}^{r} \varphi_i(\lambda)\mu_i(\lambda) = 1$. Sei $h_i = \varphi_i(f) \circ \mu_i(f)$, dann ist $h_i \circ h_j = 0$ für $i \neq j$. Das folgt aus Lemma 2, weil $\varphi_i(\lambda)\mu_i(\lambda)\varphi_j(\lambda)\mu_j(\lambda)$ durch $\chi(\lambda)$ teilbar ist. Es ist $\sum_{i=1}^{r} h_i = E$ und $h_i^2 = h_i \circ (\sum_{j=1}^{r} h_j) = h_i$. Man hat die direkte Summe $h_1(V) + \dots + h_r(V) = V$ und es ist $h_i(V) \subset V^{\lambda_i}$, denn $(f - \lambda_i E)^{n_i} \circ h_i = \varphi_i(f) \circ \mu(f) = 0$. Also ist $h_i(V) = V^{\lambda_i}$. Somit ist h_i die Projektion von V auf V^{λ_i}. Daher ist $h := \sum_{i=1}^{r} \lambda_i h_i$ halbeinfach und $n := f - h$ nilpotent.

(3) Da h und n Polynome in f sind, sind sie vertauschbar.

(4) Es gibt Polynome P und Q mit $h = P(f)$ und $n = Q(f)$. Hat eines der beiden Polynome keinen konstanten Term, so kann man das andere ebenfalls ohne konstanten Term wählen. Zum Folgenden vgl. man [B Alg], Ch VIII, § 9, N° 4.

(a) Ist f invertierbar, dann hat das charakteristische Polynom χ einen konstanten Term. Wegen Lemma 2 ist E also ein Polynom in f ohne konstanten Term. Da $P(f) = P(f)\cdot E$ und $Q(f) = Q(f)\cdot E$ kann man P und Q ohne konstanten Term wählen.

(b) Ist f nicht invertierbar und $V' := \mathrm{Kern}(f) \neq \{0\}$, dann ist V' invariant unter n, denn n ist als Polynom in f mit f vertauschbar, und $n|V'$ ist nilpotent. Es gibt $x \in V'$, $x \neq 0$, mit $n(x) = 0 = f(x)$. Das Polynom Q hat also keinen konstanten Term.

Definition 3

Die Endomorphismen n bzw. h von V in Lemma 3 heißen nilpotente bzw. halbeinfache Komponente von f.

Lemma 4

Sei V ein endlich dimensionaler Vektorraum mit Basis $(e_1,\dots,e_n)$. Man hat die kanonische Basis $(E_{ij})_{i,j=1,\dots,n}$ von $L(V,V)$ mit $E_{ij}(e_k) = \delta_{jk}e_i$. In $gl(V)$ gelten dann die folgenden Gleichungen:

$$[E_{ij},E_{kl}] = 0 \qquad \text{für } j \neq k \text{ und } i \neq l$$

$$[E_{ij},E_{jl}] = E_{il} \qquad \text{für } i \neq l$$

$$[E_{ij},E_{ki}] = -E_{kj} \qquad \text{für } j \neq k$$

$$[E_{ij},E_{ji}] = E_{ii} - E_{jj}$$

Bew.: klar

Lemma 5

Sei V ein endlich dimensionaler Vektorraum über einem algebraisch abgeschlossenen Körper K und sei $f \in gl(V)$. Ist n die nilpotente, h die halbeinfache Komponente von f, dann ist $ad(n)$ die nilpotente, $ad(h)$ die halbeinfache Komponente von $ad(f)$.

Bew.: (Vgl. [B], § 5, N° 4, Lemma 2.) Es ist $[ad(h),ad(n)] = 0$. Nach 2.2 Lemma 1 ist $ad(n)$ nilpotent. Nach Lemma 1 gibt es eine Basis $(e_1,\dots,e_n)$ von V, so daß $h(e_i) = \lambda_i e_i$ mit $\lambda_i \in K$. Nach Lemma 4 ist $ad(h)(E_{ij}) = (\lambda_i - \lambda_j)E_{ij}$, d.h. $ad(h)$ ist halbeinfach.

Lemma 6

Sei V ein endlich dimensionaler Vektorraum über dem Körper K der Charakteristik 0, seien $B \subset A$ Untervektorräume von $gl(V)$ und sei $T := \{u \in gl(V) \mid [u,A] \subset B\}$. Ist für ein $z \in T$ $Spur(z \circ u) = 0$ für alle $u \in T$, dann ist z nilpotent.

Bew.: Vgl. [B], § 5, N° 4, Lemma 3.

Es genügt, den Beweis für den Fall zu führen, daß K algebraisch abgeschlossen ist. Sei n die nilpotente und h die halbeinfache Komponente von z. Sei $(e_1,\dots,e_n)$ eine Basis von V mit $h(e_i) = \lambda_i e_i$ $(\lambda_i \in K)$ und sei $L \subset K$ der von den λ_i erzeugte $\mathbb{Q}$-Untervektorraum von K ($\mathbb{Q} \subset K$ wegen Charakteristik 0). Es ist zu zeigen, daß $L = \{0\}$. Sei f eine beliebige $\mathbb{Q}$-Linearform auf L. Wir zeigen $f = 0$. Sei t der Endomorphismus von V mit $t(e_i) = f(\lambda_i)e_i$. Sei weiter $(E_{ij})_{i,j=1,\dots,n}$ die durch $(e_1,\dots,e_n)$ definierte kanonische Basis von $gl(V)$. Dann hat man $ad(h)(E_{ij}) = (\lambda_i - \lambda_j)E_{ij}$ und $ad(t)(E_{ij}) = (f(\lambda_i) - f(\lambda_j))E_{ij}$. Weil $K \supset \{\lambda_i - \lambda_j \mid i,j = 1,\dots,n\} \longrightarrow \mathbb{Q} \subset K$, $\lambda_i - \lambda_j \longmapsto f(\lambda_i) - f(\lambda_j)$, eine wohldefinierte Abbildung ist mit $0 \longmapsto 0$, gibt es ein Polynom P mit Koeffizienten in K ohne konstanten Term, so daß $P(\lambda_i - \lambda_j) = f(\lambda_i) - f(\lambda_j)$. Dann gilt $ad(t) = P(ad(h))$. Da nach Lemma 3 $ad(h)$ ein Polynom ohne konstanten Term in $ad(z)$ ist und $ad(z)(A) \subset B$, ist auch $ad(t)(A) \subset B$, d.h. $t \in T$. Man hat $0 = Spur(z \circ t) = \Sigma\, \lambda_i f(\lambda_i)$, also $0 = f(Spur(z \circ t)) = \Sigma\, f(\lambda_i)^2$. Die $f(\lambda_i)$ sind rationale Zahlen, also ist $f = 0$. Damit ist die Behauptung bewiesen.

Satz (Cartans Kriterium)

Sei G eine Liealgebra über dem Körper K der Charakteristik 0, ρ eine Darstellung von G in dem endlich dimensionalen K-Vektorraum V und β die zu ρ assoziierte Bilinearform auf G. Ist $[G,G]$ orthogonal zu G bezüglich β, dann ist $\rho(G)$ auflösbar.

Bew.: Vgl. [B], § 5, N° 4, Th. 2.
Man braucht offenbar nur den Fall zu betrachten, daß G eine Unteralgebra von $gl(V)$ und ρ die Inklusion $G \subset gl(V)$ ist. Sei $T := \{t \in gl(V) \mid [t,G] \subset [G,G]\}$. Für $t \in T$, $x, y \in G$ ist $[t,x] \in [G,G]$ und $Spur(t \circ [x,y]) = \beta([t,x],y) = 0$. Da "Spur" eine Linearform auf $gl(V)$ ist, hat man $Spur(t \circ u) = 0$ für alle $u \in [G,G]$ und alle $t \in T$. Da $[G,G] \subset T$, ist also nach Lemma 6 jedes Element von $[G,G]$ nilpotent. Wegen Korollar 2 zu Satz 4 in 2.2 ist $[G,G]$ dann nilpotent. Da $G/[G,G]$ kommutativ und $[G,G]$ auflösbar ist, ist G auflösbar.

Angewandt wird der Satz vor allem im Falle $V = G$, $\rho = ad$, d.h. im Fall der Killing-Form. Dabei muß dann L endlich dimensional vorausgesetzt werden.

3.4. Halbeinfache Algebren

Voraussetzung: Mit Liealgebren sind in diesem Abschnitt immer endlich dimensionale Liealgebren über einem Körper K der Charakteristik 0 gemeint.

Definition 1

Sei G eine Liesche Algebra oder eine zusammenhängende Liesche Gruppe. Dann heißt G halbeinfach $:\Longleftrightarrow$ Das Radikal von G ist $\{0\}$ bzw. $\{e\}$.

Satz 1

Die Liesche Algebra G ist halbeinfach $\Longleftrightarrow$ G enthält kein kommutatives Ideal $\neq \{0\}$.

Bew.: " $\Rightarrow$ " ist klar.

" $\Leftarrow$ "

Sei R das Radikal von G und sei $R \neq \{0\}$. Sei $R \rhd R' \rhd R'' \rhd \ldots$ $\ldots \rhd R^{(n)} = \{0\}$ die abgeleitete Reihe von R und sei $R^{(n-1)} \neq \{0\}$. Dann ist $R^{(n-1)}$ ein kommutatives charakteristisches Ideal in R und ist folglich ein kommutatives Ideal in G.

Satz 2

Sei G eine halbeinfache Liesche Algebra und ρ eine treue endlich dimensionale Darstellung von G. Dann ist die zu ρ assoziierte Bilinearform nicht entartet.

Bew.: Orthogonalität bezieht sich auf die zu ρ assoziierte Bilinearform. Sei $B := [G,G]^{\perp}$. Dann ist insbesondere $B \perp [B,B]$, also ist $\rho(B)$ und somit B auflösbar nach dem Satz in 3.3. Als auflösbares Ideal in der halbeinfachen Liealgebra G ist aber $B = \{0\}$. Wegen $[G,G] + [G,G]^{\perp} = G$ ist also $[G,G] = G$ und somit auch $G^{\perp} = \{0\}$.

Korollar

Ist G eine halbeinfache Liesche Algebra, dann ist $[G,G] = G$.

Bew.: Beweis von Satz 2. Sei z.B. ρ die adjungierte Darstellung.

Satz 3 (Cartans Kriterium für Halbeinfachheit)

Die Liesche Algebra G ist halbeinfach $\Longleftrightarrow$ Die Killing-Form von G ist nicht entartet.

Bew.: " $\Leftarrow$ "
Ist G nicht halbeinfach, dann hat G ein kommutatives Ideal. Nach 3.1 Satz 3 ist die Killing-Form dann entartet.

" $\Rightarrow$ "
Die adjungierte Darstellung ist treu, nach Satz 2 ist die Killing-Form also nicht entartet.

Definition 2

Eine Liesche Algebra G heißt einfach : $\Longleftrightarrow$ Die einzigen Ideale von G sind G und $\{0\}$, und G ist nicht kommutativ.

Bemerkung 1

Eine einfache Liesche Algebra ist halbeinfach.

Bemerkung 2

Ein endliches Produkt von halbeinfachen Algebren ist halbeinfach.

Bew.: Sei für $i = 1,\dots,n$ G_i eine halbeinfache Algebra, sei $G = G_1 \times \dots \times G_n$, sei p_i die Projektion von G auf den i-ten Faktor G_i und sei I ein kommutatives Ideal von G. Dann ist $p_i(I) = \{0\}$ für $i = 1,\dots,n$, also ist $I = \{0\}$, und G ist halbeinfach.

Satz 4

Eine Liesche Algebra G ist genau dann halbeinfach, wenn sie isomorph zu einem endlichen Produkt von einfachen Algebren ist.

Bew.: " $\Rightarrow$ "
Sei I ein Ideal, das minimal ist unter den Idealen $\neq \{0\}$ in G, β die Killing-Form von G. Dann ist $I^\perp$ ein Ideal von G, $I \cap I^\perp = \{0\}$, denn nach 3.1 Satz 2 (2) ist $I \cap I^\perp$ kommutativ. Also ist $G \cong I \times I^\perp$. Sei β' die Killing-Form von $I^\perp$, $\beta' = \beta | I^\perp \times I^\perp$. Dann ist β' nicht entartet, denn sonst wäre β entartet. Also ist $I^\perp$ halbeinfach. Jedes Ideal $\tilde{I}$ von I ist ein Ideal von G, also ist $\tilde{I} = I$ oder es ist $\tilde{I} = \{0\}$, d.h. I ist eine einfache Algebra. Durch Induktion folgt also die Behauptung.

" $\Leftarrow$ " Vgl. Bemerkung 1 und 2 .

Korollar

Ein Ideal und ein Quotient einer halbeinfachen Lieschen Algebra sind halbeinfach.

Satz 5

Seien G , $\bar{G}$ Liealgebren, R , $\bar{R}$ ihre Radikale und $f: G \to \bar{G}$ ein surjektiver Homomorphismus. Dann ist $\bar{R} = f(R)$.

Bew.: Vgl. [B] , § 6 , N° 2 , Cor. 2 .
Das Ideal $f(R)$ ist auflösbar, also ist $f(R) \subset \bar{R}$. Die Algebra $\bar{G}/f(R)$ ist isomorph zu einem Quotienten von G/R . Da G/R halbeinfach ist, ist also $\bar{G}/f(R)$ halbeinfach, und nach 3.2.1 Satz 1 gilt: $f(R) \supset \bar{R}$.

3.5. Darstellungen halbeinfacher Algebren

Voraussetzung: Es sei K ein Körper der Charakteristik 0 . Mit Liealgebren sind endlich dimensionale Liealgebren über K gemeint.

Definition 1

Sei M ein Modul, N ein Untermodul von M . Ein Untermodul T von M heißt supplementär zu $N :\Longleftrightarrow T \cap N = \{0\}$ und $T + N = M$.

Definition 2

Sei G eine Liesche Algebra. Die Darstellung ρ von G heißt halbeinfach oder vollständig reduzibel $:\Longleftrightarrow$ Der zu ρ assoziierte Modul (siehe Definition 1 in 3.1) ist halbeinfach, d.h. er besitzt zu jedem Untermodul einen supplementären. Die Darstellung ρ heißt einfach $:\Longleftrightarrow$ $\Longleftrightarrow$ Der zu ρ assoziierte Modul ist einfach, d.h. er besitzt keinen echten Untermodul $\neq \{0\}$.

Lemma 1

Die adjungierte Darstellung einer halbeinfachen Lieschen Algebra ist halbeinfach.

Bew.: Nach 3.4 Satz 4 gibt es einfache Ideale G_i von G $(i = 1,\dots,n)$, so daß G die direkte Summe $\sum_{i=1}^{n} G_i$ ist. Ist H ein Untermodul des zur adjungierten Darstellung assoziierten Moduls, dann ist H ein Ideal von G und umgekehrt. Ferner ist $H \cap G_i = \{0\}$ oder $H \cap G_i = G_i$ für $i = 1,\dots,n$. Dann ist $\sum_{G_i \cap H=\{0\}} G_i$ ein zu H supplementärer Untermodul.

Lemma 2

Sei G eine Liesche Algebra über K. Die beiden folgenden Aussagen sind äquivalent:

(1) Jede endlich dimensionale Darstellung von G ist halbeinfach.

(2) Für jede endlich dimensionale Darstellung $\rho: G \to gl(M)$ gilt: Ist N ein Untervektorraum von M der Kodimension 1, so daß $\rho(x)(M) \subset N$ für jedes $x \in G$, dann gibt es eine zu N supplementäre Gerade in M, die von $\rho(G)$ annulliert wird.

Bew.: Vgl. [B], § 6, N° 2, Lemma 2.

(1) ⇒ (2) ist klar.

(2) ⇒ (1)

Sei σ eine endlich dimensionale Darstellung von G in den Vektorraum W und sei V ein Untermodul des zu σ assoziierten Moduls, d.h. V ist ein Untervektorraum des K-Vektorraumes W und ist invariant unter $\sigma(G)$. Es ist dann zu zeigen, es gibt einen zu V supplementären Untervektorraum von W, der invariant unter $\sigma(G)$ ist.
Sei ν die adjungierte Darstellung von $gl(W)$ und für $x \in G$ sei $\mu(x) := \nu \circ \sigma(x)$. Dann ist μ eine Darstellung von G in dem Raum $L(W,W)$ der linearen Abbildungen von W in W. Sei $M :=$ $:= \{ f \in L(W,W) \mid f(W) \subset V , f|V = \lambda \cdot id_V$ für ein $\lambda \in K \}$ und $N :=$ $:= \{ f \in M \mid f(V) = 0 \}$. Dann ist N von der Kodimension 1 in M und für jedes $x \in G$ ist $\mu(x)(M) \subset N$. Nach Voraussetzung gibt es $u \in M$, $u \notin N$, mit $\mu(x)(u) = 0$ für jedes $x \in G$, d.h. $\sigma(x)$ und u sind für jedes $x \in G$ vertauschbar. Es folgt, $\mathrm{Kern}(u)$ ist invariant unter $\sigma(G)$, aber $\mathrm{Kern}(u)$ ist ein zu V supplementärer Untervektorraum des K-Vektorraumes W. Also ist σ halbeinfach.

Lemma 3

Sei G eine Liesche Algebra über K, A ein Ideal von G, ρ eine Darstellung von G in dem endlich dimensionalen Vektorraum M und β die zu ρ assoziierte Bilinearform. Es sei $\beta|A \times A$ nicht entartet. Sei $(u_1,\ldots,u_n)$ eine Basis von A und $(u'_1,\ldots,u'_n)$ eine dazu duale Basis, d.h. es ist $\beta(u_i,u'_j) = \delta_{ij}$ für $i, j \in \{1,\ldots,n\}$. Sei

$$c := \sum_{i=1}^{n} \rho(u_i) \circ \rho(u'_i)$$

. Dann ist c ein Modulendomorphismus des zu ρ assoziierten Moduls M (siehe Definition 1 in 3.1). Ist M als assoziierter Modul einfach, dann ist c ein Automorphismus von M als assoziiertem Modul. Es ist $\mathrm{Spur}(c) = n$.

Bew.: Die Bilinearform β ist invariant. Für x , b_1 , $b_2 \in G$ gilt also: $\beta([x,b_1],b_2) + \beta(b_1,[x,b_2]) = 0$. Sei nun $[x,u_i] = \sum_{j=1}^{n} \alpha_{ij}u_j$ mit $\alpha_{ij} \in K$ und sei $[x,u'_k] = \sum_{l=1}^{n} \alpha'_{kl}u'_l$ mit $\alpha'_{kl} \in K$. Dann ist $\beta([x,u_i],u'_k) = \alpha_{ik}$ und $\beta(u_i,[x,u'_k]) = \alpha'_{ki}$. Da β invariant ist, ist $\alpha_{ik} = -\alpha'_{ki}$.

Sei $x \in G$. Schreibe $x_\rho := \rho(a)$, $u_{i\rho} := \rho(u_i)$, $u'_{i\rho} := \rho(u'_i)$.

Dann gilt $[x_\rho,c] = [x_\rho, \sum_{i=1}^{n} u_{i\rho} \circ u'_{i\rho}] =$

$$= \sum_{i=1}^{n} x_\rho \circ u_{i\rho} \circ u'_{i\rho} - \sum_{i=1}^{n} u_{i\rho} \circ u'_{i\rho} \circ x_\rho =$$

$$= \sum_{i=1}^{n} [x_\rho,u_{i\rho}] \circ u'_{i\rho} + \sum_{i=1}^{n} u_{i\rho} \circ [x_\rho,u'_{i\rho}] =$$

$$= \sum_{i,j=1}^{n} \alpha_{ij}u_{j\rho} \circ u'_{i\rho} + \sum_{i,j=1}^{n} \alpha'_{ij}u_{i\rho} \circ u'_{j\rho} = 0 .$$

Es folgt, daß c mit allen Endomorphismen x_ρ von M vertauschbar ist. Der Kern von c ist dann ein Untermodul des zu ρ assoziierten Moduls M . Es ist $\mathrm{Spur}(c) = \mathrm{Spur}(\sum_{i=1}^{n} u_{i\rho} \circ u'_{i\rho}) = n$, also ist $c \neq 0$. Damit sind alle Behauptungen des Satzes bewiesen.

Anmerkung

Zu Lemma 3 vergleiche man [Jac] , III , 7 Lemma 3 und [B] , § 3 , N° 7 .

Lemma 4

Sei G eine halbeinfache Liealgebra, ρ eine endlich dimensionale Darstellung von G in dem Vektorraum M und N ein Untervektorraum von M von der Kodimension 1 , so daß $\rho(x)(M) \subset N$ für jedes $x \in G$. Dann existiert eine zu N supplementäre Gerade in M , die durch $\rho(G)$ annulliert wird.

Bew.: Vgl. [B] , § 6 , N° 2 , Lemma 3 .
(1) Für $x \in G$ sei $\sigma(x) := \rho(x)|N$. Nehmen wir an, σ sei einfach. Ist $\sigma = 0$, dann ist $\rho(x) \circ \rho(y) = 0$ für x , $y \in G$ und folglich ist $\rho(G) = \rho([G,G]) = 0$. Ist $\sigma \neq 0$, dann sei $B := \mathrm{Kern}(\sigma)$ und A sei ein zu B supplementäres Ideal von G . Es ist $A \neq \{0\}$ und $\rho|A$ ist treu. Die Einschränkung der zu ρ assoziierten Bilinearform auf $A \times A$ ist also nicht entartet (3.4 Satz 2). Bildet man wie in Lemma 3 zu A und ρ den Endomorphismus c des zu ρ assoziierten Moduls M , dann

ist $c(M) \subset N$, folglich $\mathrm{Spur}(c|N) = \mathrm{Spur}(c) = \mathrm{Dim}(A) \neq 0$, also $c|N \neq 0$. Der Endomorphismus $c|N$ des zu σ assoziierten Moduls N ist ein Automorphismus, weil er $\neq 0$ ist und N einfach ist. Der Kern Z von c ist also eine zu N supplementäre Gerade. Da $\rho(x)$ und c für jedes $x \in G$ vertauschbar sind, wird Z von $\rho(G)$ annulliert.

(2) Der allgemeine Fall wird jetzt durch Induktion nach der Dimension von M bewiesen. Sei T ein minimaler Untermodul $\neq \{0\}$ des zu σ assoziierten Moduls N , sei $M' := M/T$ und $N' := N/T$. Für jedes $x \in G$ induziert $\rho(x)$ eine lineare Abbildung $\rho'(x): M' \to M'$. Die Abbildung $x \longmapsto \rho'(x)$ ist eine Darstellung von G in M' mit $\rho'(x)(M') \subset N'$ für jedes $x \in G$. Der Vektorraum N' ist von der Kodimension 1 in M' . Nach Induktionsannahme gibt es also eine zu N' in M' supplementäre Gerade Z' , die von $\rho'(G)$ annulliert wird. D.h.: In M gibt es eine Gerade Z , so daß $Z + T$ das Urbild von Z' in M ist und so daß $\rho(x)(Z) \subset T$ für jedes $x \in G$. Nach (1) gibt es in $Z + T$ eine zu T supplementäre Gerade, die durch $\rho(G)$ annulliert wird. Diese Gerade ist dann aber supplementär zu N in M .

Korollar

Jede endlich dimensionale Darstellung einer halbeinfachen Liealgebra ist halbeinfach.

Bew.: Lemma 2 und 4 .

3.6. Satz von Levi

Wieder sei K ein Körper der Charakteristik 0 und mit Liescher Algebra ist eine endlich dimensionale Liesche Algebra über K gemeint.

Definition

Sei G eine Liesche Algebra und R ihr Radikal. Eine Unteralgebra S von G mit $S \cap R = \{0\}$ und $G = S + R$ heißt Unteralgebra von Levi.

Bemerkung

Sei G eine Liesche Algebra, R ihr Radikal und S eine Unteralgebra von Levi. Dann ist G das semidirekte Produkt von R mit S . Somit ist $S \cong G/R$, S ist also halbeinfach. Umgekehrt ist eine halbeinfache Unteralgebra H von G mit $G = R + H$ eine Unteralgebra von Levi.

Satz von Levi

Eine Liesche Algebra G besitzt eine Unteralgebra von Levi.

Bew.: Vgl. [B], § 6, N° 8, Th. 5
Sei R das Radikal zu G.

(1) Sei $[G,R] = \{0\}$, d.h.: R ist das Zentrum von G.
Behauptung: $[G,G]$ ist halbeinfach und $G \cong [G,G] \times R$.
Beweis: Die adjungierte Darstellung von G induziert eine Darstellung von G/R. Diese induzierte Darstellung ist halbeinfach, also ist auch die adjungierte Darstellung halbeinfach. Daher ist G ein direktes Produkt von minimalen Idealen $A_i \neq \{0\}$, und A_i ist entweder einfach oder kommutativ. Dann ist $[G,G]$ das Produkt der einfachen Ideale A_i und ist also halbeinfach. R ist das Produkt der kommutativen Ideale A_i.

(2) Sei $[G,R] \neq \{0\}$ und seien $\{0\}$ und R die einzigen Ideale von G in R. Dann ist $[G,R] = R$, $[R,R] = \{0\}$ und das Zentrum von G ist $\{0\}$. Sei $M := \{ m \in L(G,G) \mid m(G) \subset R$ und $m|R = \lambda_m \cdot id_R$ für ein $\lambda_m \in K \}$ und $N := \{ m \in M \mid m(R) = \{0\} \}$. Also ist N von der Kodimension 1 in M. Für $m \in M$ sei λ_m das Element von K mit $m(x) = \lambda_m x$ für $x \in R$. Sei μ die Darstellung von G in $L(G,G)$, die durch die adjungierte Darstellung von G wie folgt definiert wird:
Es sei $\mu(x)(f) = [ad_G(x), f]$ für alle $x \in G$ und alle $f \in L(G,G)$.
Für $x, y \in G$, $m \in M$ ist $(\mu(x)(m))(y) = [x,m(y)] - m([x,y])$.
Es folgt, daß $\mu(x)(M) \subset N$ ist für jedes $x \in G$.
Ist $x \in R$, $y \in G$, $m \in M$, so ist $(\mu(x)(m))(y) = -\lambda_m[x,y]$ wegen $[R,R] = \{0\}$, d.h. es ist $\mu(x)(m) = -\lambda_m \cdot ad(x)$. Sei $P := \{ ad_G(x) \mid x \in R \}$. Weil das Zentrum von G gleich $\{0\}$ ist, ist dann die Abbildung $\varphi: R \to P$, $x \longmapsto ad_G(x)$, ein Vektorraumisomorphismus von R auf P. Es ist $P \subset N$, ferner ist P invariant unter $\mu(G)$, denn für $x, z \in G$, $y \in R$ ist $(\mu(x)(ad(y)))(z) = [x,[y,z]] + [y,[z,x]] = [[x,y],z] = ad([x,y])(z)$. Sei $V := M/P$. Für $x \in R$ ist $\mu(x)(M) \subset P$. Ordnet man jedem $x \in G$ den von $\mu(x)$ induzierten Endomorphismus $V \to V$ zu, so erhält man eine Darstellung von G in V, deren Einschränkung auf R gleich 0 ist. Diese Darstellung induziert also eine Darstellung μ' von G/R in V. Für jedes $y \in G/R$ ist $\mu'(y)(V) \subset N/P$. N/P ist von der Kodimension 1 in M/P. Es gibt also nach 3.5 Lemma 4 ein $m_o \in M$, so daß $\mu(x)(m_o) \in P$ ist für jedes $x \in G$. Sei m_o so gewählt, daß $\lambda_{m_o} = -1$. Die Abbildung $x \longmapsto \varphi^{-1}(\mu(x)(m_o))$ ist dann eine lineare Abbildung von G in R, deren Einschränkung auf R die Identität 1_R ist. Der Kern $S = \{ x \in G \mid \mu(x)(m_o) = 0 \}$ dieser Abbildung ist ein zu R supplementärer

Untervektorraum von G . Aber S ist auch eine Unteralgebra von G , folglich ist S eine Unteralgebra von Levi von G .

(3) Der allgemeine Fall wird jetzt durch Induktion nach der Dimension n des Radikals bewiesen. Für $n = 0$ ist die Behauptung richtig. Sei jetzt $n > 0$. Wegen (1) kann man annehmen, daß $[G,R] \neq \{0\}$ ist, und wegen (2) , daß es ein Ideal H von G in R gibt mit $\{0\} \subsetneqq H \subsetneqq R$. Das Radikal $\bar{R}$ von $\bar{G} := G/H$ ist R/H . $\bar{G}$ besitzt nach Induktionsannahme eine Unteralgebra von Levi $\bar{S}$. Ist $p: G \to \bar{G}$ die kanonische Projektion, dann ist $p^{-1}(\bar{S})/H = \bar{S}$, d.h.: H ist das Radikal von $p^{-1}(\bar{S})$. Nach Induktionsannahme hat $p^{-1}(\bar{S})$ eine Unteralgebra von Levi S . Diese ist dann auch eine Unteralgebra von Levi von G .

Anmerkung

Die Überlegungen der Abschnitte 3.5 und 3.6 haben eine "kohomologische" Interpretation. Siehe z.B. [Jac] , III , 10 .

3.7. Existenz einer Lieschen Gruppe zu gegebener Liealgebra

Satz 1

Sei H eine endlich dimensionale Liesche Algebra über $\mathbb{R}$ (bzw. $\mathbb{C}$). Dann gibt es eine reell analytische (bzw. komplex analytische) Gruppe G mit $\dot{G} = H$.

Bew.: Sei R das Radikal von H , S eine Unteralgebra von Levi von H . Nach 1.7 gibt es eine einfach zusammenhängende reell (bzw. komplex) analytische Gruppe G_1 mit Liealgebra R . Die adjungierte Darstellung von S ist treu. Daher ist $\langle \exp(\mathrm{ad}(S)) \rangle$ eine analytische Gruppe, deren Liealgebra isomorph zu S ist. Sei G_2 die zu $\langle \exp(\mathrm{ad}(S)) \rangle$ lokal isomorphe einfach zusammenhängende Liesche Gruppe. Dann gibt es nach 5.6 Satz 2 des III. Kapitels ein semidirektes Produkt von G_1 und G_2 , dessen Liealgebra H ist.

Korollar

Sei G eine einfach zusammenhängende Liesche Gruppe. Dann ist das Radikal von G einfach zusammenhängend und G ist ein semidirektes Produkt ihres Radikals mit einer einfach zusammenhängenden halbeinfachen Gruppe.

Definition

Eine Liesche Gruppe G heißt quasi einfach $:\Longleftrightarrow$ G ist zusammenhängend und die Liealgebra $\dot{G}$ ist einfach.

Lemma

Jeder echte Normalteiler einer quasi einfachen Lieschen Gruppe G ist diskret.

Bew.: (1) Das Zentrum Z von G ist abgeschlossen. Also ist Z^o, die zusammenhängende Komponente des Einselementes von Z eine analytische Untergruppe von G. Es ist $Z^o = \{e\}$, da $\dot{G}$ kein kommutatives Ideal enthält. Die Menge $\exp^{-1}(Z)$ erfüllt die Voraussetzungen von 2.4, Hilfssatz 1 in III. Sie enthält daher alle ihre Tangenten. Weil aber $\exp^{-1}(Z)$ keine linearen Unterräume $\neq \{0\}$ enthält, existiert also keine Folge von Punkten (x_i) in Z mit $x_i \neq e$ und $\lim x_i = e$; d.h. Z ist diskret.

(2) Nehmen wir jetzt an, es sei N ein echter Normalteiler von G mit $N \not\subset Z$. Sei $n \in N$ und $n \notin Z$. Weil G zusammenhängend ist, gibt es in jeder Umgebung von e Punkte g mit $gng^{-1} \neq n$. Sei B eine eindimensionale analytische Untermannigfaltigkeit von G mit $e \in B$, so daß $bnb^{-1} \neq n$ für mindestens ein $b \in B$ ist. Die analytische Abbildung $f: B \to G$, $b \longmapsto bnb^{-1}$, ist dann nicht konstant. Das Differential von f hat also in einem Punkt b_o von B den Rang 1, und es gibt eine offene Umgebung U von b_o in B, so daß $f(U)$ eine eindimensionale analytische Untermannigfaltigkeit von G ist. Ferner ist $f(U) \subset N$. Durch Translation findet man also eine eindimensionale analytische Untermannigfaltigkeit B von G mit $e \in B \subset N$.

(3) Sei $\dot{g} \neq 0$ tangential an B in e. Sei M die Menge der inneren Automorphismen von $\dot{G}$. Dann ist der von den Vektoren $\{\alpha(\dot{g}) \mid \alpha \in M\}$ aufgespannte Untervektorraum in $\dot{G}$ ein Ideal von $\dot{G}$, da er invariant unter M ist. Er ist also ganz $\dot{G}$, da $\dot{G}$ einfach ist. Seien $\varphi_1, \ldots, \varphi_n$ innere Automorphismen von G, so daß die Vektoren $\{d\varphi_{1|e}(\dot{g}), \ldots$ $\ldots, d\varphi_{n|e}(\dot{g})\}$ eine Basis von $\dot{G}$ bilden. Dann ist die Abbildung $F: B^n \to G$, $(b_1,\ldots,b_n) \longmapsto \varphi_1(b_1)\cdot\ldots\cdot\varphi_n(b_n)$, analytisch und ihr Differential in e ist bijektiv. Also gibt es in G eine offene Umgebung U von e mit $U \subset F(B^n) \subset N$. Weil G zusammenhängend ist, folgt daraus, daß $N = G$ ist.

Satz 2

Eine einfach zusammenhängende halbeinfache Liesche Gruppe ist ein Produkt von quasi einfachen Lieschen Gruppen.

Bew.: Satz 4 in 3.4 und Lemma

§ 4. ERWÄHNUNG EINIGER WEITERER SÄTZE ÜBER LIESCHE ALGEBREN

In diesem Abschnitt geben wir ohne Beweis noch ein paar Ergebnisse über Liesche Algebren an. Mit K ist ein Körper der Charakteristik 0, mit Liealgebren sind endlich dimensionale Liealgebren über K gemeint.

4.1. Das Radikal einer Lieschen Algebra ist ein charakteristisches Ideal

Satz 1

Das Radikal einer Lieschen Algebra ist ein charakteristisches Ideal.

Bew.: [B] , § 5 , N° 5 , Cor. 2

Satz 2

Jede Derivation einer halbeinfachen Algebra ist eine innere Derivation.

Bew.: [B] , § 6 , N° 1 , Prop. 1 , Cor. 3

4.2. Größtes nilpotentes Ideal und nilpotentes Radikal

Sei G eine Liesche Algebra, seien I , J nilpotente Ideale in G . Dann ist für $r \in \mathbb{Z}$, $r \geq 0$, $H_r := \sum_{n=0}^{r} C^n I \cap C^{r-n} J$ ein Ideal in $I + J$. Ferner ist $[I + J, H_r] \subset H_{r+1}$ und für eine genügend große Zahl r ist $H_r = \{0\}$. Also ist $I + J$ nilpotent. Damit erhält man das folgende Ergebnis:

Satz 1

Eine Liesche Algebra besitzt ein größtes nilpotentes Ideal.

Satz 2

Ist G eine Liesche Algebra, R ihr Radikal, N ihr größtes nilpotentes Ideal, dann ist $D(R) \subset N$ für jede Derivation D von G .

Bew.: [B] , § 5 , N° 5 , Prop. 6

Korollar

Das größte nilpotente Ideal einer Lieschen Algebra ist ein charakteristisches Ideal.

Satz 3

Bei einer Lieschen Algebra G sind die folgenden vier Mengen identisch:

(1) das größte nilpotente Ideal von G ,

(2) das größte nilpotente Ideal von R ,

(3) $\{ x \in R \mid ad_G(x)$ ist nilpotent $\}$,

(4) $\{ x \in R \mid ad_R(x)$ ist nilpotent $\}$.

Bew.: [B] , § 5 , N° 3 , Cor. 7

Satz 4

Sei G eine Liesche Algebra, R ihr Radikal, N ihr größtes nilpotentes Ideal. Dann ist $[G,G] \cap R \subset N$.

Bew.: [B] , § 5 , N° 3 , Th. 1

Definition

Sei G eine Liesche Algebra, R ihr Radikal. Dann heißt $[G,G] \cap R$ nilpotentes Radikal von G .

4.3. Satz von Malcev

Bemerkung

Sei G ein n-dimensionaler Vektorraum über dem Körper K und D ein nilpotenter Endomorphismus von G . Dann ist $D^i = 0$ für $i > n$, daher ist die Reihe $\exp(D) = \sum_{i=0}^{\infty} \frac{D^i}{i!}$ ein Polynom in D . Es ist $\exp(D)$ ein Automorphismus von G . Ist G eine Liesche Algebra und D eine nilpotente Derivation von G , dann ist $\exp(D)$ ein Automorphismus der Liealgebra G .

Definition

Sei G eine Liesche Algebra, R ihr Radikal. Ist x ein Element des nilpotenten Radikals $[G,G] \cap R$, dann ist $ad(x)$ nilpotent. Die Abbildung $\exp(ad(x))$, $x \in [G,G] \cap R$, heißt spezieller Automorphismus von G .

Satz (von Malcev)

Sind S , S' zwei Unteralgebren von Levi einer Lieschen Algebra, dann gibt es einen speziellen Automorphismus der Algebra, der S in S' überführt.

Bew.: [B] , § 6 , N° 8 , Th. 5

4.4. Satz von Ado

Satz

Jede Liesche Algebra hat eine treue endlich dimensionale Darstellung.

Bew.: [B] , § 7 , N° 3

Bemerkung

Aus diesem Satz folgt offenbar auch der Satz 1 in 3.7 .

§ 5. KLASSIFIKATION DER KOMPLEXEN EINFACHEN LIEALGEBREN UND LIEGRUPPEN

Vereinbarung: Vektorräume und Algebren werden in diesem Paragraphen immer endlich dimensional vorausgesetzt.
Nach dem Satz von Levi in 3.6 ist jede Liealgebra A über dem Körper K der Charakteristik 0 semidirekte Erweiterung einer halbeinfachen Lieschen Algebra S durch eine auflösbare Liealgebra R . Die halbeinfachen Lieschen Algebren wiederum sind die direkten Produkte von einfachen Lieschen Algebren. Wenn man also erstens die einfachen und die auflösbaren Liealgebren klassifizieren und zweitens alle Homomorphismen von halbeinfachen Liealgebren in die Liealgebra der Derivationen von auflösbaren Liealgebren angeben kann, hat man eine Klassifikation aller Liealgebren über K . Das Korollar und die Sätze in 3.7 übertragen das Klassifikationsprinzip auf die analytischen Gruppen.

Eine Klassifikation der auflösbaren Algebren gibt es nicht. Die einfachen Liealgebren über algebraisch abgeschlossenen Körpern der Charakteristik 0 und auch über $\mathbb{R}$ sind dagegen klassifiziert. Wir geben in diesem und dem nächsten Paragraphen eine bloße Exposition dieser Ergebnisse für den Fall der einfachen komplexen und der einfachen reellen Liealgebren.
Die folgende Tabelle gibt die vollständige Klassifikation der einfachen komplexen Liealgebren. In der Spalte A sind die Liealgebren angegeben. Die Namen in dieser Spalte haben sich eingebürgert. Das d in der zweiten Spalte ist die komplexe Dimension von A , $\tilde{G}$ ist die zu A gehörige einfach zusammenhängende Gruppe, $Z(\tilde{G})$ das Zentrum von $\tilde{G}$, $Aut(\tilde{G})/Int(\tilde{G})$ der Quotient der Automorphismengruppe von $\tilde{G}$ durch die Gruppe der inneren Automorphismen von $\tilde{G}$.

Tabelle 1

A	d	$\tilde{G}$	$Z(\tilde{G})$	$Aut(\tilde{G})/Int(\tilde{G})$
A_n $n = 1,2,\ldots$	$n(n+2)$	$SL(n+1, \mathbb{C})$	$\mathbb{Z}_{n+1}$	$\mathbb{Z}_2$ $n \geq 2$ 0 $n = 1$
B_n $n = 1,2,\ldots$	$n(2n+1)$	$Spin(2n+1, \mathbb{C})$	$\mathbb{Z}_2$	0
C_n $n = 1,2,\ldots$	$n(2n+1)$	$Sp(2n, \mathbb{C})$	$\mathbb{Z}_2$	0
D_n $n = 3,4,\ldots$	$n(2n-1)$	$Spin(2n, \mathbb{C})$	$\mathbb{Z}_2 \times \mathbb{Z}_2$ n gerade $\mathbb{Z}_4$ n ungerade	$\mathbb{Z}_2$ $n \neq 4$ σ_3 $n = 4$
G_2	14	$Aut(P_{\mathbb{C}})$	0	0
F_4	52		0	0
E_6	78		$\mathbb{Z}_3$	$\mathbb{Z}_2$
E_7	133		$\mathbb{Z}_2$	0
E_8	248		0	0

Erläuterungen und Bemerkungen

(1) In der Tabelle bezeichnet $\mathbb{Z}_n$ die zyklische Gruppe der Ordnung n (additiv geschrieben). Die Gruppe $Spin(m, \mathbb{C})$ ist die universelle Überlagerungsgruppe von $SO(m, \mathbb{C}) = \{ M \in O(m, \mathbb{C}) \mid \det(M) = 1 \}$.

Sei E die Einheitsmatrix der Ordnung n , $J := \begin{pmatrix} 0 & E_n \\ -E_n & 0 \end{pmatrix}$. Dann

ist $Sp(2n, \mathbb{C}) = \{ A \in GL(2n, \mathbb{C}) \mid A^t JA = J \}$ (siehe I , 3.5 (6)). Mit $P_{\mathbb{C}}$ ist die Algebra der Cayleyschen Oktaven mit komplexen Koeffizienten bezeichnet. Der Vektorraum $P_{\mathbb{C}}$ ist ein achtdimensionaler Vektorraum über $\mathbb{C}$ mit der Basis $(1, e_1, e_2, \ldots, e_7)$. Die Multiplikation in $P_{\mathbb{C}}$ ist gegeben durch die Relationen:

$$1\cdot 1 = 1 \; ; \qquad 1\cdot e_i = e_i\cdot 1 = e_i \quad \text{und} \quad e_i^2 = -1 \quad \text{für} \quad i = 1,2,\dots,7 \; ;$$

$$e_i\cdot e_j = -e_j\cdot e_i \quad \text{für} \quad i,j = 1,2,\dots,7 \quad \text{und} \quad i \neq j \; ;$$

$$e_1 = e_2\cdot e_6 = e_3\cdot e_4 = e_5\cdot e_7$$

und solchen Relationen, die sich aus der letzteren durch zyklische Permutation der Indizes $1,2,\dots,7$ ergeben. Dann ist $\mathrm{Aut}(P_{\mathbb{C}})$ die Gruppe der Automorphismen der Algebra $P_{\mathbb{C}}$.

(2) Mit σ_3 ist die Gruppe der Permutationen einer Menge von drei Elementen bezeichnet.

(3) Die Algebren A_n , B_n , C_n $(n = 1,2,\dots)$ und D_n $(n = 3,4,\dots)$ werden klassische Algebren oder Algebren vom klassischen Typ genannt. Die Algebren G_2 , F_4 , E_6 , E_7 und E_8 heißen Ausnahmealgebren.

(4) Für $n = 1$ und $n = 2$ existieren auch Algebren D_1 und D_2 . D_1 ist jedoch eindimensional und D_2 ist gleich $A_1 \times A_1$, beide sind also nicht einfach. Die einzigen Isomorphien zwischen verschiedenen Algebren der Tabelle sind:

$$A_1 \cong B_1 \cong C_1 \; , \quad B_2 \cong C_2 \; , \quad A_3 \cong D_3 \; .$$

Als erster leitete Killing obige Tabelle her. Cartan gab dann erstmals eine lückenlose und vollständige Herleitung der Klassifikation. Später gaben van der Waerden und Dynkin eigene Beweise mit Hilfe von Ergebnissen von Weyl.

Literatur zu § 5 : [Car1] , [Dyn] , [Hel] , [Jac] , [Wae K] und mehrere Bücher neueren Datums, z.B. [B 6] , [Fr-Vr] , [Kap] .

§ 6. REELLE EINFACHE LIEALGEBREN UND LIEGRUPPEN

Die Klassifikation der reellen einfachen Liealgebren ergibt sich aus der Klassifikation der komplexen einfachen Liealgebren mit Hilfe gewisser Verfahren, die wir in diesem Paragraphen andeuten wollen. Vektorräume und Algebren sind wieder stets endlich dimensional.

6.1. Beziehungen zwischen reellen und komplexen Liealgebren und zwischen reellen und komplexen Liegruppen

6.1.1. Der Fall der Algebren

Sei A eine reelle Liealgebra. Dann hat $A_{\mathbb{C}} := A \otimes_{\mathbb{R}} \mathbb{C} = \{a + ib \mid a,b \in A\ ,\ i = \sqrt{-1}\}$ die Struktur einer Liealgebra über $\mathbb{C}$.
Der Kommutator ist in natürlicher Weise gegeben durch

$$[a + ib, c + id] = [a,c] - [b,d] + i([a,d] + [b,c])$$
für alle $a + ib\ ,\ c + id \in A$.

Dabei bedeuten die eckigen Klammern auf der rechten Seite der Gleichung den Kommutator in A .

Definition 1

$A_{\mathbb{C}}$ heißt die Komplexifizierung von A .

Umgekehrt lassen sich einer komplexen Liealgebra auf folgende zwei Weisen reelle Liealgebren zuordnen:

(1) Die Reellifizierung

Jede komplexe komplex n-dimensionale Liealgebra A kann in natürlicher Weise als reelle reell 2n-dimensionale Liealgebra $A^{\mathbb{R}}$ aufgefaßt werden (siehe III , 2.2). $A^{\mathbb{R}}$ heißt die Reellifizierung von A .

(2) Reelle Formen

Sei A eine reelle Liealgebra, $A_{\mathbb{C}}$ die Komplexifizierung von A . Die Menge A ist in natürlicher Weise eingebettet in $A_{\mathbb{C}}$. Als reelle Algebra ist A Unteralgebra der Reellifizierung $A_{\mathbb{C}}^{\mathbb{R}}$ von $A_{\mathbb{C}}$. Sei $\sigma: A_{\mathbb{C}} \to A_{\mathbb{C}}$ die Abbildung $a + ib \longmapsto a - ib$. Dann ist A die Fixpunktmenge von σ .

Definition 2

Sei B eine komplexe Liealgebra, A eine reelle Unteralgebra der Reellifizierung $B^{\mathbb{R}}$ von B und es gebe einen Isomorphismus $\varphi: B \to A_{\mathbb{C}}$ der komplexen Liealgebren mit $\varphi(a) = a$ für alle $a \in A$. Dann heißt A reelle Form von B .

Definition 3

Sei A eine Liealgebra über $\mathbb{C}$. Ein Semiautomorphismus σ von A ist eine bijektive Abbildung $\sigma: A \to A$ mit

(1) $\sigma([a,b]) = [\sigma(a),\sigma(b)]$ für alle $a,b \in A$ und

(2) $\sigma(\lambda a + \mu b) = \bar{\lambda}\sigma(a) + \bar{\mu}\sigma(b)$ für alle $\lambda,\mu \in \mathbb{C}$ und alle $a,b \in A$.
(Dabei ist " $^-$ " der Übergang zum Konjugiertkomplexen in $\mathbb{C}$.)

Definition 4

Sei M eine Menge. Eine Abbildung $i: M \to M$ heißt involutorisch, wenn $i^2 = 1_M$ ist.

Beispiel

Sei A eine reelle Liealgebra, $A_{\mathbb{C}}$ die Komplexifizierung von A . Dann ist $a + ib \longmapsto a - ib$ ein involutorischer Semiautomorphismus von $A_{\mathbb{C}}$.

Satz 1

Sei B eine komplexe Liealgebra, $A \subset B$. Dann sind folgende zwei Aussagen äquivalent:

(i) A ist eine reelle Form von B .

(ii) A ist die Fixpunktmenge eines involutorischen Semiautomorphismus von B .

Bew.: (i) $\Rightarrow$ (ii)
Wir identifizieren B mit $A_{\mathbb{C}}$. Dann ist A die Fixpunktmenge von $a + ib \longmapsto a - ib$.

(ii) $\Rightarrow$ (i)
(1) A ist Unteralgebra von $B^{\mathbb{R}}$. Das sieht man leicht.

(2) Die Abbildung $j: B \to A_{\mathbb{C}}$, definiert durch

$$x \longmapsto \frac{x + \sigma(x)}{2} + i\,\frac{x - \sigma(x)}{2i} ,$$

für alle $x \in B$, ist ein Isomorphismus mit $j(a) = a$ für alle $a \in A \subset B$.

Lemma 1

Sei A eine reelle Liealgebra, $A_{\mathbb{C}}$ ihre Komplexifizierung und B eine Unteralgebra von A . Dann ist $B_{\mathbb{C}} = \{ b + ib' \mid b,b' \in B \} \subset A_{\mathbb{C}}$ Unteralgebra von $A_{\mathbb{C}}$. Umgekehrt ist eine Unteralgebra C von $A_{\mathbb{C}}$ genau dann die Komplexifizierung einer reellen Unteralgebra von A , wenn C invariant ist unter der Abbildung $a + ib \longmapsto a - ib$ von $A_{\mathbb{C}}$ in $A_{\mathbb{C}}$.

Bew.: direkt.

Definition 5

Sei A eine komplexe Liealgebra. Unter der zu A konjugierten Liealgebra $\bar{A}$ verstehen wir folgendes: Die $\bar{A}$ unterliegende abelsche Gruppe und der Kommutator in $\bar{A}$ sind dieselben wie in A. Die äußere Multiplikation " $\circ$ " in $\bar{A}$ ist gegeben durch $\alpha \circ a = \bar{\alpha} \cdot a$ für alle $\alpha \in \mathbb{C}$, $a \in A$, wobei rechts die äußere Multiplikation des Vektorraumes A gemeint ist.

Satz 2

Sei A eine komplexe Liealgebra, $A^{\mathbb{R}}$ ihre Reellifizierung und $A^{\mathbb{R}}_{\mathbb{C}}$ deren Komplexifizierung. $\bar{A}$ sei die zu A konjugierte Algebra. Dann ist $A^{\mathbb{R}}_{\mathbb{C}} \cong A \oplus \bar{A}$ (direkte Summe).

Bew.: Es sei die Abbildung $j\colon A^{\mathbb{R}}_{\mathbb{C}} \to A \oplus \bar{A}$ definiert durch $j(a + ib) = (a + ib) \oplus (a + i \circ b)$ für $a,b \in A = \bar{A} = A^{\mathbb{R}}$ (als Mengen). Dabei ist die Gleichung folgendermaßen zu verstehen: Auf der linken Seite werden a und b als Elemente von $A^{\mathbb{R}}$ aufgefaßt. Auf der rechten Seite werden sie im ersten Summanden als Elemente von A, im zweiten Summanden als Elemente von $\bar{A}$ verstanden; dann ist (die im Modul A gebildete Summe) $a + ib$ ein wohlbestimmtes Element in A und (die im Modul $\bar{A}$ gebildete Summe) $a + i \circ b$ ein wohlbestimmtes Element in $\bar{A}$. Das so definierte j ist ein Isomorphismus der Liealgebren.

Lemma 2

Sei A eine halbeinfache reelle Liealgebra. Dann ist auch ihre Komplexifizierung $A_{\mathbb{C}}$ halbeinfach.

Bew.: Sei $\sigma\colon A_{\mathbb{C}} \to A_{\mathbb{C}}$ die Abbildung $a + ib \longmapsto a - ib$ $(a,b \in A)$ und sei R das Radikal von $A_{\mathbb{C}}$. Für $i > 0$ ist $\sigma(R^{(i)}) = [\sigma(R^{(i-1)}), \sigma(R^{(i-1)})]$. Da σ auch Ideale in Ideale überführt, ist $\sigma(R)$ also ein auflösbares Ideal von A, d.h. $\sigma(R) \subset R$. Dann ist $A \cap R$ eine reelle Form von R und ein auflösbares Ideal von A. Es folgt, daß $A \cap R = \{0\}$, und somit, daß $R = \{0\}$.

Satz 3

Jede reelle einfache Liealgebra A ist entweder eine reelle Form oder die Reellifizierung einer komplexen einfachen Algebra.

Bew.: 1. Fall: $A_{\mathbb{C}}$ ist einfach.
Dann ist A reelle Form von $A_{\mathbb{C}}$.

2. Fall: $A_{\mathbb{C}}$ ist halbeinfach, aber nicht einfach.
Sei σ wie in Lemma 2 und sei B ein einfaches Ideal in $A_{\mathbb{C}}$. Dann

ist $B \cap \sigma(B)$ ein Ideal in A , also ist $B \cap \sigma(B) = A$ oder $B \cap \sigma(B) = \{0\}$. Der erste Fall tritt nicht ein, da sonst $B = A_{\mathbb{C}}$ wäre. Sei $A_1 := \{ b + \sigma(b) \mid b \in B \}$. Dies ist ein Ideal in A , also ist $A_1 = A$ und $A_{\mathbb{C}} = B \oplus \sigma(B)$ eine direkte Summe. Dann ist $(A_{\mathbb{C}})^{\mathbb{R}} \cong A \oplus \oplus A \cong B^{\mathbb{R}} \oplus (\sigma(B))^{\mathbb{R}} \cong B^{\mathbb{R}} \oplus B^{\mathbb{R}}$, d.h.: A ist die Reellifizierung von B .

Lemma 3

Die Reellifizierung einer einfachen komplexen Algebra A ist einfach.

Bew.: Es ist klar, daß $A^{\mathbb{R}}$ halbeinfach ist. Sei B ein Ideal in $A^{\mathbb{R}}$. Für $a,b \in B$ ist dann $i\cdot[a,b] = [ia,b] \in B$. Da B als halbeinfache Algebra von den Elementen $[a,b]$ $(a, b \in B)$ erzeugt wird, ist also $i\cdot B \subset B$, d.h. B ist ein Ideal in A , also trivial.

Bemerkungen

(1) Es gibt komplexe Liealgebren, die keine reellen Formen haben. Dazu ein Beispiel:

Sei A ein dreidimensionaler komplexer Vektorraum und x,y,z eine Basis von A . Durch die Relationen

$$[x,y] = ay \ , \ [x,z] = bz \ , \ [y,z] = 0$$

mit a , $b \in \mathbb{C}$ wird A zu einer Liealgebra. Die abgeleitete Algebra von A ist $A' = \{ \alpha y + \beta z \mid \alpha , \beta \in \mathbb{C} \}$. Wir nehmen an, A besitze eine reelle Form B . Dann existiert ein involutorischer Semiautomorphismus σ von A mit B als Fixpunktmenge. Weil $\sigma(A') = \sigma([A,A]) = [\sigma(A),\sigma(A)] \subset [A,A]$, ist A' invariant unter σ . Also ist $A' \cap B =: B'$ eine reelle Form von A' . Sei nun $r \in B$, $r \notin B'$. Dann ist $ad_B(r): B \to B$, $b \longmapsto [r,b]$, ein Endomorphismus des reellen Vektorraumes B . Er läßt B' invariant und definiert also einen Endomorphismus $ad_{B'}(r)$ von B' . Sei $r = \alpha x + \beta y + \gamma z$. Dann ist $ad(r)(y) = [r,y] = \alpha ay$ und $ad(r)(z) = [r,z] = \alpha bz$. Also sind αa und αb die Eigenwerte von $ad_{A'}(r)$. Sie sind deshalb auch die Eigenwerte des reellen Endomorphismus $ad_{B'}(r)$. Als solche müssen aber αa und αb beide reell sein oder es muß gelten, $\alpha a = \overline{\alpha b}$. Keine dieser beiden Bedingungen trifft jedoch zu, wenn wir a und b so wählen, daß $|a| \neq |b|$ und $\frac{a}{b} \notin \mathbb{R}$ ist.

(2) Es gibt nicht isomorphe reelle Liealgebren, welche die gleiche Komplexifizierung haben:

Sei $n > 1$, $0 \leq l,k \leq [\frac{n}{2}]$ (= größte ganze Zahl $\leq \frac{n}{2}$). Sei F_k eine nicht ausgeartete symmetrische Bilinearform auf $\mathbb{R}^n$ vom Index k . Zum Beispiel sei F_k gegeben durch die Matrix:

$$F_k = \begin{pmatrix} 1 & & & & & \\ & \ddots & & & 0 & \\ & & 1 & & & \\ & & & -1 & & \\ & 0 & & & \ddots & \\ & & & & & -1 \end{pmatrix} \begin{matrix} \\ \\ \\ \text{-- } n-k+1 \\ \\ \text{-- } n \end{matrix} .$$

Dann sei $O(n,k) = \{ M \mid M \in GL(n,\mathbb{R})$ und $M^t F_k M = F_k \}$. $O(n,k)$ und $O(n,l)$ sind nicht lokal isomorph, wenn $k \neq l$ (das sei als Tatsache hingenommen). Die Liealgebren dieser Gruppen sind also nicht isomorph. Andererseits sind die Komplexifizierungen aller dieser Liealgebren isomorph mit der Liealgebra von $O(n,\mathbb{C})$, also untereinander isomorph. Denn im Komplexen sind die Formen F_k und F_l äquivalent (siehe auch Tabelle in 6.3).

Definition 6

Eine reelle einfache Liealgebra heißt absolut einfach, wenn ihre Komplexifizierung einfach ist.

Beispiele von einfachen, aber nicht absolut einfachen reellen Liealgebren:
Sei A eine einfache komplexe Liealgebra und B sei die Reellifizierung von A . Dann ist B eine einfache reelle Liealgebra nach Lemma 3 . Der Satz 2 besagt aber insbesondere, daß B nicht absolut einfach ist.

Ein Spezialfall ist zum Beispiel die Liealgebra der Gruppe $O(4,2)$. Sie ist isomorph mit der Reellifizierung der Liealgebra von $O(3,\mathbb{C})$. (Man vergleiche dazu auch II , 4.6 Beispiel (c) III , wo gezeigt wird, daß $O(4,0)$ lokal isomorph mit $Spin(3,\mathbb{R}) \times Spin(3,\mathbb{R})$ ist.)

6.1.2. Der Fall der Gruppen. Eine kurze Skizze

Nach III , 2.2 kann jede komplex analytische Gruppe G aufgefaßt werden als reell analytische Gruppe $G^{\mathbb{R}}$ doppelter Dimension. $G^{\mathbb{R}}$ heißt Reellifizierung von G .
Sei $\tilde{G}$ eine komplex analytische Gruppe und σ sei ein involutorischer reell analytischer Automorphismus der Gruppenstruktur von $\tilde{G}$, der in der Liealgebra einen involutorischen Semiautomorphismus induziert. Dann nennen wir σ einen involutorischen Semiautomorphismus von $\tilde{G}$. Die Fixpunktmenge von σ ist eine abgeschlossene Untergruppe G von $\tilde{G}$ und also eine analytische Untergruppe der Reellifizierung $\tilde{G}^{\mathbb{R}}$ von $\tilde{G}$.

Definition

Ein G , das Fixgruppe eines involutorischen Semiautomorphismus von $\tilde{G}$ ist, heißt eine reelle Form von $\tilde{G}$ und $\tilde{G}$ heißt Komplexifizierung von G .
Ist G reelle Form von $\tilde{G}$, H reelle Form von $\tilde{H}$ und sind G und H lokal isomorph, so sind auch $\tilde{H}$ und $\tilde{G}$ lokal isomorph. Umgekehrt kann eine komplex analytische Gruppe durchaus nicht lokal isomorphe reelle Formen haben. Im Gegensatz zum Fall der Algebren braucht eine reell analytische Gruppe keine Komplexifizierung zu haben oder sie kann mehrere nicht isomorphe besitzen (die aber dann nach obigem lokal isomorph sind).
Sei $\tilde{G}$ eine komplex analytische Gruppe, G sei die Fixpunktmenge des involutorischen Semiautomorphismus σ von $\tilde{G}$. Ist dann $\tilde{H}$ eine analytische Untergruppe von $\tilde{G}$, die invariant ist unter σ , so ist $H := \tilde{H} \cap G$ eine reell analytische Untergruppe von $\tilde{G}^{\mathbb{R}}$ und H ist reelle Form von $\tilde{H}$.

6.2. Reelle Formen der Ausnahmealgebren

Wir geben nur die Anzahl der reellen Formen der Ausnahmealgebren an:

Ausnahmealgebren	G_2	F_4	E_6	E_7	E_8
Anzahl der reellen Formen	2	3	5	4	3

Hinzu kommen noch die Reellifizierungen von G_2 , F_4 , E_6 , E_7 , E_8 . Zusammen mit den reellen Formen sind das dann alle reellen einfachen Liealgebren, die sich durch die in 6.1.1 angegebenen Prozesse aus den Ausnahmealgebren herleiten lassen. Es gibt keine Isomorphien zwischen ihnen.
(Literatur u.a. in: [Car2], [Lar] , [Fr-Vr] und [Ti1] , Tabelle IV)

6.3. Reelle Formen der klassischen Algebren

Von nun an ist mit Körper ein beliebiger nicht notwendigerweise kommutativer Körper gemeint. Mit Vektorräumen über dem Körper K meinen wir Linksvektorräume.
Wir geben wieder ohne Beweise nur eine ganz kurze Skizze der Theorie zusammen mit einer kurzen Beschreibung der konkreten reellen Gruppen.

Definition 1

Sei K ein Körper. Ein Antiautomorphismus σ von K ist eine bijektive Abbildung $\sigma: K \to K$ mit $\sigma(a + b) = \sigma(a) + \sigma(b)$ und $\sigma(ab) = \sigma(b)\sigma(a)$ für alle $a, b \in K$.

Definition 2

Sei V ein Vektorraum über K. Eine sesquilineare Form auf V für den Antiautomorphismus σ ist eine Abbildung $f: V \times V \to K$ mit

(1) $f(x,y + y') = f(x,y) + f(x,y')$ und
$f(x + x',y) = f(x,y) + f(x',y)$,

(2) $f(cx,y) = c \cdot f(x,y)$ und $f(x,cy) = f(x,y) \cdot \sigma(c)$

für alle $x,y,x',y' \in V$ und alle $c \in K$.

In V sei eine Basis $(e_1,\ldots,e_n)$ ausgezeichnet. Dann ist f eindeutig bestimmt durch die Werte $f_{ij} := f(e_i,e_j)$, $i,j = 1,2,\ldots,n$. Bei gegebenem σ entspricht dann jeder Form f in eindeutiger Weise eine (n,n)-Matrix $F = ((f_{ij}))$ mit Elementen f_{ij} aus K, und umgekehrt. Wir sagen: F ist die Matrix von f. Sind $(x_1,\ldots,x_n)$ und $(y_1,\ldots,y_n)$ die Koordinatendarstellungen von $x \in V$ bzw. $y \in V$ bezüglich der ausgezeichneten Basis, so gilt

$$f(x,y) = \sum_{i,j=1}^{n} x_i f_{ij} \sigma(y_j) .$$

Definition 3

Sei f eine sesquilineare Form auf V für den involutorischen(!) Antiautomorphismus σ und sei $F = ((f_{ij}))$ die Matrix von f. Dann heißt f hermitesch, wenn $f(x,y) = \sigma(f(y,x))$, antihermitesch, wenn $f(x,y) = -\sigma(f(y,x))$ ist für alle $x,y \in V$. Gleichbedeutend ist $f_{ij} = \sigma(f_{ji})$ bzw. $f_{ij} = -\sigma(f_{ji})$ für alle i,j. Die sesquilineare Form f heißt ausgeartet, wenn es ein $0 \neq x_o \in V$ gibt mit $f(x_o,y) = 0$ für alle $y \in V$. Zwei sesquilineare Formen f und f' auf V für σ heißen äquivalent, wenn es einen Automorphismus u von V gibt mit $f(u(x),u(y)) = f'(x,y)$ für alle $x,y \in V$.

Definition 4

Eine reelle einfache Liealgebra heißt von klassischem Typ, wenn sie entweder eine reelle Form oder die Reellifizierung einer komplexen klassischen (s. § 5 , Bem. (3)) einfachen Liealgebra ist.

Es bezeichne $\mathbb{K}$ den Körper $\mathbb{R}$ der reellen Zahlen oder den Körper $\mathbb{C}$ der komplexen Zahlen oder den Körper $\mathbb{H}$ der Quaternionen (s. II , 4.6 II (1)) . Sei V ein Vektorraum der Dimension n über $\mathbb{K}$, in dem eine feste Basis ausgezeichnet ist. Wir bezeichnen mit $GL(V)$ die Gruppe aller Automorphismen von V , die in natürlicher Weise identifiziert sei mit der Menge aller invertierbaren (n,n) - Matrizen mit Elementen aus $\mathbb{K}$. Sei $SL(V)$ die Kommutatoruntergruppe von $GL(V)$. Ist $V = \mathbb{R}^n$ bzw. $\mathbb{C}^n$, so ist $SL(V) = SL(n,\mathbb{R})$ bzw. $SL(V) = SL(n,\mathbb{C})$. (Einen Beweis dafür findet man in [Dd G] , Chap. II , § 1) . Sei f eine Sesquilinearform auf V für ein gegebenes σ und sei F die Matrix von f . Dann bezeichnen wir mit $G(V,f)$ die Untergruppe derjenigen Elemente von $GL(V)$, die f invariant lassen. $G(V,f)$ ist in natürlicher Weise identifiziert mit $\{ M \mid M \in GL(V) , M^t \cdot F \cdot \sigma(M) = F \}$. Dabei ist $\sigma(M) = ((\sigma(m_{ij})))$. Es sei $SG(V,f) := G(V,f) \cap SL(V)$.
Ein Resümee der Überlegungen zur Klassifikation der reellen einfachen Liealgebren ist der folgende Satz, auf dessen Beweis wir nicht weiter eingehen und für den wir auf die Literaturangaben am Ende des Paragraphen verweisen.

Satz

Jede reelle einfache Liealgebra L von klassischem Typ ist die Liealgebra einer Gruppe der Art $SL(V)$ oder $SG(V,f)$ für einen Vektorraum V über $\mathbb{K} \in \{ \mathbb{R} , \mathbb{C} , \mathbb{H} \}$ und für eine sesquilineare nicht ausgeartete hermitesche oder antihermitesche Form f für einen gegebenen involutorischen Antiautomorphismus σ von $\mathbb{K}$.

Umgekehrt sind bis auf wenige Ausnahmen die reellen Liealgebren solcher Gruppen einfach. Wenn man von einigen wenigen Ausnahmen absieht und wenn man Vektorräume nur bis auf Isomorphie, Sesquilinearformen bis auf Äquivalenz und Proportionalität betrachtet, sind auch je zwei Liealgebren nicht isomorph, falls sie zu verschiedenen solcher Gruppen gehören. Proportional heißen die Formen f und f' dann, wenn es ein $k \in K$ gibt mit $f'(x,y) = f(x,y) \cdot k$ für alle $x , y \in V$. Es ist dann $G(V,f) = G(V,f')$. Ist L die Liealgebra von $SG(V,f)$, so ist, bis auf den Fall, wo V ein komplexer Vektorraum und σ der Übergang zum Konjugiertkomplexen ist, L auch die Liealgebra von $G(V,f)$. In den Fällen $\mathbb{K} = \mathbb{R}$ oder $\mathbb{K} = \mathbb{C}$ sieht man das leicht. Im Falle $\mathbb{K} = \mathbb{H}$ werden wir in (3) (b) und (3) (c) der Bemerkung nach der Tabelle noch einmal darauf hinweisen.

Wir untersuchen nun die möglichen nicht ausgearteten hermiteschen und antihermiteschen Sesquilinearformen auf V für die möglichen involutorischen Antiautomorphismen σ :

(1) $\mathbb{K} = \mathbb{R}$, $V = \mathbb{R}^n$

Der einzige Antiautomorphismus von $\mathbb{R}$ ist die Identität $1_{\mathbb{R}}$. Alle nicht ausgearteten hermiteschen Sesquilinearformen auf V für $1_{\mathbb{R}}$ sind äquivalent zu einer der Formen f_k mit der Matrix

$$F_k = \begin{pmatrix} 1 & & & & & \\ & \ddots & & & 0 & \\ & & 1 & & & \\ & & & -1 & & \\ & 0 & & & \ddots & \\ & & & & & -1 \end{pmatrix} \begin{matrix} \\ \\ \\ \text{--- } n-k+1 \\ \\ \text{--- } n \end{matrix} ,$$

$0 \leq k \leq [\frac{n}{2}]$. Für $k \neq l$, $0 \leq k,l \leq [\frac{n}{2}]$, sind f_k und f_l nicht äquivalent. Wir schreiben $G(V,f_k) =: O(n,k,\mathbb{R})$, $SG(V,f_k) =: SO(n,k,\mathbb{R})$. Nicht ausgeartete antihermitesche Sesquilinearformen für $1_{\mathbb{R}}$ gibt es nur für gerade Dimension n . Sie sind alle äquivalent zu der Sesquilinearform f_{sp} mit der Matrix $F_{sp} = \begin{pmatrix} O & E \\ -E & O \end{pmatrix}$ (E ist die $(\frac{n}{2},\frac{n}{2})$ - Einheitsmatrix). Es ist $Sp(n,\mathbb{R}) := G(V,f_{sp})$.

(2) $\mathbb{K} = \mathbb{C}$, $V = \mathbb{C}^n$

Die involutorischen Antiautomorphismen von $\mathbb{C}$ sind $1_{\mathbb{C}}$ und die Konjugiertbildung "—" .

(a) $\sigma = 1_{\mathbb{C}}$. Nicht ausgeartete hermitesche Sesquilinearformen auf V für $1_{\mathbb{C}}$ gibt es in jeder Dimension n . Sie sind alle äquivalent zur Sesquilinearform f mit der Matrix $F = E$ (Einheitsmatrix). Es ist $G(V,f) = O(n,\mathbb{C})$. Nicht ausgeartete antihermitesche Sesquilinearformen auf V für $1_{\mathbb{C}}$ gibt es nur für gerades n . Sie sind alle äquivalent zur Sesquilinearform f_{sp} mit der Matrix F_{sp} (s. (1)) . Es ist $G(V,f_{sp}) = Sp(n,\mathbb{C})$.

(b) σ = "—" =: J . Alle nicht ausgearteten hermiteschen Sesquilinearformen auf V für J sind äquivalent zu einer der Formen f_k , $0 \leq$ $\leq k \leq [\frac{n}{2}]$, mit der Matrix F_k (s. (1)) . Für $k \neq l$, $0 \leq k,l \leq$ $\leq [\frac{n}{2}]$, sind f_k und f_l nicht äquivalent. Wir schreiben $SU(n,k,\mathbb{C}) :=$ $:= SG(V,f_k)$. Die nicht ausgearteten antihermiteschen Sesquilinearformen auf V für J lassen sich auf die hermiteschen zurückführen durch die Zuordnung $f \longmapsto fi$ und sind also proportional zu diesen.

(3) $\mathbb{K} = \mathbb{H}$, $V = \mathbb{H}^n$

Die involutorischen Antiautomorphismen von $\mathbb{H}$ sind die Abbildung J mit $x = ae_o + be_1 + ce_2 + de_3 \longmapsto ae_o - be_1 - ce_2 - de_3 = \bar{x}$ und die Abbildungen J_q , $x \longmapsto q\bar{x}q^{-1}$, mit $q \in \mathbb{H}$, $q = -\bar{q}$. Alle nicht ausgearteten hermiteschen Sesquilinearformen auf V für J sind äquivalent zu einer der durch die Matrizen F_k definierten Formen f_k, $0 \leq k \leq [\frac{n}{2}]$. Für $k \neq l$, $0 \leq k,l \leq [\frac{n}{2}]$, sind f_k und f_l nicht äquivalent. Alle nicht ausgearteten antihermiteschen Sesquilinearformen auf V für J sind äquivalent zur Form f_α mit der Matrix

$$F_\alpha = \begin{pmatrix} e_1 & & 0 \\ & \ddots & \\ 0 & & e_1 \end{pmatrix} .$$

Wir schreiben $U(n,k,\mathbb{H})$ für $G(V,f_k)$ und $U_\alpha(n,\mathbb{H})$ für $G(V,f_\alpha)$.

Ist f eine hermitesche (bzw. antihermitesche) Sesquilinearform auf V für ein involutorisches J_q, dann ist die zu f proportionale Form f_q, definiert durch $f_q(x,y) := f(x,y)\cdot q$, eine antihermitesche (bzw. hermitesche) Sesquilinearform auf V für J. Denn f_q ist additiv in beiden Argumenten und für $a \in \mathbb{H}$ gilt

$f_q(ax,y) = f(ax,y)\cdot q = a\cdot f(x,y)\cdot q = a\cdot f_q(x,y)$,
$f_q(x,ay) = f(x,ay)\cdot q = f(x,y)\cdot q\bar{a}q^{-1}\cdot q = f_q(x,y)\cdot\bar{a}$ und
$f_q(y,x) = f(y,x)\cdot q = q\cdot\overline{f(x,y)}\cdot q^{-1}\cdot q = -\bar{q}\cdot\overline{f(x,y)} = -\overline{f_q(x,y)}$,
weil $q = -\bar{q}$.

Über die Äquivalenz bei hermiteschen und antihermiteschen Sesquilinearformen sehe man in [Dd G], Chap. I, § 8 nach.

Auf der nächsten Seite geben wir in Tabelle 2 eine vollständige Klassifikation der reellen einfachen Liealgebren vom klassischen Typ. Zu jeder solchen geben wir eine reell analytische Gruppe an, deren Liealgebra sie ist. Man vergleiche mit der Tabelle IV in [Ti1] und den Ergebnissen der Abschnitte 52 und 53 in [Fr-Vr]. Gruppen aus der gleichen Zeile bei verschiedenem n sind aus Dimensionsgründen nicht lokal isomorph. Im allgemeinen sind auch Gruppen, die in verschiedenen Zeilen stehen, nicht lokal isomorph zueinander. Die vollständige Liste der Ausnahmen von dieser Regel werden wir in der Tabelle 3 angeben.

Tabelle 2

	Gruppen		Die reelle Liealgebra der nebenstehenden Gruppe ist eine reelle Form von:
	SL(n,IR)	$n \geqq 2$	A_{n-1}
IK = IR	SO(n,k,IR) $0 \leq k \leq [\frac{n}{2}]$	$n = 2m+1 \quad m \geqq 1$	B_m
		$n = 2m \quad m \geqq 3$	D_m
	Sp(2n,IR)	$n \geqq 2$	C_n
	SL(n, ℂ)	$n \geqq 2$	$A_{n-1} \times A_{n-1}$
	SO(n, ℂ)	$n = 2m+1 \quad m \geqq 1$	$B_m \times B_m$
IK = ℂ		$n = 2m \quad m \geqq 3$	$D_m \times D_m$
	Sp(2n, ℂ)	$n \geqq 1$	$C_n \times C_n$
	SU(n,k, ℂ) $0 \leq k \leq [\frac{n}{2}]$	$n \geqq 2$	A_{n-1}
	SL(n,IH)	$n \geqq 1$	A_{2n-1}
IK = IH	U(n,k,IH) $0 \leq k \leq [\frac{n}{2}]$	$n \geqq 1$	C_n
	U_α(n,IH)	$n \geqq 3$	D_n

Die in der folgenden Tabelle 3 angegebene vollständige Liste der lokalen Isomorphien zwischen Gruppen der Tabelle 1 haben wir aus der Liste IV in [Ti1] übernommen. Die meisten Fälle kommen her von den Isomorphien, die bereits zwischen den komplexen Gruppen der Tabelle im § 5 existieren (s. Bemerkung (4) in § 5) .

Tabelle 3

Liste der lokalen Isomorphien zwischen Gruppen aus der Tabelle 2:

$SU(2,0,\mathbb{C}) \simeq SL(1,\mathbb{H}) \simeq SO(3,0,\mathbb{R}) \simeq U(1,0,\mathbb{H})$

$SU(2,1,\mathbb{C}) \simeq SL(2,\mathbb{R}) \simeq SO(3,1,\mathbb{R})$

$SO(5,0,\mathbb{R}) \simeq U(2,0,\mathbb{H})$	$SO(6,2,\mathbb{R}) \simeq SU(4,2,\mathbb{C})$
$SO(5,1,\mathbb{R}) \simeq U(2,1,\mathbb{H})$	$SO(6,3,\mathbb{R}) \simeq SL(4,\mathbb{R})$
$SO(5,2,\mathbb{R}) \simeq Sp(4,\mathbb{R})$	$SO(8,2,\mathbb{R}) \simeq SL(4,\mathbb{H})$
$SO(6,0,\mathbb{R}) \simeq SU(4,0,\mathbb{C})$	$U_\alpha(3,\mathbb{H}) \simeq SU(4,1,\mathbb{C})$
$SO(6,1,\mathbb{R}) \simeq SL(3,\mathbb{H})$	

Bemerkung

Wir wollen noch, ohne auf alle Einzelheiten einzugehen, beweisen, daß die reellen Liealgebren der in der linken Spalte von Tabelle 2 stehenden reell analytischen Gruppen tatsächlich reelle Formen der in der rechten Spalte stehenden Algebren sind.

Zu vorgegebenem $n \geq 1$, $0 \leq k \leq n$, sei $E(n)$ die (n,n)-Einheitsmatrix und es seien

$$F_k(n) := \begin{pmatrix} 1 & & & & \\ & \ddots & & & \\ & & 1 & & \\ & & & -1 & \\ & & & & \ddots \\ & & & & & -1 \end{pmatrix} \begin{matrix} \\ \\ \\ \text{-- } n-k+1 \\ \\ \text{-- } n \end{matrix} \quad \text{und} \quad F_{sp}(2n) := \begin{pmatrix} 0 & E(n) \\ -E(n) & 0 \end{pmatrix} .$$

Für $\mathbb{K} = \mathbb{R}$ oder $\mathbb{K} = \mathbb{C}$ sei mit $gl(n,\mathbb{K})$ die Liealgebra der Endomorphismen von $\mathbb{K}^n$ bezeichnet, die wir mit der Liealgebra der (n,n)-Matrizen mit Koeffizienten in $\mathbb{K}$ identifizieren.

I. Der Fall $\mathbb{K} = \mathbb{R}$

Nach III, 2.7 sind für $\mathbb{K} = \mathbb{R}$ oder $\mathbb{K} = \mathbb{C}$, $n \geq 1$, $0 \leq k \leq n$, die Liealgebren der Gruppen $O(n,k,\mathbb{K})$ (bzw. $SO(n,k,\mathbb{K})$), $SL(n,\mathbb{K})$, $Sp(2n,\mathbb{K})$ in natürlicher Weise identifiziert mit den Unteralgebren
$LO(n,k,\mathbb{K}) = \{M \mid M \in gl(n,\mathbb{K}),\ M^t \cdot F_k(n) + F_k(n) \cdot M = 0\}$ bzw.
$LSL(n,\mathbb{K}) = \{M \mid M \in gl(n,\mathbb{K}),\ Spur(M) = 0\}$ von $gl(n,\mathbb{K})$ bzw.
$LSp(2n,\mathbb{K}) = \{M \mid M \in gl(2n,\mathbb{K}),\ M^t \cdot F_{sp}(2n) + F_{sp}(2n) \cdot M = 0\}$ von $gl(2n,\mathbb{K})$. Offensichtlich ist aber $LO(n,k,\mathbb{C})$ die Komplexifizierung von $LO(n,k,\mathbb{R})$, $LSL(n,\mathbb{C})$ die Komplexifizierung von $LSL(n,\mathbb{R})$ und $LSp(2n,\mathbb{C})$ die Komplexifizierung von $LSp(2n,\mathbb{R})$. Man beachte außerdem, daß für alle in Frage kommenden k die Liealgebra $LO(n,k,\mathbb{C})$ isomorph ist mit $LO(n,0,\mathbb{C})$, der Liealgebra von $O(n,\mathbb{C})$. Ein Vergleich mit der Tabelle in § 5 zeigt, daß damit die Behauptung für diesen ersten Teil bereits gezeigt ist.

II. Der Fall $\mathbb{K} = \mathbb{C}$

Die Reellifizierung einer komplexen Liealgebra L ist nach Satz 2 in § 5 eine reelle Form von $L \oplus \bar{L} \cong L \times \bar{L}$ ($\bar{L}$ ist die zu L konjugierte Algebra, s. Def. 5 in § 5). Das beweist die Behauptung für die drei ersten Zeilen des zweiten Teiles der Tabelle.
Wir zeigen nun noch, daß die Liealgebra von $SU(n,k,\mathbb{C}) = U(n,k,\mathbb{C}) \cap$ $\cap\, SL(n,\mathbb{C})$ eine reelle Form der Liealgebra von $SL(n,\mathbb{C})$, d.h. von A_{n-1} ist ($n \geq 2$) . Sei $F_k := F_k(n)$. Es ist $SU(n,k,\mathbb{C}) =$ $= \{ M \mid M \in SL(n,\mathbb{C}), M^t \cdot F_k \cdot \bar{M} = F_k \}$. Aus $M^t \cdot F_k \cdot \bar{M} = F_k$ folgt, daß $F_k \cdot (\bar{M}^t)^{-1} F_k = M$ ist. Man sieht, daß $SU(n,k,\mathbb{C})$ gerade die Fixpunktmenge des involutorischen Semiautomorphismus $\sigma\colon SL(n,\mathbb{C}) \to SL(n,\mathbb{C})$, $M \longmapsto F_k \cdot (\bar{M}^t)^{-1} \cdot F_k$, ist (s. 6.1.2). Die Liealgebra von $SU(n,k,\mathbb{C})$ ist also eine reelle Form von A_{n-1} .

III. Der Fall $\mathbb{K} = \mathbb{H}$

Sei $\mathbb{H}$ der Körper der Quaternionen. Wir übernehmen die Bezeichnungen aus 4.6 (c) II des II. Kapitels. Zu den folgenden Ausführungen sehe man auch in [Ch] , Chap. I , § VI , VII , VIII nach.
Wir betten $\mathbb{C}$ als Unterkörper in $\mathbb{H}$ ein, indem wir die komplexe Zahl $a + bi$ mit der Quaternion $ae_o + be_1$ identifizieren. Dann ist jeder Linksvektorraum V über $\mathbb{H}$ auch ein Linksvektorraum über $\mathbb{C}$. Jede Quaternion läßt sich eindeutig schreiben als

$$(*) \qquad (ae_o + be_1)\, e_o + (ce_o + de_1)\, e_2 \, .$$

Daraus folgt: Der Vektorraum $\mathbb{H}^n$ ist als $\mathbb{C}$ - Vektorraum zu $\mathbb{C}^{2n}$ isomorph vermöge

$$\mathbb{C}^{2n} \ni (a_1,\ldots,a_n,a_{n+1},\ldots,a_{2n}) \longmapsto (a_1e_o + a_{n+1}e_2,\ldots,a_ne_o + a_{2n}e_2) \in \mathbb{H}^n .$$

Wir identifizieren vermöge dieses Isomorphismus $\mathbb{H}^n$ mit $\mathbb{C}^{2n}$. Jeder $\mathbb{H}$ - lineare Endomorphismus von $\mathbb{C}^{2n}$ ist auch $\mathbb{C}$ - linear. Umgekehrt ist ein $\mathbb{C}$ - linearer Endomorphismus $m\colon \mathbb{C}^{2n} \to \mathbb{C}^{2n}$ genau dann $\mathbb{H}$ - linear, wenn für alle $q \in \mathbb{H}$ $m \circ q = q \circ m$ ist, wobei wir q auch für die Abbildung schreiben, die durch die Linksmultiplikation mit q gegeben ist. (Man beachte, daß diese $\mathbb{Z}$ - lineare Abbildung q weder $\mathbb{H}$- noch $\mathbb{C}$ - linear ist.) Wegen (*) gilt $m \circ q = q \circ m$ für alle $q \in \mathbb{H}$ genau dann, wenn

$$(**) \qquad m \circ e_2 = e_2 \circ m$$

ist.

(a) Es sei $GL(n,\mathbb{H})$ die Untergruppe der $\mathbb{H}$ - linearen Automorphismen in $GL(2n,\mathbb{C})$ und L sei die Liealgebra von $GL(n,\mathbb{H})$. Aus (**) folgt, daß $GL(n,\mathbb{H})$ gerade die Fixpunktmenge des involutorischen Semiautomorphismus $\sigma\colon GL(2n,\mathbb{C}) \longmapsto GL(2n,\mathbb{C})$, $m \longmapsto -e_2 \circ m \circ e_2$, ist.

Folglich ist $GL(n,\mathbb{H})$ eine reelle Form von $GL(2n,\mathbb{C})$ und L ist eine reelle Form von $gl(2n,\mathbb{C})$. Wir brauchen eine analoge Aussage für die Kommutatoruntergruppen. Dazu:

Lemma 1

Sei G eine zusammenhängende analytische Gruppe, $[\dot{G},\dot{G}]$ die abgeleitete Algebra der Liealgebra $\dot{G}$ von G. Dann ist die von $\exp([\dot{G},\dot{G}])$ erzeugte Untergruppe in G gleich der Kommutatoruntergruppe (G,G) von G.

Bew.: [Ch], Chap. IV, § XII

Insbesondere ist also (G,G) eine analytische Untergruppe von G und die Liealgebra von (G,G) ist $[\dot{G},\dot{G}]$.

Lemma 2

Sei B eine komplexe Liealgebra, A eine reelle Form von B. Dann ist die abgeleitete Algebra $[A,A]$ von A eine reelle Form der abgeleiteten Algebra $[B,B]$ von B.

Bew.: klar

Man beachte nun, daß $GL(2n,\mathbb{C})$ und $GL(n,\mathbb{H})$ zusammenhängend sind und daß $SL(2n,\mathbb{C}) = (GL(2n,\mathbb{C}), GL(2n,\mathbb{C}))$ und $SL(n,\mathbb{H}) = (GL(n,\mathbb{H}), GL(n,\mathbb{H}))$ ist. Dann folgt aus Lemma 1, daß die Liealgebra von $SL(n,\mathbb{H})$ gleich der abgeleiteten Liealgebra $[L,L]$ von L und daß A_{2n-1} gleich der abgeleiteten Liealgebra von $gl(2n,\mathbb{C})$ ist. Nach Lemma 2 ist $[L,L]$ also eine reelle Form von A_{2n-1}.

(b) Wir untersuchen nun $U(n,k,\mathbb{H})$, $n \geq 1$, $0 \leq k \leq n$. Es sei f_k die hermitesche Sesquilinearform auf $\mathbb{H}^n$ für den involutorischen Antiautomorphismus "—", die durch die Matrix $F_k := F_k(n)$ gegeben ist. Seien $a = (a_1,\dots,a_n)$, $b = (b_1,\dots,b_n) \in \mathbb{H}^n$. Dann ist $f_k(a,b) = a^t \cdot F_k \cdot \bar{b}$ (Matrizenmultiplikation, b ist Spaltenmatrix und a^t Zeilenmatrix). Wir beachten jetzt wieder die Identifizierung von $\mathbb{H}^n$ und $\mathbb{C}^{2n}$. Sei $a = (x_1,\dots,x_n,x_{n+1},\dots,x_{2n})$ und $b = (y_1,\dots,y_n,y_{n+1},\dots,y_{2n})$. Man beachte, daß für $b_i = y_i \cdot e_o + y_{n+i} \cdot e_2 \in \mathbb{H}$ und für $y_j \in \mathbb{C}$ gilt: $\bar{b}_i = \bar{y}_i \cdot e_o - y_{n+i} \cdot e_2$ und $e_2 y_j = \bar{y}_j e_2$. Mit Hilfe dieser Gleichungen rechnet man aus:

$$f_k(a,b) = \Big[\sum_{i=1}^{n-k} (x_i\bar{y}_i + x_{n+i}\bar{y}_{n+i}) - \sum_{i=n-k+1}^{n} (x_i\bar{y}_i + x_{n+i}\bar{y}_{n+i}) \Big] e_o +$$

$$+ \Big[\sum_{i=1}^{n-k} (-x_i y_{n+i} + x_{n+i} y_i) - \sum_{i=n-k+1}^{n} (-x_i y_{n+i} + x_{n+i} y_i) \Big] e_2 .$$

Aus dieser Gleichung liest man ab, daß die Untergruppe H der $\mathbb{C}$-linearen(!) Automorphismen von $\mathbb{H}^n = \mathbb{C}^{2n}$, welche die Form f_k invariant lassen, genau aus denjenigen Matrizen m aus $GL(2n,\mathbb{C})$ besteht, welche simultan die Gleichungen $m^t \cdot \tilde{F}_k \cdot \bar{m} = \tilde{F}_k$ und $m^t \cdot J \cdot m = J$ erfüllen, wo $\tilde{F}_k = \begin{pmatrix} F_k & 0 \\ 0 & F_k \end{pmatrix}$ und $J = \begin{pmatrix} 0 & -F_k \\ F_k & 0 \end{pmatrix}$. Wir zeigen nun, daß die Elemente aus H sogar $\mathbb{H}$-linear sind. Das bedeutet dann, daß $H = U(n,k,\mathbb{H})$. Zu zeigen ist, daß $m \circ q = q \circ m$ ist für jedes $m \in H$ und alle $q \in \mathbb{H}$. Das wiederum heißt, daß $m(q\cdot a) - q\cdot m(a) = 0$ ist für alle $a \in \mathbb{H}^n$. Da f_k nicht ausgeartet und da m bijektiv ist, ist diese Bedingung gleichbedeutend mit:
$f_k(m(q\cdot a) - q\cdot m(a), m(b)) = 0$ für alle $b \in \mathbb{H}^n$. Seien nun $q \in \mathbb{H}$, $a, b \in \mathbb{H}^n$ beliebig. Dann ist für $m \in H$:

$$\begin{aligned} f_k(m(q\cdot a) - q\cdot m(a), m(b)) &= f_k(m(q\cdot a), m(b)) - f_k(q\cdot m(a), m(b)) \\ &= f_k(q\cdot a, b) - q\cdot f_k(a,b) = 0 . \end{aligned}$$

Es ist damit gezeigt, daß $U(n,k,\mathbb{H}) = H$. Sei $F := \{m \mid m \in GL(2n,\mathbb{C}),\ m^t\cdot J\cdot m = J\}$ und $\tau: F \to F$ der involutorische Semiautomorphismus $m \longmapsto \tilde{F}_k \cdot (\bar{m}^t)^{-1} \cdot \tilde{F}_k$. Dann ist $U(n,k,\mathbb{H})$ gerade die Fixpunktmenge von τ und somit eine reelle Form von F. Es bleibt noch zu bemerken, daß F mit $Sp(2n,\mathbb{C})$ isomorph ist, weil die durch die Matrizen J und $F_{sp}(2n)$ definierten antisymmetrischen Bilinearformen auf $\mathbb{C}^{2n}$ äquivalent sind.

Im Klassifikationssatz ist von den Gruppen $SG(V,f)$ die Rede, in unserem Fall also von $SU(n,k,\mathbb{H})$, in der Tabelle 2 dagegen sind die $U(n,k,\mathbb{H})$ eingetragen. Schon im Anschluß an den Klassifikationssatz haben wir darauf hingewiesen, daß sich dies nicht widerspricht. In unserem Fall bemerkt man, daß $H = U(n,k,\mathbb{H}) \subset SL(2n,\mathbb{C})$ ist. Daraus und mit Hilfe von Lemma 1 und Lemma 2 schließt man, daß $U(n,k,\mathbb{H})$ und $SU(n,k,\mathbb{H}) = U(n,k,\mathbb{H}) \cap SL(n,\mathbb{H})$ die gleiche Liealgebra haben. (In Wirklichkeit ist $U(n,k,\mathbb{H}) = SU(n,k,\mathbb{H})$. Das ergibt sich, wenn man berücksichtigt, daß $U(n,k,\mathbb{H})$ eine zusammenhängende Gruppe ist. Ergebnisse über das Zusammenhangsverhalten der Gruppen in der Tabelle 2 findet man z.B. in Lemma 4.2 und Lemma 4.4 in Ch. IX, § 4 von [Hel].)

(c) Sei $E := E(n)$. Wie für $U(n,k,\mathbb{H})$ zeigt man, daß gilt:

$$U_\alpha(n,\mathbb{H}) = \{m \mid m \in GL(2n,\mathbb{C}),\ m^t\cdot J_1 \bar{m} = J_1,\ m^t\cdot J_2 m = J_2\}$$

mit $J_1 = \begin{pmatrix} iE & 0 \\ 0 & -iE \end{pmatrix}$ und $J_2 = \begin{pmatrix} 0 & -iE \\ -iE & 0 \end{pmatrix}$.

Sei $G_\alpha := \{m \mid m \in GL(2n,\mathbb{C}),\ m^t\cdot J_2 \cdot m = J_2\}$. Dann ist $U_\alpha(n,\mathbb{H})$ die Fixpunktmenge des involutorischen Semiautomorphismus $\rho: G_\alpha \to G_\alpha$,

$m \longmapsto J_1 \cdot (\bar{m}^t)^{-1} \cdot J_1^{-1}$, also eine reelle Form von G_α . G_α ist aber isomorph mit $O(2n,\mathbb{C})$, denn die durch J_2 definierte Bilinearform auf $\mathbb{C}^{2n}$ ist symmetrisch und daher äquivalent zu der durch $E(2n)$ definierten Bilinearform.
Wieder macht man sich klar, daß die Liealgebren von $U_\alpha(n,\mathbb{H})$ und von $SU_\alpha(n,\mathbb{H}) = U_\alpha(n,\mathbb{H}) \cap SL(n,\mathbb{H})$ die gleichen sind. ($U_\alpha(n,\mathbb{H})$ hat als reelle Form von $O(2n,\mathbb{C})$ zwei Zusammenhangskomponenten.)

Klassische Referenzen zur Klassifikation der quasi einfachen reellen Liegruppen sind [Car2] , [Ga] , [La] .

6.4. Kompaktheit

Zum Schluß geben wir noch einige Sätze über kompakte Liegruppen. Auf Beweise wird wieder nur verwiesen. Expositionen topologischer Eigenschaften von Liegruppen findet man in [Car3] , in [Sam1] und in A. Borels Artikel im Bull. Amer. Math. Soc. 61 (1955), 397-432.

Satz 1 (Weyl)

Sei G eine reell analytische halbeinfache Gruppe. Ist G kompakt, so ist das Zentrum von G endlich und die universelle Überlagerungsgruppe $\tilde{G}$ von G ist ebenfalls kompakt.

Alle zu einer halbeinfachen kompakten reell analytischen Gruppe lokal isomorphen zusammenhängenden Gruppen sind dann also auch kompakt.

Kompaktheit ist in diesem Fall eine Eigenschaft der Liealgebra. Man kann von kompakten halbeinfachen reellen Liealgebren sprechen. Das sind diejenigen halbeinfachen reellen Liealgebren, bei denen die zugehörigen zusammenhängenden Liegruppen kompakt sind.

Beweise von Satz 1 finden sich z.B. in [Ch-E] , Theor. 16.1 , [Hel] II 6.9 , [Po] § 64 , [Sam2] , [Weyl] , Kap. IV Satz 2 .

Satz 2

Jede komplexe halbeinfache Liealgebra hat bis auf Konjugation via innere Automorphismen genau eine kompakte reelle Form.

Bew.: [Car3] , [Hel] III 6.3 und 7.3 , [Ga] , [Weyl] Kap. III .

Die kompakten reellen Formen der klassischen Liealgebren A_n , B_n , C_n , D_n ($n \geq 1$ bzw. $n \geq 3$ im Falle D_n) sind in dieser Reihenfolge die

Liealgebren der Gruppen $SU(n+1,0,\mathbb{C})$, $SO(2n+1,0,\mathbb{R})$, $U(n,0,\mathbb{H})$, $SO(2n,0,\mathbb{R})$.

Der Sachverhalt läßt sich noch weiter beschreiben: Sei $\dot{G}$ eine komplexe halbeinfache Liealgebra, $\dot{U} \subset \dot{G}$ eine kompakte reelle Form. Sei G eine einfach zusammenhängende komplex analytische Gruppe mit Liealgebra $\dot{G}$ und sei $\exp: \dot{G} \to G$ die Exponentialabbildung. Dann ist $U := \exp(\dot{U})$ eine kompakte reelle Form von G . Auch U ist einfach zusammenhängend und für die Zentren gilt $Z(G) = Z(U)$.
Die einfach zusammenhängenden quasi einfachen kompakten Liegruppen sind die $SU(n+1,0,\mathbb{C})$, $Spin(2n+1)$, $U(n,0,\mathbb{H})$ für $n \geq 1$, $Spin(2n)$ für $n \geq 3$ und fünf zu den Ausnahmealgebren G_2 , F_4 , E_6 , E_7 , E_8 gehörende Gruppen.
Die lokalen Isomorphieklassen der kompakten zusammenhängenden quasi einfachen (nicht kommutativen) Liegruppen sind damit aufgezählt. Die kompakten zusammenhängenden kommutativen Liegruppen sind die Tori der Dimension $n = 1,2,\ldots$. Ein n-dimensionaler Torus ist isomorph zu einem direkten Produkt von n Exemplaren des Kreises $S^1 = \mathbb{R}/\mathbb{Z} = SO(2,\mathbb{R}) = U(1,\mathbb{C})$ (vgl. III , Satz 5. in 2.2 und IV , 2.4 Korollar zu Satz 3) .

Die Klassifikation der kompakten zusammenhängenden Liegruppen wird abgeschlossen durch den folgenden Satz.

Satz 3

Sei G eine zusammenhängende kompakte Liegruppe. Dann gibt es kompakte, einfach zusammenhängende, quasi einfache Liegruppen $G_1,\ldots,G_k$ und einen Torus T ($T = \{e\}$ ist zugelassen, falls G halbeinfach ist) , so daß G isomorph ist zum Quotienten $\dfrac{G_1 \times G_2 \times \ldots \times G_k \times T}{N}$ des direkten Produktes von $G_1,\ldots,G_k$, T durch einen diskreten zentralen Normalteiler N . Man kann T so wählen, daß $T \cap N = \{e\}$ ist.
Lokal ist also G das direkte Produkt einer halbeinfachen mit einer kommutativen Gruppe.

Bew.: [Car2] , [Po] § 64 , Example 107 .

Eine Untergruppe der Liegruppe G , die maximal ist unter allen Untergruppen, welche Tori sind, heißt maximaler Torus von G .

Satz 4

Sei G eine kompakte zusammenhängende Liegruppe. Dann:
(1) Alle maximalen Tori in G sind untereinander konjugiert.

(2) Ist $T \subset G$ ein maximaler Torus, so ist jedes $x \in G$ konjugiert zu einem Element in T.

(3) Die Exponentialabbildung $\exp: \dot{G} \to G$ ist surjektiv.

Bew.: [Car3], [Hel] V 6.4, [Ho] XIII 3.2, 4.1 und 4.2, [Weyl], Kap. IV Satz 1.

Ein maximaler Torus in $SU(n+1,0,\mathbb{C})$ ist z.B. die Untergruppe der Diagonalmatrizen. Der Teil (2) des Satzes ist die Verallgemeinerung der bekannten Tatsache, daß jede Matrix aus $SU(n+1,0,\mathbb{C})$ in $SU(n+1,0,\mathbb{C})$ zu einer Diagonalmatrix konjugiert ist.

Untergruppen der Liegruppe G, die maximal sind unter allen kompakten Untergruppen, heißen maximale kompakte Untergruppen.

Satz 5

In einer zusammenhängenden Liegruppe G sind alle maximalen kompakten Untergruppen zusammenhängend und untereinander konjugiert. Sei $K \subset G$ eine maximale kompakte Untergruppe. Dann gibt es einparametrische Untergruppen E_i, $i = 1,\ldots,s$, alle isomorph zu $(\mathbb{R},+)$, so daß sich jedes $x \in G$ auf genau eine Weise schreiben läßt als Produkt $x = k \cdot e_1 \cdot \ldots \cdot e_s$ mit $k \in K$, $e_i \in E_i$. Insbesondere ist $E :=$ $:= E_1 \cdot E_2 \cdot \ldots \cdot E_s = \{ e_1 \cdot \ldots \cdot e_s \mid e_i \in E_i \}$ eine Untermannigfaltigkeit isomorph zum Vektorraum $\mathbb{R}^s$ und G ist als Mannigfaltigkeit isomorph zum direkten Produkt $G = K \times E$.

Bew.: [Hel] VI 2.2, [Ho] XV. 3, [Iw], [Mal2], [Mos] .

Die maximalen kompakten Untergruppen der quasi einfachen reellen Liegruppen sind z.B. in [Ti2] angegeben. Die maximalen kompakten Untergruppen der Reellifizierung einer komplexen zusammenhängenden halbeinfachen Liegruppe G sind z.B. die kompakten reellen Formen von G.

Literatur

[B] Bourbaki, N.: *Fasc. XXVI, Groupes et Algèbres de Lie. Ch. 1, Algèbres de Lie.* Hermann, Paris, 1960.

[B6] —: *Eléments de Mathématique, Groupes et algèbres de Lie, Chap. 4, 5 et 6.* Hermann, Paris, 1968.

[B Alg] —: *Livre II, Algèbre.* Hermann, Paris.

[Car1] Cartan, E.: *Sur la structure des groupes de transformations finis et continus.* Thèse, Paris, Nony, 1894; 2nd éd. Vuibert 1933.

[Car2] —: *Les groupes réels simples finis et continus.* Ann. Sci. Ecole Norm. Sup. 31 (1914), 263-355.

[Car3] —: *La topologie des espaces représentatifs des groupes de Lie.* Actual. Scient. Ind. No. 358, Hermann, Paris, 1936.

[Ch] Chevalley, C.: *Theory of Lie Groups I.* Princeton University Press, Princeton, 1946.

[Ch-E] Chevalley, C. - Eilenberg, S.: *Cohomology theory of Lie groups and Lie algebras.* Trans. Amer. Math. Soc. 63 (1948), 85-124.

Cohn, P.M.: *Lie Groups.* Cambridge Univ. Press, Cambridge, 1957.

[Dd] Dieudonné, J.: *Foundations of Modern Analysis.* Academic Press, New York and London, 1960.

[Dd G] —: *La Géométrie des Groupes Classiques.* 2. Auflage, Springer, Ergebnisse der Mathematik und ihrer Grenzgebiete, Heidelberg, 1963.

[Dyn] Dynkin, E.B.: *La structure des algèbres de Lie semi-simples.* Uspekhi Mat. Nauk. 2 (1947), 59-127.

[E-S] Eilenberg, S. - Steenrod, N.: *Foundations of Algebraic Topology.* Princeton Univ. Press, Princeton, 1952.

[Fr-Vr] Freudenthal, H. - de Vries, H.: *Linear Lie Groups*. Academic Press, New York and London, 1969.

[Ga] Gantmacher, F.: *On the classification of real simple Lie groups*. Mat. Sbornik 5 (1939), 217-249.

[Hel] Helgason, S.: *Differential Geometry and Symmetric Spaces*. Academic Press, New York and London, 1962.

[Ho] Hochschild, G.: *The structure of Lie groups*. Holden - Day Inc., 1965.

Hofmann, K.H.: *Einführung in die Theorie der Liegruppen*. Ausarbeitung einer Vorlesung im Wintersemester 1962/63 in Tübingen.

[Hu] Hu, S.T.: *Homotopy Theory*. Academic Press, New York and London, 1959.

[Hu-Wa] Hurewicz, W. - Wallmann, H.: *Dimension Theory*. Princeton University Press, 1941.

[Iw] Iwasawa, K.: *On some types of topological groups*. Ann. of Math. 50 (1949), 507-558.

[Jac] Jacobson, N.: *Lie Algebras*. Interscience, New York, 1962.

[Jac A] —: *Lectures in Abstract Algebra*. Van Nostrand Co. Inc., Princeton, 1953.

[Kap] Kaplansky, I.: *Lie algebras and locally compact groups*. The University of Chicago Press, Chicago Lectures in Mathematics, 1971.

[Ke] Kelley, J.L.: *General Topology*. Van Nostrand Co. Inc., Princeton, 1955.

[Kol] Kolchin, E.: *On certain Concepts in the Theory of Algebraic Matrix Groups*. Ann. of Math. 49 (1948), 774-789.

[Kow] Kowalsky, H.-J.: *Topologische Räume*. Birkhäuser, Basel, 1961.

[La] Lardy, P.: *Sur la détermination des structures réelles de groupes simples, finis et continus, au moyen des isomorphies involutives*. Comment. Math. Helv. 8 (1935-1936), 189-234.

Lie, S.: *Theorie der Transformationsgruppen I, II, III*. Unter Mitwirkung von F. Engel. Teubner, Leipzig, 1888, 1890, 1893.

[Mal1] Malcev, A.I.: *Sur les groupes topologiques locaux et complets*. Doklady Acad. Nauk SSSR 32 (1941), 606-608.

[Mal2] —: *On the theory of Lie groups in the large*. Mat. Sbornik N.S. 16 (1945), 163-189.

[M-Z] Montgomery, D. - Zippin, L.: *Topological Transformation Groups*. Interscience, New York, 1955.

[Mos] Mostow, C.D.: *A new proof of E. Cartan's theorem on the topology of semi-simple groups*. Bull. Amer. Math. Soc. 55 (1949), 969-980.

[Po] Pontrjagin, L.S.: *Topological groups*. Princeton University Press, 1946 od. Gordon and Breach Inc. 1966 (bzw.: *Topologische Gruppen, Teil 1, Teil 2*. Teubner, Leipzig, 1957, 1958).

[Sam1] Samelson, H.: *A note on Lie groups*. Bull. Amer. Math. Soc. 52 (1946), 870-873.

[Sam2] —: *Topology of Lie groups*. Bull. Amer. Math. Soc. 58 (1952), 2-37.

[SeCh] Séminaire Chevalley: *Classification des Groupes de Lie algebriques, Vol. 1, 1958*.

Séminaire Sophus Lie 1954/55: *Théorie des Algèbres de Lie, Théorie des Groupes de Lie*. Faculté des Sciences de Paris.

[St] Steenrod, N.: *The Topology of Fibre Bundles*. Princeton Univ. Press, Princeton, 1951.

[Ti1] Tits, J.: *Sur certaines classes d'espaces homogènes de groupes de Lie*. Acad. Roy. Belg. Cl. Sci. Mem. Coll. 29 (1955).

[Ti2] —: *Tabellen zu den einfachen Lie Gruppen und ihren Darstellungen*. Springer, Lecture Notes in Mathematics, vol. 40, 1967.

Varadarajan, V.S.: *Lie Groups, Lie Algebras and their Representations*. Prentice-Hall Inc. 1974.

[Wae] Waerden, B.L. van der: *Moderne Algebra II*. Springer, Heidelberg, 1959.

[Wae K] —: *Die Klassifikation der einfachen Lieschen Gruppen*. Math. Zeitschr. 37 (1933), 446-462.

[Weil] Weil, A.: *L'Intégration dans les Groupes Topologiques et ses Applications*. Hermann, Paris, 1940.

[Weyl] Weyl, H.: *Theorie der Darstellung kontinuierlicher halbeinfacher Gruppen durch lineare Transformationen, I, II, III und Nachtrag*. Math. Zeitschr. 23 (1925), 271-309, 24 (1926), 328-376, 377-395, 789-791.

—: *The Classical Groups*. Princeton Univ. Press, Princeton, 1939.

INDEX

abgeleitete Algebra 160
- Reihe 160, 161
abgeleitetes Ideal 160
Ableitung 84
- , p-te 89
absolut einfach 219
Adjungierte, ad 149
adjungierte Darstellung
- einer anal. Gruppe, Ad 151
- einer Liealgebra, ad 150
Ado, Satz von 212
Affinitäten 24, 75
allgemeine lineare Gruppe 21
analytisch verbundener Atlas 6
analytische Abbildung 5
- Gruppe 12
- Mannigfaltigkeit 5
- Untergruppe 31
Anfangsbedingung 94
Antiautomorphismus 221
äquivalente Sesquilinearformen 221
assoziierte Bilinearform 193
assoziierter Modul 193
Atlas 1
auflösbar 162 ff
Ausnahmealgebren 214
Automorphismus einer Algebra 147
Aut(A) 147

Campbell-Hausdorff-Formel 123
- - -Reihe 123
Cartans Kriterium für
- Auflösbarkeit 200
- Halbeinfachheit 202
Cayleysche Oktaven 213 f
Cayleytransformation 22
charakteristische Untergruppe 34, 155
charakteristisches Ideal 155

Darstellung 149 f
definierende Relationen 61 f
Derivation 147
Der(A) 148
Differential 85
Differentialelemente
- einer anal. Gruppe 96
- von O(n,IK) 110
- von Sp(2n,IK) 110
- von SL(n,IK) 110
differenzierbare Abbildung 5
direktes Produkt
- von Liealgebren 157
- von Objekten einer Kategorie 10
Dreiecksmatrix, obere 173

Eigenfunktion 169 ff
Eigenvektor 169 ff
Eigenwert 169 ff
Einbettung 7
einfach zusammenhängend 44 ff
einfache Darstellung 203
- Liealgebra 202
Engel, Satz von 180
entartet (bzw. nicht-) 195, 221
Erweiterung von Gruppen 18
- von Liealgebren 156
- in bestimmten Kategorien 161
E(V) 148
exakte Sequenz 18
Exponentialabbildung, exp 99 ff

Fahne 173
Faktoralgebra 153
freie assoziative Algebra 117
Friedrichs - Kriterium 118, 121
Fundamentalgruppe 58
Funktionensystem, lokales 2, 3

gerichtete Menge 24, 67 ff
gl(V) 148
GL(n,IK) 21
GL(V) 108
graduierte Algebra 119
Gruppe
- , analytische 12
- einer Überlagerung 57
- in einer Kategorie 12 ff
- , topologische 12
Gruppenkeim 20
Gruppenkern 19
Gruppenüberlagerung 38
G_U , die Gruppe 61 ff

halbeinfache Darstellung 203
- Komponente 199
- Liealgebra 201
- zus.-h. anal. Gruppe 201
halbeinfacher Endomorphismus 197
Hamilton - Cayley, Satz von 198
Hauptteil 91
hermitesch 221
Hochhebung (Liften) 39, 45
homogen dimensional 2
homogene Elemente einer graduierten Algebra 119
homogener Raum 29
Homomorphismen von Liealgebren 133
homotope Wege 52
Homotopie von Wegen 53

Ideal einer Liealgebra 152
identifiziertes lokales Funktionensystem 106, 139
Identifizierung 87, 106
- , lokale 90
Immersion 7
induzierte Überlagerung 41
induziertes lokales Funktionensystem 4
Inklusion projektiver Systeme 68
- projektiver Limites 68
innere Derivation 147
innerer Automorphismus einer Liealgebra 151
Integralabbildung, lokale 94
Integralkurve 94
- , maximale 95
invariant 194
- , vollständig 194
Invarianz des Gebietes 2
involutorisch 216
irreduzibel 183
Isomorphismus von Liealgebren 133
- von Räumen mit lokalem Funktionensystem 3
- in Kategorien 10

Jacobi-Identität 93, 110

kanonischer Tangentenvektor 85
Karte, lokale 1
Kategorie 9
Killing - Form 193
klassische Liealgebren 214
klassischem Typ, reelle einfache Liealgebra von 221
kofinal 68
kommutative Liealgebra 133
Kommutator
- einer anal. Gruppe 111 ff
- in einer assoziativen Algebra 115
- der Automorphismengruppe eines Vektorraumes 113
Kommutator(unter)gruppe 35, 161
Kommutatormonom 117

Kommutatorvektorfeld 92
kompakt 230 f
Komplexifizierung einer Liealgebra 215
- einer anal. Gruppe 220
konjugierte Liealgebra 217
Koordinatensystem, lokales 1
- zu $\exp(\dot{G}_1,...,\dot{G}_r)$ 101
Kugelumgebung 93

Länge einer auflösbaren Gruppe 162
- einer auflösbaren Liealgebra 164
- , topologische 166
Levi, Satz von 207
- , Unteralgebra von 206
Lie, Satz von 172
Liealgebra einer analytischen Gruppe 133
Liesche Algebra (auch Liealgebra) 132 f
- Elemente 117, 121
- Gruppe (auch Liegruppe) 27
- Sätze 134, 135, 136
linksinvariantes Vektorfeld 97
Linksrestklasse 28
Linkstranslation 16
lokal euklidisch 1
- isomorph 20, 64
- wegweise zusammenhängend 52
lokale Funktion 2
- Gruppe 19, 128
- Identifizierung 90
- Karte 1
lokaler Homomorphismus 65
- Isomorphismus 64
- Schnitt 79
lokales Funktionensystem 2
- Koordinatensystem 1

Malcev, Satz von 211
Mannigfaltigkeit
- , analytische 5
- , topologische 1
Matrix einer Sesquilinearform 201
maximale kompakte Untergruppe 231
maximaler Torus 231
M(n,IK) 21
Morphismus 3, 9

nilpotente Gruppe 177 ff
- Komponente 199
- Liealgebra 179 ff
nilpotenter Endomorphismus 180
nilpotentes Ideal, größtes 210
- Radikal 211
normale Koordinatenumgebung 101
- Überlagerung 57
normales Koordinatensystem
- erster Art 101
- zweiter Art 101
nullhomotop 53

Operieren einer Gruppe 28
orthogonale Gruppen
O(n,IK) 22
O(n,k,IR) 223
Orthogonalraum 195

p-adisches Solenoid 26 f, 72 f
Polynomialabbildung 188
Potenzreihen
- , Algebra der formalen 120
Produkt von Wegen 53
Produktmannigfaltigkeit 6
projektive spezielle lineare Gruppe 81
projektiver Limes 24, 67 ff
projektives System 24, 67 ff
proportionale Formen 222
pull back 41

quasi einfach zusammen-
hängend 44 ff
- einfache Gruppe 208 f
- geordnet 24, 67 ff
- zusammenhängend 36 ff
Quasizusammenhangskomponente 37
Quaternionen 77

Radikal einer Liealgebra 196
- einer zus.-h. anal.
Gruppe 197
rechtsinvariantes Vektorfeld 97
Rechtsrestklasse 28
Rechtstranslation 16
reduzibel 183
- , vollständig 203
reelle Form 215, 220
Reellifizierung 102, 215, 219
Relationen, definierende 61 f

Semiautomorphismus 215, 219
semidirekte Erweiterung 156
semidirektes Produkt 18, 156 ff
Sesquilinearform 221
SL(n,IK) 21, 80 f
Solenoid, p-adisches 26, 72
SO(n,IR) 76
Sp(2n,IK) 23, 213
Specht-Wever, Satz von 118
spezielle lineare Gruppe 21
spezieller Automorphismus 211
Spin(m,ℂ) 213
Spinorengruppe, Spin(n) 76
Standuntergruppe 28
sternförmig 95
Strukturkonstanten 143
SU(n,k,ℂ) 223
supplementär 203
symplektische Gruppe 23

Tangente 104
Tangentenvektor 85
tangential 88
Tangentialraum 85
Term p-ter Ordnung 89, 90
Topologie 1
topologisch
- abgeleitete Reihe 161
- charakteristische Untergruppe 34
- nilpotent 177
topologischer Raum 1
Torus 192
transitiv 28
treue Darstellung 136
triviale Überlagerung 42

Überlagerung 37 ff
Überlagerungsweg 54
unipotent 183
universelle
- Gruppenüberlagerung 55 ff
- Raumüberlagerung 55 ff
- Überlagerungsgruppe 74
U(n,k,IK) 224
U_α(n,IH) 224
Unteralgebra 145
Untergruppe, analytische 31 ff
Untermannigfaltigkeit 7

Vektorfeld 91
- , analytisches 92
vollständig invariant 194
- reduzibel 203

Weg 52
- , geschlossener 53
- , inverser 53
Wegegruppe 53

wegweise zusammenhängend 52
Wegzusammenhangskomponente 52

Zentralerweiterung 177
Zentralreihe
- , absteigende 175, 178
- , aufsteigende 175, 178
- , topologisch absteigende 175

Zentrum 34, 155
zulässig in einem Punkt 14
zulässige Abbildung 3
- Karte 5
zulässiger Atlas 5

Tabelle

einiger Zeichen, die nicht im Index aufgeführt sind.

$\coprod$	topologische Summe
$\prod$	direktes Produkt
$\mathbb{N}$	natürliche Zahlen ≥ 0
$\mathbb{Z}$	ganze Zahlen
$\mathbb{Q}$	rationale Zahlen
$\mathbb{R}$	reelle Zahlen
$\mathbb{C}$	komplexe Zahlen
$\mathbb{H}$	Quaternionen
$\mathbb{K}$	allgemein: $\mathbb{R}$ oder $\mathbb{C}$ in IV, § 6: $\mathbb{R}$, $\mathbb{C}$ oder $\mathbb{H}$
A^t	zu A transponierte Matrix
df	Differential von f
$df_{\mid p}$	Differential von f in p
$\dot{\varphi}(t)$	$D\varphi_t(1) = \frac{d\varphi(\tau)}{d\tau}\Big\|_{\tau=t}$
M_q	Tangentialraum in q
$G^{\mathbb{R}}$	Reellifizierung von G
$[\ ,\ ]$	Kommutator
G/H	Restklassenraum von G nach H

gH	Linksrestklasse von g in G/H
$Z(G)$	Zentrum von G
$\langle U \rangle$	von U erzeugte Untergruppe
$\dot{G}$	Liealgebra von G
G'	Kommutatoruntergruppe bzw. abgeleitete Liealgebra von G
$G^{(i)}$	i+1-tes Glied der abgeleiteten Reihe von G
$\tilde{G}^{(i)}$	i+1-tes Glied der topologisch abgeleit. Reihe von G
C^iG	i+1-tes Glied der absteigenden Zentralreihe von G
$\bar{C}^iG$	i+1-tes Glied der topologisch abst. Zentralreihe von G
C_iG	i+1-tes Glied der aufsteigenden Zentralreihe von G
$A \lhd C$	A ist Ideal (bzw. Normalteiler) in C
$[A,B]$	die von den Elementen $[a,b]$ mit $a \in A$, $b \in B$ erzeugte Unteralgebra
(A,B)	die von den Elementen $aba^{-1}b^{-1}$ mit $a \in A$, $b \in B$ erzeugte Untergruppe

$(M, \mathfrak{F}) \in \mathfrak{A}$	M mit dem lokalen Funktionensystem $\mathfrak{F}$ ist eine analytische Mannigfaltigkeit
$f: M \to N \in \mathfrak{A}$	f ist eine anal. Abbildung
$L^{\dot{g}}(R^{\dot{g}})$	durch das Differentialelement $\dot{g}$ definiertes linksinvariantes (rechtsinvariantes) Vektorfeld